“绿十字”安全基础建设新知丛书

员工安全管理与教育知识

“‘绿十字’安全基础建设新知丛书”编委会　编

中国劳动社会保障出版社

图书在版编目(CIP)数据

员工安全管理与教育知识/《“绿十字”安全基础建设新知丛书》编委会编. —北京：中国劳动社会保障出版社，2016

(“绿十字”安全基础建设新知丛书)

ISBN 978-7-5167-2464-4

Ⅰ.①员…　Ⅱ.①绿…　Ⅲ.①企业管理-安全管理-基本知识　Ⅳ.①X931

中国版本图书馆 CIP 数据核字(2016)第 067293 号

中国劳动社会保障出版社出版发行

(北京市惠新东街 1 号　邮政编码：100029)

*

北京市白帆印务有限公司印刷装订　　新华书店经销

787 毫米×1092 毫米　16 开本　16.5 印张　317 千字

2016 年 4 月第 1 版　　2022 年 5 月第 4 次印刷

定价：45.00 元

读者服务部电话：(010) 64929211/84209101/64921644

营销中心电话：(010) 64962347

出版社网址：http://www.class.com.cn

编 委 会

内 容 提 要

员工是班组的基本组成细胞，同时也是企业的基本组成细胞，企业安全生产的各项规章制度、安全措施都是通过生产一线的员工来得以实现和落实到位的。一线员工直接从事现场作业，如果安全意识淡薄，责任心不强，缺乏相关的安全管理与安全生产知识，不能熟练掌握本岗位的安全操作技能，违章作业，往往将直接导致事故的发生并成为事故的直接受害者。同时，企业生产现场各项危险源的有效控制、事故隐患的消除也离不开每位员工的直接参与，因为对于岗位的工艺、设备情况和现状最清楚的就是员工，能够最早发现问题、预防事故、采取有效控制措施的也是员工。所以，企业的安全管理离不开员工，加强对员工的安全生产知识的教育是十分必要的，这也是《中华人民共和国安全生产法》的规定。

在本书中，针对企业员工应具备的相关安全管理与安全生产知识，对安全生产法律法规知识、班组安全管理知识、电气安全知识、机械设备安全知识、特种设备安全知识、火灾预防知识、职业病防治知识等内容进行了全面详细的介绍。本书适合于各类企业开展班组长安全培训，也是各类企业生产班组进行安全管理的必备图书。

内容提要

前　言

党中央、国务院高度重视安全生产工作，确立了安全发展理念和“安全第一、预防为主、综合治理”的方针，采取一系列重大举措加强安全生产工作。目前，以新《安全生产法》为基础的安全生产法律法规体系不断完善，以“关爱生命、关注安全”为主旨的安全文化建设不断深入，安全生产形势也在不断好转，事故起数、重特大事故起数连续几年持续下降。

2015年10月29日，中国共产党第十八届中央委员会第五次全体会议通过的《中共中央十三五规划建议》指出：“牢固树立安全发展观念，坚持人民利益至上，加强全民安全意识教育，健全公共安全体系。完善和落实安全生产责任和管理制度，实行党政同责、一岗双责、失职追责，强化预防治本，改革安全评审制度，健全预警应急机制，加大监管执法力度，及时排查化解安全隐患，坚决遏制重特大安全事故频发势头。实施危险化学品和化工企业生产、仓储安全环保搬迁工程，加强安全生产基础能力和防灾减灾能力建设，切实维护人民生命财产安全。”

“十三五”时期是我国全面建成小康社会的决胜阶段，《中共中央十三五规划建议》中有关安全生产工作的论述，为这一阶段的安全生产工作指明了方向。这一阶段的安全生产工作既要解决长期积累的深层次、结构性和区域性问题，又要积极应对新情况、新挑战，任务十分艰巨。随着经济发展和社会进步，全社会对安全生产的期望值不断提高，广大从业人员安全健康观念不断增强，对加强安全监管、改善作业环境、保障职工安全健康权益等方面的要求越来越高。企业也迫切需要我们按照国家安全监管总局制定的安全生产“十三五”规划和工作部署，根据新的法律法规、部门规章组织编写“‘绿十字’安全基础建设新知丛书”，以满足企业在安全管理、安全教育、技术培训方面的要求。

本套丛书内容全面、重点突出，主要分为四个部分，即安全管理知识、安全培训知识、通用技术知识、行业安全知识。在这套丛书中，介绍了新的相关法律法规知识、企业安全管理知识、班组安全管理知识、行业安全知识和通用技术知识。读者对象主要为安全生产监管人员、企业管理人员、企业班组长和员工。

本套丛书的编写人员除安全生产方面的专家外，还有许多来自企业，他们对企业的安全生产工作十分熟悉，有着切身的感受，从选材、叙述、语言文字等方面更加注重企业的实际需要。

在企业安全生产工作中，人是起决定作用的关键因素，企业安全生产工作需要具体人员来贯彻落实，企业的生产、技术、经营等活动也需要人员来实现。因此，加强人员的安全培训，实际上就是在保障企业的安全。安全生产是人们共同的追求与期盼，是国家经济发展的需要，也是企业发展的需要。

“‘绿十字’安全基础建设新知丛书”编委会

2016年4月

目　录

第一章　安全生产法律法规知识

在《辞海》中将“安全生产”解释为：为预防生产过程中发生人身、设备事故，形成良好劳动环境和工作秩序而采取的一系列措施和活动。安全生产需要法律法规的保障，没有法律法规的强制性约束，企业的生产经营活动就难以得到规范和控制。安全生产不仅与企业相关，也直接关系到每位职工的切身利益和生命健康。因此，职工需要了解相关法律法规知识，只有按照法律法规的要求，积极做好安全生产各项工作，在思想上高度重视安全，真正做到“安全第一、预防为主、综合治理”，并采取行之有效的措施，才能防患于未然，避免事故的发生。

第一节　班组员工相关安全法律知识

近年来，我国的安全工作逐步走向法制化的轨道，各种安全生产与职业卫生规定以正式法律条文的形式确定下来，加强了安全生产工作的监察力度，安全生产法律法规体系也逐步完善。在国家层面，先后制定和修订了《中华人民共和国安全生产法》《中华人民共和国职业病防治法》《中华人民共和国消防法》《中华人民共和国特种设备安全法》，以及《工伤保险条例》《危险化学品安全管理条例》《生产安全事故报告和调查处理条例》等，在此进行介绍。

一、《中华人民共和国安全生产法》（修订版）相关要点

《中华人民共和国安全生产法》（以下简称《安全生产法》）于2002年6月29日由全国人民代表大会常务委员会第二十八次会议通过，自2002年11月1日起施行。2014年8月31日，全国人民代表大会常务委员会第十次会议审议通过了《关于修改〈中华人民共和国安全生产法〉的决定》，自2014年12月1日起施行。

新修订的《安全生产法》分为七章一百一十四条，各章内容包括：第一章总则，第二章生产经营单位的安全生产保障，第三章从业人员的安全生产权利义务，第四章安全生产的监督管理，第五章生产安全事故的应急救援与调查处理，第六章法律责任，第七章附则。制定本法的目的，是加强安全生产工作，防止和减少生产安全事故，保障人民群众生命和财产安全，促进经济社会持续健康发展。

修改后的《安全生产法》从加强预防、强化安全生产主体责任、加强隐患排查、完善监管、加大违法惩处力度等方面做了修改，涉及修改的条款达70多条，旨在为我国经济社会健康发展、营造安全的生产环境提供有力的法制保障。

1. 总则中的有关规定

在《安全生产法》第一章总则中，对一些重大事项和原则问题做出了明确的规定。有关规定如下：

◆在中华人民共和国领域内从事生产经营活动的单位（以下统称生产经营单位）的安全生产，适用本法；有关法律、行政法规对消防安全和道路交通安全、铁路交通安全、水上交通安全、民用航空安全以及核与辐射安全、特种设备安全另有规定的，适用其规定。

◆安全生产工作应当以人为本，坚持安全发展，坚持安全第一、预防为主、综合治理的方针，强化和落实生产经营单位的主体责任，建立生产经营单位负责、职工参与、政府监督、行业自律和社会监督的机制。

◆生产经营单位必须遵守本法和其他有关安全生产的法律、法规，加强安全生产管理，建立、健全安全生产责任制和安全生产规章制度，改善安全生产条件，推进安全生产标准化建设，提高安全生产水平，确保安全生产。

◆生产经营单位的主要负责人对本单位的安全生产工作全面负责。

◆生产经营单位的从业人员有依法获得安全生产保障的权利，并应当依法履行安全生产方面的义务。

◆工会依法对安全生产工作进行监督。生产经营单位的工会依法组织职工参加本单位安全生产工作的民主管理和民主监督，维护职工在安全生产方面的合法权益。生产经营单位制定或者修改有关安全生产的规章制度，应当听取工会的意见。

◆国务院安全生产监督管理部门依照本法，对全国安全生产工作实施综合监督管理；县级以上地方各级人民政府安全生产监督管理部门依照本法，对本行政区域内安全生产工作实施综合监督管理。

◆国家实行生产安全事故责任追究制度，依照本法和有关法律、法规的规定，追究生产安全事故责任人员的法律责任。

◆国家对在改善安全生产条件、防止生产安全事故、参加抢险救护等方面取得显著成绩的单位和个人，给予奖励。

2. 生产经营单位安全生产保障的有关规定

在第二章生产经营单位的安全生产保障中，对相关事项作了规定。

◆生产经营单位应当具备本法和有关法律、行政法规和国家标准或者行业标准规定的安全生产条件；不具备安全生产条件的，不得从事生产经营活动。

◆生产经营单位的主要负责人对本单位安全生产工作负有下列职责：

（1）建立、健全本单位安全生产责任制。

（2）组织制定本单位安全生产规章制度和操作规程。

（3）组织制定并实施本单位安全生产教育和培训计划。

（4）保证本单位安全生产投入的有效实施。

（5）督促、检查本单位的安全生产工作，及时消除生产安全事故隐患。

（6）组织制定并实施本单位的生产安全事故应急救援预案。

（7）及时、如实报告生产安全事故。

◆生产经营单位的安全生产责任制应当明确各岗位的责任人员、责任范围和考核标准等内容。

生产经营单位应当建立相应的机制，加强对安全生产责任制落实情况的监督考核，保证安全生产责任制的落实。

◆生产经营单位应当具备的安全生产条件所必需的资金投入，由生产经营单位的决策机构、主要负责人或者个人经营的投资人予以保证，并对由于安全生产所必需的资金投入不足导致的后果承担责任。

◆矿山、金属冶炼、建筑施工、道路运输单位和危险物品的生产、经营、储存单位，应当设置安全生产管理机构或者配备专职安全生产管理人员。

前款规定以外的其他生产经营单位，从业人员超过一百人的，应当设置安全生产管理机构或者配备专职安全生产管理人员；从业人员在一百人以下的，应当配备专职或者兼职的安全生产管理人员。

◆生产经营单位的安全生产管理机构以及安全生产管理人员履行下列职责：

（1）组织或者参与拟订本单位安全生产规章制度、操作规程和生产安全事故应急救援预案。

（2）组织或者参与本单位安全生产教育和培训，如实记录安全生产教育和培训情况。

（3）督促落实本单位重大危险源的安全管理措施。

（4）组织或者参与本单位应急救援演练。

（5）检查本单位的安全生产状况，及时排查生产安全事故隐患，提出改进安全生产管理的建议。

（6）制止和纠正违章指挥、强令冒险作业、违反操作规程的行为。

（7）督促落实本单位安全生产整改措施。

◆生产经营单位的安全生产管理机构以及安全生产管理人员应当恪尽职守，依法履行职责。

生产经营单位做出涉及安全生产的经营决策，应当听取安全生产管理机构以及安全生产管理人员的意见。

生产经营单位不得因安全生产管理人员依法履行职责而降低其工资、福利等待遇或者解除与其订立的劳动合同。

◆生产经营单位的主要负责人和安全生产管理人员必须具备与本单位所从事的生产经营活动相应的安全生产知识和管理能力。

◆生产经营单位应当对从业人员进行安全生产教育和培训，保证从业人员具备必要的安全生产知识，熟悉有关的安全生产规章制度和安全操作规程，掌握本岗位的安全操作技能，了解事故应急处理措施，知悉自身在安全生产方面的权利和义务。未经安全生产教育和培训合格的从业人员，不得上岗作业。

生产经营单位使用被派遣劳动者的，应当将被派遣劳动者纳入本单位从业人员统一管理，对被派遣劳动者进行岗位安全操作规程和安全操作技能的教育和培训。劳务派遣单位应当对被派遣劳动者进行必要的安全生产教育和培训。

生产经营单位接收中等职业学校、高等学校学生实习的，应当对实习学生进行相应的安全生产教育和培训，提供必要的劳动防护用品。学校应当协助生产经营单位对实习学生进行安全生产教育和培训。

生产经营单位应当建立安全生产教育和培训档案，如实记录安全生产教育和培训的时间、内容、参加人员以及考核结果等情况。

◆生产经营单位采用新工艺、新技术、新材料或者使用新设备，必须了解、掌握其安全技术特性，采取有效的安全防护措施，并对从业人员进行专门的安全生产教育和培训。

◆生产经营单位的特种作业人员必须按照国家有关规定经专门的安全作业培训，取得相应资格，方可上岗作业。

◆生产经营单位新建、改建、扩建工程项目（以下统称建设项目）的安全设施，必须与主体工程同时设计、同时施工、同时投入生产和使用。安全设施投资应当纳入建设项目概算。

◆生产经营单位应当在有较大危险因素的生产经营场所和有关设施、设备上，设置明显的安全警示标志。

◆生产经营单位必须对安全设备进行经常性维护、保养，并定期检测，保证正常运转。维护、保养、检测应当做好记录，并由有关人员签字。

◆生产经营单位对重大危险源应当登记建档，进行定期检测、评估、监控，并制定应急预案，告知从业人员和相关人员在紧急情况下应当采取的应急措施。

◆生产经营单位应当建立健全生产安全事故隐患排查治理制度，采取技术、管理措施，及时发现并消除事故隐患。事故隐患排查治理情况应当如实记录，并向从业人员通报。

◆生产、经营、储存、使用危险物品的车间、商店、仓库不得与员工宿舍在同一座建筑物内，并应当与员工宿舍保持安全距离。

生产经营场所和员工宿舍应当设有符合紧急疏散要求、标志明显、保持畅通的出口。禁止锁闭、封堵生产经营场所或者员工宿舍的出口。

◆生产经营单位应当教育和督促从业人员严格执行本单位的安全生产规章制度和安全操作规程；并向从业人员如实告知作业场所和工作岗位存在的危险因素、防范措施以及事故应急措施。

◆生产经营单位必须为从业人员提供符合国家标准或者行业标准的劳动防护用品，并监督、教育从业人员按照使用规则佩戴、使用。

◆生产经营单位的安全生产管理人员应当根据本单位的生产经营特点，对安全生产状况进行经常性检查；对检查中发现的安全问题，应当立即处理；不能处理的，应当及时报告本单位有关负责人，有关负责人应当及时处理。检查及处理情况应当如实记录在案。

◆生产经营单位应当安排用于配备劳动防护用品、进行安全生产培训的经费。

◆两个以上生产经营单位在同一作业区域内进行生产经营活动，可能危及对方生产安全的，应当签订安全生产管理协议，明确各自的安全生产管理职责和应当采取的安全措施，并指定专职安全生产管理人员进行安全检查与协调。

◆生产经营单位不得将生产经营项目、场所、设备发包或者出租给不具备安全生产条件或者相应资质的单位或者个人。

◆生产经营单位发生生产安全事故时，单位的主要负责人应当立即组织抢救，并不得在事故调查处理期间擅离职守。

◆生产经营单位必须依法参加工伤保险，为从业人员缴纳保险费。国家鼓励生产经营单位投保安全生产责任保险。

3. 从业人员安全生产权利义务的有关规定

在第三章从业人员的安全生产权利义务中，对相关事项作了规定。

◆生产经营单位与从业人员订立的劳动合同，应当载明有关保障从业人员劳动安全、防止职业危害的事项，以及依法为从业人员办理工伤保险的事项。生产经营单位不得以任何形式与从业人员订立协议，免除或者减轻其对从业人员因生产安全事故伤亡依法应承担的责任。

◆生产经营单位的从业人员有权了解其作业场所和工作岗位存在的危险因素、防范措施及事故应急措施，有权对本单位的安全生产工作提出建议。

◆从业人员有权对本单位安全生产工作中存在的问题提出批评、检举、控告；有权拒绝违章指挥和强令冒险作业。生产经营单位不得因从业人员对本单位安全生产工作提出批评、检举、控告或者拒绝违章指挥、强令冒险作业而降低其工资、福利等待遇或者解除与其订立的劳动合同。

◆从业人员发现直接危及人身安全的紧急情况时，有权停止作业或者在采取可能的应急措施后撤离作业场所。生产经营单位不得因从业人员在前款紧急情况下停止作业或者采取紧急撤离措施而降低其工资、福利等待遇或者解除与其订立的劳动合同。

◆因生产安全事故受到损害的从业人员，除依法享有工伤保险外，依照有关民事法律尚有获得赔偿的权利的，有权向本单位提出赔偿要求。

◆从业人员在作业过程中，应当严格遵守本单位的安全生产规章制度和操作规程，服从管理，正确佩戴和使用劳动防护用品。

◆从业人员应当接受安全生产教育和培训，掌握本职工作所需的安全生产知识，提高安全生产技能，增强事故预防和应急处理能力。

◆从业人员发现事故隐患或者其他不安全因素，应当立即向现场安全生产管理人员或者本单位负责人报告；接到报告的人员应当及时予以处理。

◆工会有权对建设项目的安全设施与主体工程同时设计、同时施工、同时投入生产和使用进行监督，提出意见。工会对生产经营单位违反安全生产法律、法规，侵犯从业人员合法权益的行为，有权要求纠正；发现生产经营单位违章指挥、强令冒险作业或者发现事故隐患时，有权提出解决的建议，生产经营单位应当及时研究答复；发现危及从业人员生命安全的情况时，有权向生产经营单位建议组织从业人员撤离危险场所，生产经营单位必须立即做出处理。工会有权依法参加事故调查，向有关部门提出处理意见，并要求追究有关人员的责任。

◆生产经营单位使用被派遣劳动者的，被派遣劳动者享有本法规定的从业人员的权利，并应当履行本法规定的从业人员的义务。

4. 生产安全事故应急救援与调查处理的有关规定

在第五章生产安全事故的应急救援与调查处理中，对相关事项作了明确规定。

◆生产经营单位应当制定本单位生产安全事故应急救援预案，与所在地县级以上地方人民政府组织制定的生产安全事故应急救援预案相衔接，并定期组织演练。

◆危险物品的生产、经营、储存单位以及矿山、金属冶炼、城市轨道交通运营、建筑施工单位应当建立应急救援组织；生产经营规模较小的，可以不建立应急救援组织，但应当指定兼职的应急救援人员。

危险物品的生产、经营、储存、运输单位以及矿山、金属冶炼、城市轨道交通运营、建筑施工单位应当配备必要的应急救援器材、设备和物资，并进行经常性维护、保养，保证正常运转。

◆生产经营单位发生生产安全事故后，事故现场有关人员应当立即报告本单位负责人。单位负责人接到事故报告后，应当迅速采取有效措施，组织抢救，防止事故扩大，减少人员伤亡和财产损失，并按照国家有关规定立即如实报告当地负有安全生产监督管理职责的部门，不得隐瞒不报、谎报或者迟报，不得故意破坏事故现场、毁灭有关证据。

◆任何单位和个人都应当支持、配合事故抢救，并提供一切便利条件。

◆任何单位和个人不得阻挠和干涉对事故的依法调查处理。

5. 有关法律责任的规定

在第六章法律责任中，对相关事项作了明确规定。

◆生产经营单位有下列行为之一的，责令限期改正，可以处五万元以下的罚款；逾期未改正的，责令停产停业整顿，并处五万元以上十万元以下的罚款，对其直接负责的主管人员和其他直接责任人员处一万元以上二万元以下的罚款：

（1）未按照规定设置安全生产管理机构或者配备安全生产管理人员的。

（2）危险物品的生产、经营、储存单位以及矿山、金属冶炼、建筑施工、道路运输单位的主要负责人和安全生产管理人员未按照规定经考核合格的。

（3）未按照规定对从业人员、被派遣劳动者、实习学生进行安全生产教育和培训，或者未按照规定如实告知有关的安全生产事项的。

（4）未如实记录安全生产教育和培训情况的。

（5）未将事故隐患排查治理情况如实记录或者未向从业人员通报的。

（6）未按照规定制定生产安全事故应急救援预案或者未定期组织演练的。

（7）特种作业人员未按照规定经专门的安全作业培训并取得相应资格，上岗作业的。

◆生产经营单位有下列行为之一的，责令限期改正，可以处五万元以下的罚款；逾期未改正的，处五万元以上二十万元以下的罚款，对其直接负责的主管人员和其他直接责任人员处一万元以上二万元以下的罚款；情节严重的，责令停产停业整顿；构成犯罪的，依照刑法有关规定追究刑事责任：

（1）未在有较大危险因素的生产经营场所和有关设施、设备上设置明显的安全警示标志的。

（2）安全设备的安装、使用、检测、改造和报废不符合国家标准或者行业标准的。

（3）未对安全设备进行经常性维护、保养和定期检测的。

（4）未为从业人员提供符合国家标准或者行业标准的劳动防护用品的。

（5）危险物品的容器、运输工具，以及涉及人身安全、危险性较大的海洋石油开采特种设备和矿山井下特种设备未经具有专业资质的机构检测、检验合格，取得安全使用证或者安全标志，投入使用的。

（6）使用应当淘汰的危及生产安全的工艺、设备的。

◆生产经营单位的从业人员不服从管理，违反安全生产规章制度或者操作规程的，由生产经营单位给予批评教育，依照有关规章制度给予处分；构成犯罪的，依照刑法有关规定追究刑事责任。

二、《中华人民共和国职业病防治法》（修订版）相关要点

《中华人民共和国职业病防治法》（以下简称《职业病防治法》），于2001年10月27日第九届全国人民代表大会常务委员会第二十四次会议通过，自2002年5月1日起施行。2011年12月31日第十一届全国人民代表大会常务委员会第二十四次会议通过《关于修改〈中华人民共和国职业病防治法〉的决定》，自公布之日起施行。

《职业病防治法》分为七章九十条，各章内容包括：第一章总则，第二章前期预防，第三章劳动过程中的防护与管理，第四章职业病诊断与职业病病人保障，第五章监督检查，第六章法律责任，第七章附则。制定《职业病防治法》的目的，是预防、控制和消除职业病危害，防治职业病，保护劳动者健康及其相关权益，促进经济社会发展。

1. 总则中的有关规定

在第一章总则中，对一些重要的原则性问题做了明确规定。

◆《职业病防治法》适用于中华人民共和国领域内的职业病防治活动。

本法所称职业病，是指企业、事业单位和个体经济组织等用人单位的劳动者在职业活动中，因接触粉尘、放射性物质和其他有毒、有害因素而引起的疾病。

◆职业病防治工作坚持预防为主、防治结合的方针，建立用人单位负责、行政机关监管、行业自律、职工参与和社会监督的机制，实行分类管理、综合治理。

◆劳动者依法享有职业卫生保护的权利。用人单位应当为劳动者创造符合国家职业卫生标准和卫生要求的工作环境和条件，并采取措施保障劳动者获得职业卫生保护。工会组织依法对职业病防治工作进行监督，维护劳动者的合法权益。用人单位制定或者修改有关职业病防治的规章制度，应当听取工会组织的意见。

◆用人单位应当建立、健全职业病防治责任制，加强对职业病防治的管理，提高职业病防治水平，对本单位产生的职业病危害承担责任。

◆用人单位的主要负责人对本单位的职业病防治工作全面负责。

◆用人单位必须依法参加工伤保险。

◆任何单位和个人有权对违反本法的行为进行检举和控告。有关部门收到相关的检举和控告后，应当及时处理。对防治职业病成绩显著的单位和个人，给予奖励。

2. 前期预防的有关规定

在第二章前期预防中，对相关事项作了规定。

◆用人单位应当依照法律、法规要求，严格遵守国家职业卫生标准，落实职业病预防措施，从源头上控制和消除职业病危害。

◆产生职业病危害的用人单位的设立除应当符合法律、行政法规规定的设立条件外，其工作场所还应当符合下列职业卫生要求：

（1）职业病危害因素的强度或者浓度符合国家职业卫生标准。

（2）有与职业病危害防护相适应的设施。

（3）生产布局合理，符合有害与无害作业分开的原则。

（4）有配套的更衣间、洗浴间、孕妇休息间等卫生设施。

（5）设备、工具、用具等设施符合保护劳动者生理、心理健康的要求。

（6）法律、行政法规和国务院卫生行政部门、安全生产监督管理部门关于保护劳动者健康的其他要求。

◆国家建立职业病危害项目申报制度。用人单位工作场所存在职业病目录所列职业病的危害因素的，应当及时、如实向所在地安全生产监督管理部门申报危害项目，接受监督。

◆国家对从事放射性、高毒、高危粉尘等作业实行特殊管理。具体管理办法由国务院制定。

3. 劳动过程中防护与管理的有关规定

在第三章劳动过程中的防护与管理中，对相关事项作了规定。

◆用人单位应当采取下列职业病防治管理措施：

（1）设置或者指定职业卫生管理机构或者组织，配备专职或者兼职的职业卫生管理人员，负责本单位的职业病防治工作。

（2）制定职业病防治计划和实施方案。

（3）建立、健全职业卫生管理制度和操作规程。

（4）建立、健全职业卫生档案和劳动者健康监护档案。

（5）建立、健全工作场所职业病危害因素监测及评价制度。

（6）建立、健全职业病危害事故应急救援预案。

◆用人单位应当保障职业病防治所需的资金投入，不得挤占、挪用，并对因资金投入不足导致的后果承担责任。

◆用人单位必须采用有效的职业病防护设施，并为劳动者提供个人使用的职业病防护用品。用人单位为劳动者个人提供的职业病防护用品必须符合防治职业病的要求；不符合要求的，不得使用。

◆用人单位应当优先采用有利于防治职业病和保护劳动者健康的新技术、新工艺、新设备、新材料，逐步替代职业病危害严重的技术、工艺、设备、材料。

◆产生职业病危害的用人单位，应当在醒目位置设置公告栏，公布有关职业病防治的规章制度、操作规程、职业病危害事故应急救援措施和工作场所职业病危害因素检测结果。

对产生严重职业病危害的作业岗位，应当在其醒目位置，设置警示标识和中文警示说明。警示说明应当载明产生职业病危害的种类、后果、预防以及应急救治措施等内容。

◆对可能发生急性职业损伤的有毒、有害工作场所，用人单位应当设置报警装置，配置现场急救用品、冲洗设备、应急撤离通道和必要的泄险区。

对放射工作场所和放射性同位素的运输、贮存，用人单位必须配置防护设备和报警装置，保证接触放射线的工作人员佩戴个人剂量计。

对职业病防护设备、应急救援设施和个人使用的职业病防护用品，用人单位应当进行经常性的维护、检修，定期检测其性能和效果，确保其处于正常状态，不得擅自拆除或者停止使用。

◆用人单位应当实施由专人负责的职业病危害因素日常监测，并确保监测系统处于正常运行状态。

用人单位应当按照国务院安全生产监督管理部门的规定，定期对工作场所进行职业病危害因素检测、评价。检测、评价结果存入用人单位职业卫生档案，定期向所在地安全生产监督管理部门报告并向劳动者公布。

发现工作场所职业病危害因素不符合国家职业卫生标准和卫生要求时，用人单位应当立即采取相应治理措施，仍然达不到国家职业卫生标准和卫生要求的，必须停止存在职业病危害因素的作业；职业病危害因素经治理后，符合国家职业卫生标准和卫生要求的，方可重新作业。

◆向用人单位提供可能产生职业病危害的设备的，应当提供中文说明书，并在设备的醒目位置设置警示标识和中文警示说明。警示说明应当载明设备性能、可能产生的职业病危害、安全操作和维护注意事项、职业病防护以及应急救治措施等内容。

◆向用人单位提供可能产生职业病危害的化学品、放射性同位素和含有放射性物质的材料的，应当提供中文说明书。说明书应当载明产品特性、主要成分、存在的有害因素、可能产生的危害后果、安全使用注意事项、职业病防护以及应急救治措施等内容。产品包装应当有醒目的警示标识和中文警示说明。贮存上述材料的场所应当在规定的部位设置危险物品标识或者放射性警示标识。

◆任何单位和个人不得生产、经营、进口和使用国家明令禁止使用的可能产生职业病危害的设备或者材料。

◆任何单位和个人不得将产生职业病危害的作业转移给不具备职业病防护条件的单位和个人。不具备职业病防护条件的单位和个人不得接受产生职业病危害的作业。

◆用人单位对采用的技术、工艺、设备、材料，应当知悉其产生的职业病危害，对有职业病危害的技术、工艺、设备、材料隐瞒其危害而采用的，对所造成的职业病危害后果承担责任。

◆用人单位与劳动者订立劳动合同（含聘用合同，下同）时，应当将工作过程中可能产生的职业病危害及其后果、职业病防护措施和待遇等如实告知劳动者，并在劳动合同中写明，不得隐瞒或者欺骗。

劳动者在已订立劳动合同期间因工作岗位或者工作内容变更，从事与所订立劳动合同中未告知的存在职业病危害的作业时，用人单位应当依照前款规定，向劳动者履行如实告知的义务，并协商变更原劳动合同相关条款。

用人单位违反前两款规定的，劳动者有权拒绝从事存在职业病危害的作业，用人单位不得因此解除与劳动者所订立的劳动合同。

◆用人单位的主要负责人和职业卫生管理人员应当接受职业卫生培训，遵守职业病防治法律、法规，依法组织本单位的职业病防治工作。

用人单位应当对劳动者进行上岗前的职业卫生培训和在岗期间的定期职业卫生培训，普及职业卫生知识，督促劳动者遵守职业病防治法律、法规、规章和操作规程，指导劳动者正确使用职业病防护设备和个人使用的职业病防护用品。

劳动者应当学习和掌握相关的职业卫生知识，增强职业病防范意识，遵守职业病防治法律、法规、规章和操作规程，正确使用、维护职业病防护设备和个人使用的职业病防护用品，发现职业病危害事故隐患应当及时报告。

劳动者不履行前款规定义务的，用人单位应当对其进行教育。

◆对从事接触职业病危害的作业的劳动者，用人单位应当按照国务院安全生产监督管理部门、卫生行政部门的规定组织上岗前、在岗期间和离岗时的职业健康检查，并将检查结果书面告知劳动者。职业健康检查费用由用人单位承担。

用人单位不得安排未经上岗前职业健康检查的劳动者从事接触职业病危害的作业；不得安排有职业禁忌的劳动者从事其所禁忌的作业；对在职业健康检查中发现有与所从事的职业相关的健康损害的劳动者，应当调离原工作岗位，并妥善安置；对未进行离岗前职业健康检查的劳动者不得解除或者终止与其订立的劳动合同。

职业健康检查应当由省级以上人民政府卫生行政部门批准的医疗卫生机构承担。

◆用人单位应当为劳动者建立职业健康监护档案，并按照规定的期限妥善保存。

职业健康监护档案应当包括劳动者的职业史、职业病危害接触史、职业健康检查结果和职业病诊疗等有关个人健康资料。

劳动者离开用人单位时，有权索取本人职业健康监护档案复印件，用人单位应当如实、无偿提供，并在所提供的复印件上签章。

◆发生或者可能发生急性职业病危害事故时，用人单位应当立即采取应急救援和控制措施，并及时报告所在地安全生产监督管理部门和有关部门。安全生产监督管理部门接到报告后，应当及时会同有关部门组织调查处理；必要时，可以采取临时控制措施。卫生行政部门应当组织做好医疗救治工作。

对遭受或者可能遭受急性职业病危害的劳动者，用人单位应当及时组织救治、进行健康检查和医学观察，所需费用由用人单位承担。

◆用人单位不得安排未成年工从事接触职业病危害的作业；不得安排孕期、哺乳期的女职工从事对本人和胎儿、婴儿有危害的作业。

◆劳动者享有下列职业卫生保护权利：

（1）获得职业卫生教育、培训。

（2）获得职业健康检查、职业病诊疗、康复等职业病防治服务。

（3）了解工作场所产生或者可能产生的职业病危害因素、危害后果和应当采取的职业病防护措施。

（4）要求用人单位提供符合防治职业病要求的职业病防护设施和个人使用的职业病防护用品，改善工作条件。

（5）对违反职业病防治法律、法规以及危及生命健康的行为提出批评、检举和控告。

（6）拒绝违章指挥和强令进行没有职业病防护措施的作业。

（7）参与用人单位职业卫生工作的民主管理，对职业病防治工作提出意见和建议。

用人单位应当保障劳动者行使前款所列权利。因劳动者依法行使正当权利而降低其工资、福利等待遇或者解除、终止与其订立的劳动合同的，其行为无效。

◆工会组织应当督促并协助用人单位开展职业卫生宣传教育和培训，有权对用人单位的职业病防治工作提出意见和建议，依法代表劳动者与用人单位签订劳动安全卫生专项集体合同，与用人单位就劳动者反映的有关职业病防治的问题进行协调并督促解决。

工会组织对用人单位违反职业病防治法律、法规，侵犯劳动者合法权益的行为，有权要求纠正；产生严重职业病危害时，有权要求采取防护措施，或者向政府有关部门建议采取强制性措施；发生职业病危害事故时，有权参与事故调查处理；发现危及劳动者生命健康的情形时，有权向用人单位建议组织劳动者撤离危险现场，用人单位应当立即做出处理。

◆用人单位按照职业病防治要求，用于预防和治理职业病危害、工作场所卫生检测、健康监护和职业卫生培训等费用，按照国家有关规定，在生产成本中据实列支。

◆职业卫生监督管理部门应当按照职责分工，加强对用人单位落实职业病防护管理措施情况的监督检查，依法行使职权，承担责任。

4. 职业病诊断与职业病病人保障的有关规定

在第四章职业病诊断与职业病病人保障中，对相关事项作了规定。

◆劳动者可以在用人单位所在地、本人户籍所在地或者经常居住地依法承担职业病诊断的医疗卫生机构进行职业病诊断。

◆职业病诊断，应当综合分析下列因素：

（1）病人的职业史。

（2）职业病危害接触史和工作场所职业病危害因素情况。

（3）临床表现以及辅助检查结果等。

没有证据否定职业病危害因素与病人临床表现之间的必然联系的，应当诊断为职业病。

承担职业病诊断的医疗卫生机构在进行职业病诊断时，应当组织三名以上取得职业病诊断资格的执业医师集体诊断。职业病诊断证明书应当由参与诊断的医师共同签署，并经承担职业病诊断的医疗卫生机构审核盖章。

◆用人单位应当如实提供职业病诊断、鉴定所需的劳动者职业史和职业病危害接触史、工作场所职业病危害因素检测结果等资料；安全生产监督管理部门应当监督检查和督促用人单位提供上述资料；劳动者和有关机构也应当提供与职业病诊断、鉴定有关的资料。

职业病诊断、鉴定机构需要了解工作场所职业病危害因素情况时，可以对工作场所进行现场调查，也可以向安全生产监督管理部门提出，安全生产监督管理部门应当在十日内组织现场调查。用人单位不得拒绝、阻挠。

◆职业病诊断、鉴定过程中，用人单位不提供工作场所职业病危害因素检测结果等资料的，诊断、鉴定机构应当结合劳动者的临床表现、辅助检查结果和劳动者的职业史、职业病危害接触史，并参考劳动者的自述、安全生产监督管理部门提供的日常监督检查信息等，做出职业病诊断、鉴定结论。

劳动者对用人单位提供的工作场所职业病危害因素检测结果等资料有异议，或者因劳动者的用人单位解散、破产，无用人单位提供上述资料的，诊断、鉴定机构应当提请安全生产监督管理部门进行调查，安全生产监督管理部门应当自接到申请之日起三十日内对存在异议的资料或者工作场所职业病危害因素情况做出判定；有关部门应当配合。

◆职业病诊断、鉴定过程中，在确认劳动者职业史、职业病危害接触史时，当事人对劳动关系、工种、工作岗位或者在岗时间有争议的，可以向当地的劳动人事争议仲裁委员会申请仲裁；接到申请的劳动人事争议仲裁委员会应当受理，并在三十日内做出裁决。

劳动者对仲裁裁决不服的，可以依法向人民法院提起诉讼。

用人单位对仲裁裁决不服的，可以在职业病诊断、鉴定程序结束之日起十五日内依法向人民法院提起诉讼；诉讼期间，劳动者的治疗费用按照职业病待遇规定的途径支付。

◆当事人对职业病诊断有异议的，可以向作出诊断的医疗卫生机构所在地地方人民政府卫生行政部门申请鉴定。

职业病诊断争议由设区的市级以上地方人民政府卫生行政部门根据当事人的申请，组织职业病诊断鉴定委员会进行鉴定。

当事人对设区的市级职业病诊断鉴定委员会的鉴定结论不服的，可以向省、自治区、直辖市人民政府卫生行政部门申请再鉴定。

◆职业病诊断鉴定委员会由相关专业的专家组成。

◆职业病诊断鉴定委员会组成人员应当遵守职业道德，客观、公正地进行诊断鉴定，并承担相应的责任。职业病诊断鉴定委员会组成人员不得私下接触当事人，不得收受当事人的财物或者其他好处，与当事人有利害关系的，应当回避。

人民法院受理有关案件需要进行职业病鉴定时，应当从省、自治区、直辖市人民政府卫生行政部门依法设立的相关的专家库中选取参加鉴定的专家。

◆医疗卫生机构发现疑似职业病病人时，应当告知劳动者本人并及时通知用人单位。用人单位应当及时安排对疑似职业病病人进行诊断；在疑似职业病病人诊断或者医学观察期间，不得解除或者终止与其订立的劳动合同。

疑似职业病病人在诊断、医学观察期间的费用，由用人单位承担。

◆用人单位应当保障职业病病人依法享受国家规定的职业病待遇。用人单位应当按照国家有关规定，安排职业病病人进行治疗、康复和定期检查。用人单位对不适宜继续从事原工作的职业病病人，应当调离原岗位，并妥善安置。用人单位对从事接触职业病危害的作业的劳动者，应当给予适当岗位津贴。

◆职业病病人的诊疗、康复费用，伤残以及丧失劳动能力的职业病病人的社会保障，按照国家有关工伤保险的规定执行。

◆职业病病人除依法享有工伤保险外，依照有关民事法律，尚有获得赔偿的权利的，有权向用人单位提出赔偿要求。

◆劳动者被诊断患有职业病，但用人单位没有依法参加工伤保险的，其医疗和生活保障由该用人单位承担。

◆职业病病人变动工作单位，其依法享有的待遇不变。用人单位在发生分立、合并、解散、破产等情形时，应当对从事接触职业病危害的作业的劳动者进行健康检查，并按照国家有关规定妥善安置职业病病人。

◆用人单位已经不存在或者无法确认劳动关系的职业病病人，可以向地方人民政府民政部门申请医疗救助和生活等方面的救助。

5. 法律责任的有关规定

在第六章法律责任中，对相关事项作了规定。

◆违反本法规定，有下列行为之一的，由安全生产监督管理部门给予警告，责令限期改正；逾期不改正的，处十万元以下的罚款：

（1）工作场所职业病危害因素检测、评价结果没有存档、上报、公布的。

（2）未采取本法规定的职业病防治管理措施的。

（3）未按照规定公布有关职业病防治的规章制度、操作规程、职业病危害事故应急救援措施的。

（4）未按照规定组织劳动者进行职业卫生培训，或者未对劳动者个人职业病防护采取指导、督促措施的。

（5）国内首次使用或者首次进口与职业病危害有关的化学材料，未按照规定报送毒性鉴定资料以及经有关部门登记注册或者批准进口的文件的。

◆用人单位违反本法规定，有下列行为之一的，由安全生产监督管理部门责令限期改正，给予警告，可以并处五万元以上十万元以下的罚款：

（1）未按照规定及时、如实向安全生产监督管理部门申报产生职业病危害的项目的。

（2）未实施由专人负责的职业病危害因素日常监测，或者监测系统不能正常监测的。

（3）订立或者变更劳动合同时，未告知劳动者职业病危害真实情况的。

（4）未按照规定组织职业健康检查、建立职业健康监护档案或者未将检查结果书面告知劳动者的。

（5）未依照本法规定在劳动者离开用人单位时提供职业健康监护档案复印件的。

◆用人单位违反本法规定，有下列行为之一的，由安全生产监督管理部门给予警告，责令限期改正，逾期不改正的，处五万元以上二十万元以下的罚款；情节严重的，责令停止产生职业病危害的作业，或者提请有关人民政府按照国务院规定的权限责令关闭：

（1）工作场所职业病危害因素的强度或者浓度超过国家职业卫生标准的。

（2）未提供职业病防护设施和个人使用的职业病防护用品，或者提供的职业病防护设施和个人使用的职业病防护用品不符合国家职业卫生标准和卫生要求的。

（3）对职业病防护设备、应急救援设施和个人使用的职业病防护用品未按照规定进行维护、检修、检测，或者不能保持正常运行、使用状态的。

（4）未按照规定对工作场所职业病危害因素进行检测、评价的。

（5）工作场所职业病危害因素经治理仍然达不到国家职业卫生标准和卫生要求时，未停止存在职业病危害因素的作业的。

（6）未按照规定安排职业病病人、疑似职业病病人进行诊治的。

（7）发生或者可能发生急性职业病危害事故时，未立即采取应急救援和控制措施或者未按照规定及时报告的。

（8）未按照规定在产生严重职业病危害的作业岗位醒目位置设置警示标识和中文警示

说明的。

（9）拒绝职业卫生监督管理部门监督检查的。

（10）隐瞒、伪造、篡改、毁损职业健康监护档案、工作场所职业病危害因素检测评价结果等相关资料，或者拒不提供职业病诊断、鉴定所需资料的。

（11）未按照规定承担职业病诊断、鉴定费用和职业病病人的医疗、生活保障费用的。

◆违反本法规定，构成犯罪的，依法追究刑事责任。

三、《中华人民共和国消防法》（修订版）相关要点

《中华人民共和国消防法》（以下简称《消防法》）由第十一届全国人民代表大会常务委员会第五次会议于2008年10月28日修订通过，自2009年5月1日起施行。

新修订的《消防法》分为七章七十四条，各章内容包括：第一章总则，第二章火灾预防，第三章消防组织，第四章灭火救援，第五章监督检查，第六章法律责任，第七章附则。制定和修订《消防法》的目的，是预防火灾和减少火灾危害，加强应急救援工作，保护人身、财产安全，维护公共安全。

1. 总则中的有关规定

在第一章总则中，对相关事项作了规定。

◆消防工作贯彻预防为主、防消结合的方针，按照政府统一领导、部门依法监管、单位全面负责、公民积极参与的原则，实行消防安全责任制，建立健全社会化的消防工作网络。

◆国务院公安部门对全国的消防工作实施监督管理。县级以上地方人民政府公安机关对本行政区域内的消防工作实施监督管理，并由本级人民政府公安机关消防机构负责实施。

◆任何单位和个人都有维护消防安全、保护消防设施、预防火灾、报告火警的义务。任何单位和成年人都有参加有组织的灭火工作的义务。

◆国家鼓励、支持消防科学研究和技术创新，推广使用先进的消防和应急救援技术、设备；鼓励、支持社会力量开展消防公益活动。

对在消防工作中有突出贡献的单位和个人，应当按照国家有关规定给予表彰和奖励。

2. 火灾预防的有关规定

在第二章火灾预防中，对相关事项作了规定。

◆机关、团体、企业、事业等单位应当履行下列消防安全职责：

（1）落实消防安全责任制，制定本单位的消防安全制度、消防安全操作规程，制定灭

火和应急疏散预案。

（2）按照国家标准、行业标准配置消防设施、器材，设置消防安全标志，并定期组织检验、维修，确保完好有效。

（3）对建筑消防设施每年至少进行一次全面检测，确保完好有效，检测记录应当完整准确，存档备查。

（4）保障疏散通道、安全出口、消防车通道畅通，保证防火防烟分区、防火间距符合消防技术标准。

（5）组织防火检查，及时消除火灾隐患。

（6）组织进行有针对性的消防演练。

（7）法律、法规规定的其他消防安全职责。

单位的主要负责人是本单位的消防安全责任人。

◆同一建筑物由两个以上单位管理或者使用的，应当明确各方的消防安全责任，并确定责任人对共用的疏散通道、安全出口、建筑消防设施和消防车通道进行统一管理。

住宅区的物业服务企业应当对管理区域内的共用消防设施进行维护管理，提供消防安全防范服务。

◆生产、储存、经营易燃易爆危险品的场所不得与居住场所设置在同一建筑物内，并应当与居住场所保持安全距离。

生产、储存、经营其他物品的场所与居住场所设置在同一建筑物内的，应当符合国家工程建设消防技术标准。

◆禁止在具有火灾、爆炸危险的场所吸烟、使用明火。因施工等特殊情况需要使用明火作业的，应当按照规定事先办理审批手续，采取相应的消防安全措施；作业人员应当遵守消防安全规定。

进行电焊、气焊等具有火灾危险作业的人员和自动消防系统的操作人员，必须持证上岗，并遵守消防安全操作规程。

◆任何单位、个人不得损坏、挪用或者擅自拆除、停用消防设施、器材，不得埋压、圈占、遮挡消火栓或者占用防火间距，不得占用、堵塞、封闭疏散通道、安全出口、消防车通道。人员密集场所的门窗不得设置影响逃生和灭火救援的障碍物。

3. 消防组织与灭火救援的有关规定

在第三章消防组织与第四章灭火救援中，对相关事项作了规定。

◆机关、团体、企业、事业等单位以及村民委员会、居民委员会根据需要，建立志愿消防队等多种形式的消防组织，开展群众性自防自救工作。

◆任何人发现火灾都应当立即报警。任何单位、个人都应当无偿为报警提供便利，不得阻拦报警。严禁谎报火警。

人员密集场所发生火灾，该场所的现场工作人员应当立即组织、引导在场人员疏散。

任何单位发生火灾，必须立即组织力量扑救。邻近单位应当给予支援。

消防队接到火警，必须立即赶赴火灾现场，救助遇险人员，排除险情，扑灭火灾。

◆公安机关消防机构统一组织和指挥火灾现场扑救，应当优先保障遇险人员的生命安全。

火灾现场总指挥根据扑救火灾的需要，有权决定下列事项：

（1）使用各种水源。

（2）截断电力、可燃气体和可燃液体的输送，限制用火用电。

（3）划定警戒区，实行局部交通管制。

（4）利用邻近建筑物和有关设施。

（5）为了抢救人员和重要物资，防止火势蔓延，拆除或者破损毗邻火灾现场的建筑物、构筑物或者设施等。

（6）调动供水、供电、供气、通信、医疗救护、交通运输、环境保护等有关单位协助灭火救援。

根据扑救火灾的紧急需要，有关地方人民政府应当组织人员、调集所需物资支援灭火。

◆火灾扑灭后，发生火灾的单位和相关人员应当按照公安机关消防机构的要求保护现场，接受事故调查，如实提供与火灾有关的情况。

公安机关消防机构根据火灾现场勘验、调查情况和有关的检验、鉴定意见，及时制作火灾事故认定书，作为处理火灾事故的证据。

4. 其他有关规定

在第五章监督检查与第六章法律责任中，对违法行为作了明确规定，要依法给予制裁。其中，第六章法律责任的有关规定如下：

◆单位违反本法规定，有下列行为之一的，责令改正，处五千元以上五万元以下罚款：

（1）消防设施、器材或者消防安全标志的配置、设置不符合国家标准、行业标准，或者未保持完好有效的。

（2）损坏、挪用或者擅自拆除、停用消防设施、器材的。

（3）占用、堵塞、封闭疏散通道、安全出口或者有其他妨碍安全疏散行为的。

（4）埋压、圈占、遮挡消火栓或者占用防火间距的。

（5）占用、堵塞、封闭消防车通道，妨碍消防车通行的。

（6）人员密集场所在门窗上设置影响逃生和灭火救援的障碍物的。

（7）对火灾隐患经公安机关消防机构通知后不及时采取措施消除的。

◆有下列行为之一的，依照《中华人民共和国治安管理处罚法》的规定处罚：

（1）违反有关消防技术标准和管理规定生产、储存、运输、销售、使用、销毁易燃易爆危险品的。

（2）非法携带易燃易爆危险品进入公共场所或者乘坐公共交通工具的。

（3）谎报火警的。

（4）阻碍消防车、消防艇执行任务的。

（5）阻碍公安机关消防机构的工作人员依法执行职务的。

◆违反本法规定，有下列行为之一的，处警告或者五百元以下罚款；情节严重的，处五日以下拘留：

（1）违反消防安全规定进入生产、储存易燃易爆危险品场所的。

（2）违反规定使用明火作业或者在具有火灾、爆炸危险的场所吸烟、使用明火的。

◆违反本法规定，有下列行为之一，尚不构成犯罪的，处十日以上十五日以下拘留，可以并处五百元以下罚款；情节较轻的，处警告或者五百元以下罚款：

（1）指使或者强令他人违反消防安全规定，冒险作业的。

（2）过失引起火灾的。

（3）在火灾发生后阻拦报警，或者负有报告职责的人员不及时报警的。

（4）扰乱火灾现场秩序，或者拒不执行火灾现场指挥员指挥，影响灭火救援的。

（5）故意破坏或者伪造火灾现场的。

（6）擅自拆封或者使用被公安机关消防机构查封的场所、部位的。

四、《中华人民共和国特种设备安全法》相关要点

2013 年 6 月 29 日，第十二届全国人民代表大会常务委员会第三次会议通过《中华人民共和国特种设备安全法》（以下简称《特种设备安全法》），自 2014 年 1 月 1 日起施行。

《特种设备安全法》分为七章一百零一条，各章内容包括：第一章总则，第二章生产、经营、使用，第三章检验、检测，第四章监督管理，第五章事故应急救援与调查处理，第六章法律责任，第七章附则。制定《特种设备安全法》的目的，是加强特种设备安全工作，预防特种设备事故，保障人身和财产安全，促进经济社会发展。

《特种设备安全法》所称特种设备，是指对人身和财产安全有较大危险性的锅炉、压力容器（含气瓶）、压力管道、电梯、起重机械、客运索道、大型游乐设施、场（厂）内专用机动车辆，以及法律、行政法规规定适用本法的其他特种设备。特种设备的生产（包括设计、制造、安装、改造、修理）、经营、使用、检验、检测和特种设备安全的监督管理，适用本法。

1. 总则中的有关规定

在第一章总则中，对相关事项作了规定。

◆特种设备安全工作应当坚持安全第一、预防为主、节能环保、综合治理的原则。

国家对特种设备的生产、经营、使用，实施分类的、全过程的安全监督管理。

◆特种设备生产、经营、使用单位应当遵守本法和其他有关法律、法规，建立、健全特种设备安全和节能责任制度，加强特种设备安全和节能管理，确保特种设备生产、经营、使用安全，符合节能要求。

◆特种设备生产、经营、使用、检验、检测应当遵守有关特种设备安全技术规范及相关标准。

◆负责特种设备安全监督管理的部门应当加强特种设备安全宣传教育，普及特种设备安全知识，增强社会公众的特种设备安全意识。

◆任何单位和个人有权向负责特种设备安全监督管理的部门和有关部门举报涉及特种设备安全的违法行为，接到举报的部门应当及时处理。

2. 生产、经营、使用的有关规定

在第二章生产、经营、使用中，对相关事项作了规定。

◆特种设备生产、经营、使用单位及其主要负责人对其生产、经营、使用的特种设备安全负责。特种设备生产、经营、使用单位应当按照国家有关规定配备特种设备安全管理人员、检测人员和作业人员，并对其进行必要的安全教育和技能培训。

◆特种设备安全管理人员、检测人员和作业人员应当按照国家有关规定取得相应资格，方可从事相关工作。特种设备安全管理人员、检测人员和作业人员应当严格执行安全技术规范和管理制度，保证特种设备安全。

◆特种设备生产、经营、使用单位对其生产、经营、使用的特种设备应当进行自行检测和维护保养，对国家规定实行检验的特种设备应当及时申报并接受检验。

◆国家按照分类监督管理的原则对特种设备生产实行许可制度。特种设备生产单位应当具备下列条件，并经负责特种设备安全监督管理的部门许可，方可从事生产活动：

（1）有与生产相适应的专业技术人员。

（2）有与生产相适应的设备、设施和工作场所。

（3）有健全的质量保证、安全管理和岗位责任等制度。

◆特种设备生产单位应当保证特种设备生产符合安全技术规范及相关标准的要求，对其生产的特种设备的安全性能负责。不得生产不符合安全性能要求和能效指标以及国家明令淘汰的特种设备。

◆特种设备出厂时，应当随附安全技术规范要求的设计文件、产品质量合格证明、安装及使用维护保养说明、监督检验证明等相关技术资料和文件，并在特种设备显著位置设置产品铭牌、安全警示标志及其说明。

◆特种设备安装、改造、修理的施工单位应当在施工前将拟进行的特种设备安装、改造、修理情况书面告知直辖市或者设区的市级人民政府负责特种设备安全监督管理的部门。

◆特种设备使用单位应当在特种设备投入使用前或者投入使用后三十日内，向负责特种设备安全监督管理的部门办理使用登记，取得使用登记证书。登记标志应当置于该特种设备的显著位置。

◆特种设备使用单位应当建立岗位责任、隐患治理、应急救援等安全管理制度，制定操作规程，保证特种设备安全运行。

◆特种设备使用单位应当建立特种设备安全技术档案。安全技术档案应当包括以下内容：

（1）特种设备的设计文件、产品质量合格证明、安装及使用维护保养说明、监督检验证明等相关技术资料和文件。

（2）特种设备的定期检验和定期自行检查记录。

（3）特种设备的日常使用状况记录。

（4）特种设备及其附属仪器仪表的维护保养记录。

（5）特种设备的运行故障和事故记录。

◆电梯、客运索道、大型游乐设施等为公众提供服务的特种设备的运营使用单位，应当对特种设备的使用安全负责，设置特种设备安全管理机构或者配备专职的特种设备安全管理人员；其他特种设备使用单位，应当根据情况设置特种设备安全管理机构或者配备专职、兼职的特种设备安全管理人员。

◆特种设备的使用应当具有规定的安全距离、安全防护措施。与特种设备安全相关的建筑物、附属设施，应当符合有关法律、行政法规的规定。

◆特种设备属于共有的，共有人可以委托物业服务单位或者其他管理人管理特种设备，受托人履行本法规定的特种设备使用单位的义务，承担相应责任。共有人未委托的，由共有人或者实际管理人履行管理义务，承担相应责任。

◆特种设备使用单位应当对其使用的特种设备进行经常性维护保养和定期自行检查，并做出记录。特种设备使用单位应当对其使用的特种设备的安全附件、安全保护装置进行定期校验、检修，并做出记录。

◆特种设备使用单位应当按照安全技术规范的要求，在检验合格有效期届满前一个月向特种设备检验机构提出定期检验要求。未经定期检验或者检验不合格的特种设备，不得继续使用。

◆特种设备安全管理人员应当对特种设备使用状况进行经常性检查，发现问题应当立即处理；情况紧急时，可以决定停止使用特种设备并及时报告本单位有关负责人。

特种设备作业人员在作业过程中发现事故隐患或者其他不安全因素，应当立即向特种设备安全管理人员和单位有关负责人报告；特种设备运行不正常时，特种设备作业人员应当按照操作规程采取有效措施保证安全。

◆特种设备出现故障或者发生异常情况，特种设备使用单位应当对其进行全面检查，消除事故隐患，方可继续使用。

◆客运索道、大型游乐设施在每日投入使用前，其运营使用单位应当进行试运行和例行安全检查，并对安全附件和安全保护装置进行检查确认。

电梯、客运索道、大型游乐设施的运营使用单位应当将电梯、客运索道、大型游乐设施的安全使用说明、安全注意事项和警示标志置于易于为乘客注意的显著位置。

公众乘坐或者操作电梯、客运索道、大型游乐设施，应当遵守安全使用说明和安全注意事项的要求，服从有关工作人员的管理和指挥；遇有运行不正常时，应当按照安全指引，有序撤离。

◆锅炉使用单位应当按照安全技术规范的要求进行锅炉水（介）质处理，并接受特种设备检验机构的定期检验。从事锅炉清洗，应当按照安全技术规范的要求进行，并接受特种设备检验机构的监督检验。

◆电梯的维护保养应当由电梯制造单位或者依照本法取得许可的安装、改造、修理单位进行。

电梯的维护保养单位应当在维护保养中严格执行安全技术规范的要求，保证其维护保养的电梯的安全性能，并负责落实现场安全防护措施，保证施工安全。

电梯的维护保养单位应当对其维护保养的电梯的安全性能负责；接到故障通知后，应当立即赶赴现场，并采取必要的应急救援措施。

◆电梯投入使用后，电梯制造单位应当对其制造的电梯的安全运行情况进行跟踪调查和了解，对电梯的维护保养单位或者使用单位在维护保养和安全运行方面存在的问题，提出改进建议，并提供必要的技术帮助；发现电梯存在严重事故隐患时，应当及时告知电梯使用单位，并向负责特种设备安全监督管理的部门报告。电梯制造单位对调查和了解的情况，应当做出记录。

◆特种设备进行改造、修理，按照规定需要变更使用登记的，应当办理变更登记，方可继续使用。

◆特种设备存在严重事故隐患，无改造、修理价值，或者达到安全技术规范规定的其他报废条件的，特种设备使用单位应当依法履行报废义务，采取必要措施消除该特种设备的使用功能，并向原登记的负责特种设备安全监督管理的部门办理使用登记证书注销手续。

◆移动式压力容器、气瓶充装单位，应当具备下列条件，并经负责特种设备安全监督管理的部门许可，方可从事充装活动：

（1）有与充装和管理相适应的管理人员和技术人员。

（2）有与充装和管理相适应的充装设备、检测手段、场地厂房、器具、安全设施。

（3）有健全的充装管理制度、责任制度、处理措施。

充装单位应当建立充装前后的检查、记录制度，禁止对不符合安全技术规范要求的移动式压力容器和气瓶进行充装。

气瓶充装单位应当向气体使用者提供符合安全技术规范要求的气瓶，对气体使用者进行气瓶安全使用指导，并按照安全技术规范的要求办理气瓶使用登记，及时申报定期检验。

3. 检验、检测的有关规定

在第三章检验、检测中，对相关事项作了规定。

◆从事本法规定的监督检验、定期检验的特种设备检验机构，以及为特种设备生产、经营、使用提供检测服务的特种设备检测机构，应当具备下列条件，并经负责特种设备安全监督管理的部门核准，方可从事检验、检测工作：

（1）有与检验、检测工作相适应的检验、检测人员。

（2）有与检验、检测工作相适应的检验、检测仪器和设备。

（3）有健全的检验、检测管理制度和责任制度。

◆特种设备检验、检测机构的检验、检测人员应当经考核，取得检验、检测人员资格，方可从事检验、检测工作。

特种设备检验、检测机构的检验、检测人员不得同时在两个以上检验、检测机构中执业；变更执业机构的，应当依法办理变更手续。

◆特种设备检验、检测工作应当遵守法律、行政法规的规定，并按照安全技术规范的要求进行。

特种设备检验、检测机构及其检验、检测人员应当依法为特种设备生产、经营、使用单位提供安全、可靠、便捷、诚信的检验、检测服务。

◆特种设备检验、检测机构及其检验、检测人员应当客观、公正、及时地出具检验、检测报告，并对检验、检测结果和鉴定结论负责。

特种设备检验、检测机构及其检验、检测人员在检验、检测中发现特种设备存在严重事故隐患时，应当及时告知相关单位，并立即向负责特种设备安全监督管理的部门报告。

负责特种设备安全监督管理的部门应当组织对特种设备检验、检测机构的检验、检测结果和鉴定结论进行监督抽查，但应当防止重复抽查。监督抽查结果应当向社会公布。

◆特种设备生产、经营、使用单位应当按照安全技术规范的要求向特种设备检验、检测机构及其检验、检测人员提供特种设备相关资料和必要的检验、检测条件，并对资料的真实性负责。

◆特种设备检验、检测机构及其检验、检测人员对检验、检测过程中知悉的商业秘密，负有保密义务。

特种设备检验、检测机构及其检验、检测人员不得从事有关特种设备的生产、经营活动，不得推荐或者监制、监销特种设备。

◆特种设备检验机构及其检验人员利用检验工作故意刁难特种设备生产、经营、使用单位的，特种设备生产、经营、使用单位有权向负责特种设备安全监督管理的部门投诉，接到投诉的部门应当及时进行调查处理。

4. 监督管理的有关规定

在第四章监督管理中，对相关事项作了规定。

◆负责特种设备安全监督管理的部门依照本法规定，对特种设备生产、经营、使用单位和检验、检测机构实施监督检查。

负责特种设备安全监督管理的部门应当对学校、幼儿园以及医院、车站、客运码头、商场、体育场馆、展览馆、公园等公众聚集场所的特种设备，实施重点安全监督检查。

◆负责特种设备安全监督管理的部门在依法履行监督检查职责时，可以行使下列职权：

（1）进入现场进行检查，向特种设备生产、经营、使用单位和检验、检测机构的主要负责人和其他有关人员调查、了解有关情况。

（2）根据举报或者取得的涉嫌违法证据，查阅、复制特种设备生产、经营、使用单位和检验、检测机构的有关合同、发票、账簿以及其他有关资料。

（3）对有证据表明不符合安全技术规范要求或者存在严重事故隐患的特种设备实施查封、扣押。

（4）对流入市场的达到报废条件或者已经报废的特种设备实施查封、扣押。

（5）对违反本法规定的行为作出行政处罚决定。

◆负责特种设备安全监督管理的部门在依法履行职责过程中，发现违反本法规定和安全技术规范要求的行为或者特种设备存在事故隐患时，应当以书面形式发出特种设备安全监察指令，责令有关单位及时采取措施予以改正或者消除事故隐患。紧急情况下要求有关单位采取紧急处置措施的，应当随后补发特种设备安全监察指令。

◆负责特种设备安全监督管理的部门在依法履行职责过程中，发现重大违法行为或者特种设备存在严重事故隐患时，应当责令有关单位立即停止违法行为、采取措施消除事故隐患，并及时向上级负责特种设备安全监督管理的部门报告。接到报告的负责特种设备安全监督管理的部门应当采取必要措施，及时予以处理。

◆负责特种设备安全监督管理的部门及其工作人员不得推荐或者监制、监销特种设备；对履行职责过程中知悉的商业秘密负有保密义务。

5. 事故应急救援与调查处理的有关规定

在第五章事故应急救援与调查处理中，对相关事项作了规定。

◆特种设备发生事故后，事故发生单位应当按照应急预案采取措施，组织抢救，防止事故扩大，减少人员伤亡和财产损失，保护事故现场和有关证据，并及时向事故发生地县级以上人民政府负责特种设备安全监督管理的部门和有关部门报告。

与事故相关的单位和人员不得迟报、谎报或者瞒报事故情况，不得隐匿、毁灭有关证据或者故意破坏事故现场。

◆事故发生地人民政府接到事故报告，应当依法启动应急预案，采取应急处置措施，组织应急救援。

◆事故责任单位应当依法落实整改措施，预防同类事故发生。事故造成损害的，事故责任单位应当依法承担赔偿责任。

6. 法律责任的有关规定

在第六章法律责任中，对相关事项作了规定。

◆违反本法规定，特种设备使用单位有下列行为之一的，责令停止使用有关特种设备，处三万元以上三十万元以下罚款：

（1）使用未取得许可生产，未经检验或者检验不合格的特种设备，或者国家明令淘汰、已经报废的特种设备的。

（2）特种设备出现故障或者发生异常情况，未对其进行全面检查、消除事故隐患，继续使用的。

（3）特种设备存在严重事故隐患，无改造、修理价值，或者达到安全技术规范规定的其他报废条件，未依法履行报废义务，并办理使用登记证书注销手续的。

◆违反本法规定，特种设备生产、经营、使用单位有下列情形之一的，责令限期改正；逾期未改正的，责令停止使用有关特种设备或者停产停业整顿，处一万元以上五万元以下罚款：

（1）未配备具有相应资格的特种设备安全管理人员、检测人员和作业人员的。

（2）使用未取得相应资格的人员从事特种设备安全管理、检测和作业的。

（3）未对特种设备安全管理人员、检测人员和作业人员进行安全教育和技能培训的。

◆违反本法规定，电梯、客运索道、大型游乐设施的运营使用单位有下列情形之一的，责令限期改正；逾期未改正的，责令停止使用有关特种设备或者停产停业整顿，处二万元以上十万元以下罚款：

（1）未设置特种设备安全管理机构或者配备专职的特种设备安全管理人员的。

（2）客运索道、大型游乐设施每日投入使用前，未进行试运行和例行安全检查，未对安全附件和安全保护装置进行检查确认的。

（3）未将电梯、客运索道、大型游乐设施的安全使用说明、安全注意事项和警示标志置于易于为乘客注意的显著位置的。

◆违反本法规定，未经许可，擅自从事电梯维护保养的，责令停止违法行为，处一万元以上十万元以下罚款；有违法所得的，没收违法所得。

电梯的维护保养单位未按照本法规定以及安全技术规范的要求，进行电梯维护保养的，依照前款规定处罚。

◆发生特种设备事故，有下列情形之一的，对单位处五万元以上二十万元以下罚款；对主要负责人处一万元以上五万元以下罚款；主要负责人属于国家工作人员的，并依法给予处分：

（1）发生特种设备事故时，不立即组织抢救或者在事故调查处理期间擅离职守或者逃匿的。

（2）对特种设备事故迟报、谎报或者瞒报的。

◆违反本法规定，特种设备安全管理人员、检测人员和作业人员不履行岗位职责，违反操作规程和有关安全规章制度，造成事故的，吊销相关人员的资格。

◆违反本法规定，造成人身、财产损害的，依法承担民事责任。

违反本法规定，应当承担民事赔偿责任和缴纳罚款、罚金，其财产不足以同时支付时，先承担民事赔偿责任。

◆违反本法规定，构成违反治安管理行为的，依法给予治安管理处罚；构成犯罪的，依法追究刑事责任。

第二节　班组员工相关法规知识

对于企业来讲，安全生产是安全与生产的统一，其宗旨是安全促进生产，生产必须安全。搞好安全工作，改善劳动条件，可以调动职工的生产积极性；减少职工伤亡，可以减少劳动力的损失；减少财产损失，可以增加企业效益，无疑会促进生产的发展；而生产必须安全，则是因为安全是生产的前提条件，没有安全就无法生产。在保证安全生产上，企业与职工的利益是相同的。近年来，国务院及相关部门从安全生产工作的实际需要出发，不断完善安全生产法规体系，先后制定发布了一系列法规。在此介绍工伤保险、事故报告和调查处理、危险化学品安全管理等法规知识。

一、《工伤保险条例》相关要点

2010 年 12 月 8 日，国务院第 136 次常务会议通过《国务院关于修改〈工伤保险条例〉的决定》（国务院令第 586 号），自 2011 年 1 月 1 日起施行。

《工伤保险条例》分为八章六十七条，各章内容包括：第一章总则，第二章工伤保险基金，第三章工伤认定，第四章劳动能力鉴定，第五章工伤保险待遇，第六章监督管理，第七章法律责任，第八章附则。制定《工伤保险条例》的目的，是保障因工作遭受事故伤害或者患职业病的职工获得医疗救治和经济补偿，促进工伤预防和职业康复，分散用人单位的工伤风险。

1. 总则和工伤保险基金的有关规定

在第一章总则和第二章工伤保险基金中，对相关事项作了规定。

◆国务院社会保险行政部门负责全国的工伤保险工作。

县级以上地方各级人民政府社会保险行政部门负责本行政区域内的工伤保险工作。

社会保险行政部门按照国务院有关规定设立的社会保险经办机构（以下称经办机构）具体承办工伤保险事务。

◆工伤保险基金由用人单位缴纳的工伤保险费、工伤保险基金的利息和依法纳入工伤保险基金的其他资金构成。

◆用人单位应当按时缴纳工伤保险费。职工个人不缴纳工伤保险费。用人单位缴纳工伤保险费的数额为本单位职工工资总额乘以单位缴费费率之积。对难以按照工资总额缴纳工伤保险费的行业，其缴纳工伤保险费的具体方式，由国务院社会保险行政部门规定。

2. 工伤认定的有关规定

在第三章工伤认定中，对相关事项作了规定。

◆职工有下列情形之一的，应当认定为工伤：

（1）在工作时间和工作场所内，因工作原因受到事故伤害的。

（2）工作时间前后在工作场所内，从事与工作有关的预备性或者收尾性工作受到事故伤害的。

（3）在工作时间和工作场所内，因履行工作职责受到暴力等意外伤害的。

（4）患职业病的。

（5）因工外出期间，由于工作原因受到伤害或者发生事故下落不明的。

（6）在上下班途中，受到非本人主要责任的交通事故或者城市轨道交通、客运轮渡、火车事故伤害的。

（7）法律、行政法规规定应当认定为工伤的其他情形。

◆职工有下列情形之一的，视同工伤：

（1）在工作时间和工作岗位，突发疾病死亡或者在48小时之内经抢救无效死亡的。

（2）在抢险救灾等维护国家利益、公共利益活动中受到伤害的。

（3）职工原在军队服役，因战、因公负伤致残，已取得革命伤残军人证，到用人单位后旧伤复发的。

◆职工符合本条例上述两条的规定，但是有下列情形之一的，不得认定为工伤或者视同工伤：

（1）故意犯罪的。

（2）醉酒或者吸毒的。

（3）自残或者自杀的。

◆职工发生事故伤害或者按照职业病防治法规定被诊断、鉴定为职业病，所在单位应当自事故伤害发生之日或者被诊断、鉴定为职业病之日起30日内，向统筹地区社会保险行政部门提出工伤认定申请。遇有特殊情况，经报社会保险行政部门同意，申请时限可以适当延长。

用人单位未按前款规定提出工伤认定申请的，工伤职工或者其近亲属、工会组织在事故伤害发生之日或者被诊断、鉴定为职业病之日起1年内，可以直接向用人单位所在地统筹地区社会保险行政部门提出工伤认定申请。

◆提出工伤认定申请应当提交下列材料：

（1）工伤认定申请表。

（2）与用人单位存在劳动关系（包括事实劳动关系）的证明材料。

（3）医疗诊断证明或者职业病诊断证明书（或者职业病诊断鉴定书）。

工伤认定申请表应当包括事故发生的时间、地点、原因以及职工伤害程度等基本情况。

工伤认定申请人提供材料不完整的，社会保险行政部门应当一次性书面告知工伤认定申请人需要补正的全部材料。申请人按照书面告知要求补正材料后，社会保险行政部门应当受理。

◆社会保险行政部门受理工伤认定申请后，根据审核需要可以对事故伤害进行调查核实，用人单位、职工、工会组织、医疗机构以及有关部门应当予以协助。职业病诊断和诊断争议的鉴定，依照职业病防治法的有关规定执行。对依法取得职业病诊断证明书或者职业病诊断鉴定书的，社会保险行政部门不再进行调查核实。

职工或者其近亲属认为是工伤，用人单位不认为是工伤的，由用人单位承担举证责任。

◆社会保险行政部门应当自受理工伤认定申请之日起60日内做出工伤认定的决定，并书面通知申请工伤认定的职工或者其近亲属和该职工所在单位。

社会保险行政部门对受理的事实清楚、权利义务明确的工伤认定申请，应当在15日内做出工伤认定的决定。

做出工伤认定决定需要以司法机关或者有关行政主管部门的结论为依据的，在司法机关或者有关行政主管部门尚未做出结论期间，做出工伤认定决定的时限中止。

3. 劳动能力鉴定的有关规定

在第四章劳动能力鉴定中，对相关事项作了规定。

◆职工发生工伤，经治疗伤情相对稳定后存在残疾、影响劳动能力的，应当进行劳动能力鉴定。

◆劳动能力鉴定是指劳动功能障碍程度和生活自理障碍程度的等级鉴定。

劳动功能障碍分为十个伤残等级，最重的为一级，最轻的为十级。

生活自理障碍分为三个等级：生活完全不能自理、生活大部分不能自理和生活部分不能自理。

◆劳动能力鉴定由用人单位、工伤职工或者其近亲属向设区的市级劳动能力鉴定委员会提出申请，并提供工伤认定决定和职工工伤医疗的有关资料。

◆省、自治区、直辖市劳动能力鉴定委员会和设区的市级劳动能力鉴定委员会分别由省、自治区、直辖市和设区的市级社会保险行政部门、卫生行政部门、工会组织、经办机构代表以及用人单位代表组成。

◆劳动能力鉴定工作应当客观、公正。劳动能力鉴定委员会组成人员或者参加鉴定的专家与当事人有利害关系的，应当回避。

◆自劳动能力鉴定结论做出之日起1年后，工伤职工或者其近亲属、所在单位或者经办机构认为伤残情况发生变化的，可以申请劳动能力复查鉴定。

4. 工伤保险待遇的有关规定

在第五章工伤保险待遇中，对相关事项作了规定。

◆职工因工作遭受事故伤害或者患职业病进行治疗，享受工伤医疗待遇。

职工治疗工伤应当在签订服务协议的医疗机构就医，情况紧急时可以先到就近的医疗机构急救。

◆社会保险行政部门做出认定为工伤的决定后发生行政复议、行政诉讼的，行政复议和行政诉讼期间不停止支付工伤职工治疗工伤的医疗费用。

◆工伤职工因日常生活或者就业需要，经劳动能力鉴定委员会确认，可以安装假肢、矫形器、假眼、假牙和配置轮椅等辅助器具，所需费用按照国家规定的标准从工伤保险基金支付。

◆职工因工作遭受事故伤害或者患职业病需要暂停工作接受工伤医疗的，在停工留薪期内，原工资福利待遇不变，由所在单位按月支付。

◆工伤职工已经评定伤残等级并经劳动能力鉴定委员会确认需要生活护理的，从工伤保险基金按月支付生活护理费。

生活护理费按照生活完全不能自理、生活大部分不能自理或者生活部分不能自理 3 个不同等级支付，其标准分别为统筹地区上年度职工月平均工资的 50%、40%或者 30%。

◆职工因工死亡，其近亲属按照规定从工伤保险基金领取丧葬补助金、供养亲属抚恤金和一次性工亡补助金。

◆伤残津贴、供养亲属抚恤金、生活护理费由统筹地区社会保险行政部门根据职工平均工资和生活费用变化等情况适时调整。调整办法由省、自治区、直辖市人民政府规定。

◆职工因工外出期间发生事故或者在抢险救灾中下落不明的，从事故发生当月起 3 个月内照发工资，从第 4 个月起停发工资，由工伤保险基金向其供养亲属按月支付供养亲属抚恤金。生活有困难的，可以预支一次性工亡补助金的 50%。

◆工伤职工有下列情形之一的，停止享受工伤保险待遇：

（1）丧失享受待遇条件的。

（2）拒不接受劳动能力鉴定的。

（3）拒绝治疗的。

◆用人单位分立、合并、转让的，承继单位应当承担原用人单位的工伤保险责任；原用人单位已经参加工伤保险的，承继单位应当到当地经办机构办理工伤保险变更登记。

用人单位实行承包经营的，工伤保险责任由职工劳动关系所在单位承担。

职工被借调期间受到工伤事故伤害的，由原用人单位承担工伤保险责任，但原用人单位与借调单位可以约定补偿办法。

企业破产的，在破产清算时依法拨付应当由单位支付的工伤保险待遇费用。

◆职工被派遣出境工作，依据前往国家或者地区的法律应当参加当地工伤保险的，参加当地工伤保险，其国内工伤保险关系中止；不能参加当地工伤保险的，其国内工伤保险关系不中止。

◆职工再次发生工伤，根据规定应当享受伤残津贴的，按照新认定的伤残等级享受伤残津贴待遇。

5. 监督管理的有关规定

在第六章监督管理中，对相关事项作了规定。

◆经办机构具体承办工伤保险事务，履行下列职责：

（1）根据省、自治区、直辖市人民政府规定，征收工伤保险费。

（2）核查用人单位的工资总额和职工人数，办理工伤保险登记，并负责保存用人单位缴费和职工享受工伤保险待遇情况的记录。

（3）进行工伤保险的调查、统计。

（4）按照规定管理工伤保险基金的支出。

（5）按照规定核定工伤保险待遇。

（6）为工伤职工或者其近亲属免费提供咨询服务。

◆任何组织和个人对有关工伤保险的违法行为，有权举报。社会保险行政部门对举报应当及时调查，按照规定处理，并为举报人保密。

◆工会组织依法维护工伤职工的合法权益，对用人单位的工伤保险工作实行监督。

◆职工与用人单位发生工伤待遇方面的争议，按照处理劳动争议的有关规定处理。

◆有下列情形之一的，有关单位或者个人可以依法申请行政复议，也可以依法向人民法院提起行政诉讼：

（1）申请工伤认定的职工或者其近亲属、该职工所在单位对工伤认定申请不予受理的决定不服的。

（2）申请工伤认定的职工或者其近亲属、该职工所在单位对工伤认定结论不服的。

（3）用人单位对经办机构确定的单位缴费费率不服的。

（4）签订服务协议的医疗机构、辅助器具配置机构认为经办机构未履行有关协议或者规定的。

（5）工伤职工或者其近亲属对经办机构核定的工伤保险待遇有异议的。

6. 法律责任的有关规定

在第七章法律责任中，对相关事项作了规定。

◆社会保险行政部门工作人员有下列情形之一的，依法给予处分；情节严重，构成犯罪的，依法追究刑事责任：

（1）无正当理由不受理工伤认定申请，或者弄虚作假将不符合工伤条件的人员认定为工伤职工的。

（2）未妥善保管申请工伤认定的证据材料，致使有关证据灭失的。

（3）收受当事人财物的。

◆用人单位、工伤职工或者其近亲属骗取工伤保险待遇，医疗机构、辅助器具配置机构骗取工伤保险基金支出的，由社会保险行政部门责令退还，处骗取金额2倍以上5倍以下的罚款；情节严重，构成犯罪的，依法追究刑事责任。

◆用人单位依照本条例规定应当参加工伤保险而未参加的，由社会保险行政部门责令限期参加，补缴应当缴纳的工伤保险费，并自欠缴之日起，按日加收万分之五的滞纳金；逾期仍不缴纳的，处欠缴数额1倍以上3倍以下的罚款。

依照本条例规定应当参加工伤保险而未参加工伤保险的用人单位职工发生工伤的，由该用人单位按照本条例规定的工伤保险待遇项目和标准支付费用。

用人单位参加工伤保险并补缴应当缴纳的工伤保险费、滞纳金后，由工伤保险基金和用人单位依照本条例的规定支付新发生的费用。

二、《生产安全事故报告和调查处理条例》相关要点

《生产安全事故报告和调查处理条例》（国务院令第493号）于2007年4月9日公布，自2007年6月1日起施行。国务院1989年3月29日公布的《特别重大事故调查程序暂行规定》和1991年2月22日公布的《企业职工伤亡事故报告和处理规定》同时废止。

《生产安全事故报告和调查处理条例》分为六章四十六条，各章内容包括：第一章总则，第二章事故报告，第三章事故调查，第四章事故处理，第五章法律责任，第六章附则。

制定《生产安全事故报告和调查处理条例》的目的，是根据《中华人民共和国安全生产法》和有关法律，规范生产安全事故的报告和调查处理，落实生产安全事故责任追究制度，防止和减少生产安全事故。

1. 总则中的有关规定

在第一章总则中，对相关事项作了规定。

◆生产经营活动中发生的造成人身伤亡或者直接经济损失的生产安全事故的报告和调查处理，适用本条例。

◆根据生产安全事故（以下简称事故）造成的人员伤亡或者直接经济损失，事故一般分为以下等级：

（1）特别重大事故，是指造成30人以上死亡，或者100人以上重伤（包括急性工业中毒，下同），或者1亿元以上直接经济损失的事故。

（2）重大事故，是指造成10人以上30人以下死亡，或者50人以上100人以下重伤，或者5 000万元以上1亿元以下直接经济损失的事故。

（3）较大事故，是指造成3人以上10人以下死亡，或者10人以上50人以下重伤，或者1 000万元以上5 000万元以下直接经济损失的事故。

（4）一般事故，是指造成 3 人以下死亡，或者 10 人以下重伤，或者 1 000 万元以下直接经济损失的事故。

◆事故报告应当及时、准确、完整，任何单位和个人对事故不得迟报、漏报、谎报或者瞒报。

事故调查处理应当坚持实事求是、尊重科学的原则，及时、准确地查清事故经过、事故原因和事故损失，查明事故性质，认定事故责任，总结事故教训，提出整改措施，并对事故责任者依法追究责任。

◆县级以上人民政府应当依照本条例的规定，严格履行职责，及时、准确地完成事故调查处理工作。

事故发生地有关地方人民政府应当支持、配合上级人民政府或者有关部门的事故调查处理工作，并提供必要的便利条件。

参加事故调查处理的部门和单位应当互相配合，提高事故调查处理工作的效率。

◆工会依法参加事故调查处理，有权向有关部门提出处理意见。

◆任何单位和个人不得阻挠和干涉对事故的报告和依法调查处理。

◆对事故报告和调查处理中的违法行为，任何单位和个人有权向安全生产监督管理部门、监察机关或者其他有关部门举报，接到举报的部门应当依法及时处理。

2. 事故报告的有关规定

在第二章事故报告中，对相关事项作了规定。

◆事故发生后，事故现场有关人员应当立即向本单位负责人报告；单位负责人接到报告后，应当于 1 小时内向事故发生地县级以上人民政府安全生产监督管理部门和负有安全生产监督管理职责的有关部门报告。

情况紧急时，事故现场有关人员可以直接向事故发生地县级以上人民政府安全生产监督管理部门和负有安全生产监督管理职责的有关部门报告。

◆报告事故应当包括下列内容：

（1）事故发生单位概况。

（2）事故发生的时间、地点以及事故现场情况。

（3）事故的简要经过。

（4）事故已经造成或者可能造成的伤亡人数（包括下落不明的人数）和初步估计的直接经济损失。

（5）已经采取的措施。

（6）其他应当报告的情况。

◆事故报告后出现新情况的，应当及时补报。

自事故发生之日起30日内，事故造成的伤亡人数发生变化的，应当及时补报。道路交通事故、火灾事故自发生之日起7日内，事故造成的伤亡人数发生变化的，应当及时补报。

◆事故发生单位负责人接到事故报告后，应当立即启动事故相应应急预案，或者采取有效措施，组织抢救，防止事故扩大，减少人员伤亡和财产损失。

◆事故发生地有关地方人民政府、安全生产监督管理部门和负有安全生产监督管理职责的有关部门接到事故报告后，其负责人应当立即赶赴事故现场，组织事故救援。

◆事故发生后，有关单位和人员应当妥善保护事故现场以及相关证据，任何单位和个人不得破坏事故现场、毁灭相关证据。

因抢救人员、防止事故扩大以及疏通交通等原因，需要移动事故现场物件的，应当做出标志，绘制现场简图并做出书面记录，妥善保存现场重要痕迹、物证。

◆事故发生地公安机关根据事故的情况，对涉嫌犯罪的，应当依法立案侦查，采取强制措施和侦查措施。犯罪嫌疑人逃匿的，公安机关应当迅速追捕归案。

◆安全生产监督管理部门和负有安全生产监督管理职责的有关部门应当建立值班制度，并向社会公布值班电话，受理事故报告和举报。

3. 事故调查与事故处理的有关规定

在第三章事故调查和第四章事故处理中，对相关事项作了规定。

◆特别重大事故由国务院或者国务院授权有关部门组织事故调查组进行调查。

重大事故、较大事故、一般事故分别由事故发生地省级人民政府、设区的市级人民政府、县级人民政府负责调查。省级人民政府、设区的市级人民政府、县级人民政府可以直接组织事故调查组进行调查，也可以授权或者委托有关部门组织事故调查组进行调查。

未造成人员伤亡的一般事故，县级人民政府也可以委托事故发生单位组织事故调查组进行调查。

◆事故调查组履行下列职责：

（1）查明事故发生的经过、原因、人员伤亡情况及直接经济损失。

（2）认定事故的性质和事故责任。

（3）提出对事故责任者的处理建议。

（4）总结事故教训，提出防范和整改措施。

（5）提交事故调查报告。

◆事故调查组有权向有关单位和个人了解与事故有关的情况，并要求其提供相关文件、资料，有关单位和个人不得拒绝。

事故发生单位的负责人和有关人员在事故调查期间不得擅离职守，并应当随时接受事故调查组的询问，如实提供有关情况。

事故调查中发现涉嫌犯罪的，事故调查组应当及时将有关材料或者其复印件移交司法机关处理。

◆事故调查报告应当包括下列内容：

（1）事故发生单位概况。

（2）事故发生经过和事故救援情况。

（3）事故造成的人员伤亡和直接经济损失。

（4）事故发生的原因和事故性质。

（5）事故责任的认定以及对事故责任者的处理建议。

（6）事故防范和整改措施。

事故调查报告应当附具有关证据材料。事故调查组成员应当在事故调查报告上签名。

◆事故发生单位应当认真吸取事故教训，落实防范和整改措施，防止事故再次发生。防范和整改措施的落实情况应当接受工会和职工的监督。

2007 年 7 月 12 日，国家安全生产监督管理总局公布《〈生产安全事故报告和调查处理条例〉罚款处罚暂行规定》（国家安全生产监督管理总局令第 13 号），自公布之日起施行，根据 2011 年 9 月 1 日公布的《国家安全监管总局关于修改〈〈生产安全事故报告和调查处理条例〉罚款处罚暂行规定〉部分条款的决定》修订，2015 年又进行了一次修订。在规定中，对迟报、漏报、谎报和瞒报行为，对伪造、故意破坏事故现场，或者转移、隐匿资金、财产，销毁有关证据、资料，或者拒绝接受调查，或者拒绝提供有关情况和资料，或者在事故调查中作伪证，或者指使他人作伪证的，事故发生后逃匿的行为等，明确规定了给予处罚的具体额度和方式。

三、《危险化学品安全管理条例》相关要点

2011 年 3 月 2 日，国务院公布新修订的《危险化学品安全管理条例》（国务院令第 591 号），自 2011 年 12 月 1 日起施行。

《危险化学品安全管理条例》分为八章一百零二条，各章内容包括：第一章总则，第二章生产、储存安全，第三章使用安全，第四章经营安全，第五章运输安全，第六章危险化学品登记与事故应急救援，第七章法律责任，第八章附则。制定和修订《危险化学品安全管理条例》的目的，是加强危险化学品的安全管理，预防和减少危险化学品事故，保障人民群众生命财产安全，保护环境。

1. 总则中的有关规定

在第一章总则中，对相关事项作了规定。

◆危险化学品生产、储存、使用、经营和运输的安全管理，适用本条例。

◆本条例所称危险化学品，是指具有毒害、腐蚀、爆炸、燃烧、助燃等性质，对人体、设施、环境具有危害的剧毒化学品和其他化学品。

◆危险化学品安全管理，应当坚持安全第一、预防为主、综合治理的方针，强化和落实企业的主体责任。

生产、储存、使用、经营、运输危险化学品的单位（以下统称危险化学品单位）的主要负责人对本单位的危险化学品安全管理工作全面负责。

危险化学品单位应当具备法律、行政法规规定和国家标准、行业标准要求的安全条件，建立、健全安全管理规章制度和岗位安全责任制度，对从业人员进行安全教育、法制教育和岗位技术培训。从业人员应当接受教育和培训，考核合格后上岗作业；对有资格要求的岗位，应当配备依法取得相应资格的人员。

◆任何单位和个人不得生产、经营、使用国家禁止生产、经营、使用的危险化学品。国家对危险化学品的使用有限制性规定的，任何单位和个人不得违反限制性规定使用危险化学品。

◆负有危险化学品安全监督管理职责的部门依法进行监督检查，可以采取下列措施：

（1）进入危险化学品作业场所实施现场检查，向有关单位和人员了解情况，查阅、复制有关文件、资料。

（2）发现危险化学品事故隐患，责令立即消除或者限期消除。

（3）对不符合法律、行政法规、规章规定或者国家标准、行业标准要求的设施、设备、装置、器材、运输工具，责令立即停止使用。

（4）经本部门主要负责人批准，查封违法生产、储存、使用、经营危险化学品的场所，扣押违法生产、储存、使用、经营、运输的危险化学品以及用于违法生产、使用、运输危险化学品的原材料、设备、运输工具。

（5）发现影响危险化学品安全的违法行为，当场予以纠正或者责令限期改正。

负有危险化学品安全监督管理职责的部门依法进行监督检查，监督检查人员不得少于2人，并应当出示执法证件；有关单位和个人对依法进行的监督检查应当予以配合，不得拒绝、阻碍。

◆任何单位和个人对违反本条例规定的行为，有权向负有危险化学品安全监督管理职责的部门举报。负有危险化学品安全监督管理职责的部门接到举报，应当及时依法处理；对不属于本部门职责的，应当及时移送有关部门处理。

◆国家鼓励危险化学品生产企业和使用危险化学品从事生产的企业采用有利于提高安全保障水平的先进技术、工艺、设备以及自动控制系统，鼓励对危险化学品实行专门储存、统一配送、集中销售。

2. 生产、储存安全的有关规定

在第二章生产、储存安全中，对相关事项作了规定。

◆国家对危险化学品的生产、储存实行统筹规划、合理布局。

◆新建、改建、扩建生产、储存危险化学品的建设项目（以下简称建设项目），应当由安全生产监督管理部门进行安全条件审查。

◆生产、储存危险化学品的单位，应当对其铺设的危险化学品管道设置明显标志，并对危险化学品管道定期检查、检测。

◆危险化学品生产企业进行生产前，应当依照《安全生产许可证条例》的规定，取得危险化学品安全生产许可证。

◆危险化学品生产企业应当提供与其生产的危险化学品相符的化学品安全技术说明书，并在危险化学品包装（包括外包装件）上粘贴或者拴挂与包装内危险化学品相符的化学品安全标签。化学品安全技术说明书和化学品安全标签所载明的内容应当符合国家标准的要求。

◆危险化学品的包装应当符合法律、行政法规、规章的规定以及国家标准、行业标准的要求。

危险化学品包装物、容器的材质以及危险化学品包装的形式、规格、方法和单件质量（重量），应当与所包装的危险化学品的性质和用途相适应。

◆危险化学品生产装置或者储存数量构成重大危险源的危险化学品储存设施（运输工具加油站、加气站除外），与下列场所、设施、区域的距离应当符合国家有关规定：

（1）居住区以及商业中心、公园等人员密集场所。

（2）学校、医院、影剧院、体育场（馆）等公共设施。

（3）饮用水源、水厂以及水源保护区。

（4）车站、码头（依法经许可从事危险化学品装卸作业的除外）、机场以及通信干线、通信枢纽、铁路线路、道路交通干线、水路交通干线、地铁风亭以及地铁站出入口。

（5）基本农田保护区、基本草原、畜禽遗传资源保护区、畜禽规模化养殖场（养殖小区）、渔业水域以及种子、种畜禽、水产苗种生产基地。

（6）河流、湖泊、风景名胜区、自然保护区。

（7）军事禁区、军事管理区。

（8）法律、行政法规规定的其他场所、设施、区域。

已建的危险化学品生产装置或者储存数量构成重大危险源的危险化学品储存设施不符合前款规定的，由所在地设区的市级人民政府安全生产监督管理部门会同有关部门监督其所属单位在规定期限内进行整改；需要转产、停产、搬迁、关闭的，由本级人民政府决定并组织实施。

储存数量构成重大危险源的危险化学品储存设施的选址，应当避开地震活动断层和容易发生洪灾、地质灾害的区域。

◆生产、储存危险化学品的单位，应当根据其生产、储存的危险化学品的种类和危险特性，在作业场所设置相应的监测、监控、通风、防晒、调温、防火、灭火、防爆、泄压、防毒、中和、防潮、防雷、防静电、防腐、防泄漏以及防护围堤或者隔离操作等安全设施、设备，并按照国家标准、行业标准或者国家有关规定对安全设施、设备进行经常性维护、保养，保证安全设施、设备的正常使用。

生产、储存危险化学品的单位，应当在其作业场所和安全设施、设备上设置明显的安全警示标志。

◆生产、储存危险化学品的单位，应当在其作业场所设置通信、报警装置，并保证处于适用状态。

◆生产、储存剧毒化学品或者国务院公安部门规定的可用于制造爆炸物品的危险化学品（以下简称易制爆危险化学品）的单位，应当如实记录其生产、储存的剧毒化学品、易制爆危险化学品的数量、流向，并采取必要的安全防范措施，防止剧毒化学品、易制爆危险化学品丢失或者被盗；发现剧毒化学品、易制爆危险化学品丢失或者被盗的，应当立即向当地公安机关报告。

生产、储存剧毒化学品、易制爆危险化学品的单位，应当设置治安保卫机构，配备专职治安保卫人员。

◆危险化学品应当储存在专用仓库、专用场地或者专用储存室（以下统称专用仓库）内，并由专人负责管理；剧毒化学品以及储存数量构成重大危险源的其他危险化学品，应当在专用仓库内单独存放，并实行双人收发、双人保管制度。

◆储存危险化学品的单位应当建立危险化学品出入库核查、登记制度。

◆危险化学品专用仓库应当符合国家标准、行业标准的要求，并设置明显的标志。储存剧毒化学品、易制爆危险化学品的专用仓库，应当按照国家有关规定设置相应的技术防范设施。

储存危险化学品的单位应当对其危险化学品专用仓库的安全设施、设备定期进行检测、检验。

3. 使用安全的有关规定

在第三章使用安全中，对相关事项作了规定。

◆使用危险化学品的单位，其使用条件（包括工艺）应当符合法律、行政法规的规定和国家标准、行业标准的要求，并根据所使用的危险化学品的种类、危险特性以及使用量和使用方式，建立、健全使用危险化学品的安全管理规章制度和安全操作规程，保证危险化学品的安全使用。

◆使用危险化学品从事生产并且使用量达到规定数量的化工企业（属于危险化学品生产企业的除外，下同），应当依照本条例的规定取得危险化学品安全使用许可证。

◆申请危险化学品安全使用许可证的化工企业，除应当符合本条例前款的规定外，还应当具备下列条件：

（1）有与所使用的危险化学品相适应的专业技术人员。

（2）有安全管理机构和专职安全管理人员。

（3）有符合国家规定的危险化学品事故应急预案和必要的应急救援器材、设备。

（4）依法进行了安全评价。

◆申请危险化学品安全使用许可证的化工企业，应当向所在地设区的市级人民政府安全生产监督管理部门提出申请，并提交其符合本条例前款规定条件的证明材料。设区的市级人民政府安全生产监督管理部门应当依法进行审查，自收到证明材料之日起 45 日内做出批准或者不予批准的决定。予以批准的，颁发危险化学品安全使用许可证；不予批准的，书面通知申请人并说明理由。

安全生产监督管理部门应当将其颁发危险化学品安全使用许可证的情况及时向同级环境保护主管部门和公安机关通报。

4. 经营安全的有关规定

在第四章经营安全中，对相关事项作了规定。

◆国家对危险化学品经营（包括仓储经营，下同）实行许可制度。未经许可，任何单位和个人不得经营危险化学品。

依法设立的危险化学品生产企业在其厂区范围内销售本企业生产的危险化学品，不需要取得危险化学品经营许可。

◆从事危险化学品经营的企业应当具备下列条件：

（1）有符合国家标准、行业标准的经营场所，储存危险化学品的，还应当有符合国家标准、行业标准的储存设施。

（2）从业人员经过专业技术培训并经考核合格。

（3）有健全的安全管理规章制度。

（4）有专职安全管理人员。

（5）有符合国家规定的危险化学品事故应急预案和必要的应急救援器材、设备。

（6）法律、法规规定的其他条件。

◆从事剧毒化学品、易制爆危险化学品经营的企业，应当向所在地设区的市级人民政府安全生产监督管理部门提出申请，从事其他危险化学品经营的企业，应当向所在地县级人民政府安全生产监督管理部门提出申请（有储存设施的，应当向所在地设区的市级人民政府安全生产监督管理部门提出申请）。申请人应当提交其符合本条例前款规定条件的证明材料。设区的市级人民政府安全生产监督管理部门或者县级人民政府安全生产监督管理部门应当依法进行审查，并对申请人的经营场所、储存设施进行现场核查，自收到证明材料之日起30日内做出批准或者不予批准的决定。予以批准的，颁发危险化学品经营许可证；不予批准的，书面通知申请人并说明理由。

◆危险化学品经营企业储存危险化学品的，应当遵守本条例第二章关于储存危险化学品的规定。危险化学品商店内只能存放民用小包装的危险化学品。

◆危险化学品经营企业不得向未经许可从事危险化学品生产、经营活动的企业采购危险化学品，不得经营没有化学品安全技术说明书或者化学品安全标签的危险化学品。

◆依法取得危险化学品安全生产许可证、危险化学品安全使用许可证、危险化学品经营许可证的企业，凭相应的许可证件购买剧毒化学品、易制爆危险化学品。民用爆炸物品生产企业凭民用爆炸物品生产许可证购买易制爆危险化学品。

个人不得购买剧毒化学品（属于剧毒化学品的农药除外）和易制爆危险化学品。

◆危险化学品生产企业、经营企业销售剧毒化学品、易制爆危险化学品，应当如实记录购买单位的名称、地址、经办人的姓名、身份证号码以及所购买的剧毒化学品、易制爆危险化学品的品种、数量、用途。销售记录以及经办人的身份证明复印件、相关许可证件复印件或者证明文件的保存期限不得少于1年。

剧毒化学品、易制爆危险化学品的销售企业、购买单位应当在销售、购买后5日内，将所销售、购买的剧毒化学品、易制爆危险化学品的品种、数量以及流向信息报所在地县级人民政府公安机关备案，并输入计算机系统。

5. 运输安全的有关规定

在第五章运输安全中，对相关事项作了规定。

◆从事危险化学品道路运输、水路运输的，应当分别依照有关道路运输、水路运输的法律、行政法规的规定，取得危险货物道路运输许可、危险货物水路运输许可，并向工商行政管理部门办理登记手续。

危险化学品道路运输企业、水路运输企业应当配备专职安全管理人员。

◆危险化学品道路运输企业、水路运输企业的驾驶人员、船员、装卸管理人员、押运人员、申报人员、集装箱装箱现场检查员应当经交通运输主管部门考核合格，取得从业资格。具体办法由国务院交通运输主管部门制定。

危险化学品的装卸作业应当遵守安全作业标准、规程和制度，并在装卸管理人员的现

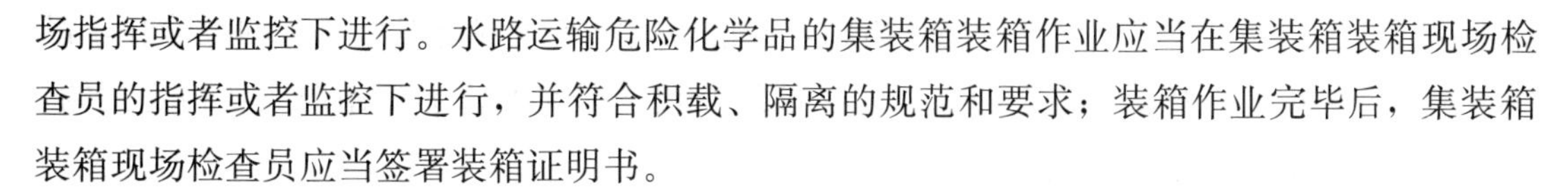

场指挥或者监控下进行。水路运输危险化学品的集装箱装箱作业应当在集装箱装箱现场检查员的指挥或者监控下进行，并符合积载、隔离的规范和要求；装箱作业完毕后，集装箱装箱现场检查员应当签署装箱证明书。

◆运输危险化学品，应当根据危险化学品的危险特性采取相应的安全防护措施，并配备必要的防护用品和应急救援器材。

用于运输危险化学品的槽罐以及其他容器应当封口严密，能够防止危险化学品在运输过程中因温度、湿度或者压力的变化发生渗漏、洒漏；槽罐以及其他容器的溢流和泄压装置应当设置准确、起闭灵活。

运输危险化学品的驾驶人员、船员、装卸管理人员、押运人员、申报人员、集装箱装箱现场检查员，应当了解所运输的危险化学品的危险特性及其包装物、容器的使用要求和出现危险情况时的应急处置方法。

◆通过道路运输危险化学品的，托运人应当委托依法取得危险货物道路运输许可的企业承运。

◆通过道路运输危险化学品的，应当按照运输车辆的核定载质量装载危险化学品，不得超载。危险化学品运输车辆应当符合国家标准要求的安全技术条件，并按照国家有关规定定期进行安全技术检验。危险化学品运输车辆应当悬挂或者喷涂符合国家标准要求的警示标志。

◆通过道路运输危险化学品的，应当配备押运人员，并保证所运输的危险化学品处于押运人员的监控之下。

运输危险化学品途中因住宿或者发生影响正常运输的情况，需要较长时间停车的，驾驶人员、押运人员应当采取相应的安全防范措施；运输剧毒化学品或者易制爆危险化学品的，还应当向当地公安机关报告。

◆未经公安机关批准，运输危险化学品的车辆不得进入危险化学品运输车辆限制通行的区域。危险化学品运输车辆限制通行的区域由县级人民政府公安机关划定，并设置明显的标志。

◆通过道路运输剧毒化学品的，托运人应当向运输始发地或者目的地县级人民政府公安机关申请剧毒化学品道路运输通行证。

◆剧毒化学品、易制爆危险化学品在道路运输途中丢失、被盗、被抢或者出现流散、泄漏等情况的，驾驶人员、押运人员应当立即采取相应的警示措施和安全措施，并向当地公安机关报告。公安机关接到报告后，应当根据实际情况立即向安全生产监督管理部门、环境保护主管部门、卫生主管部门通报。有关部门应当采取必要的应急处置措施。

◆托运危险化学品的，托运人应当向承运人说明所托运的危险化学品的种类、数量、危险特性以及发生危险情况的应急处置措施，并按照国家有关规定对所托运的危险化学品妥善包装，在外包装上设置相应的标志。运输危险化学品需要添加抑制剂或者稳定剂的，托运人应当添加，并将有关情况告知承运人。

◆托运人不得在托运的普通货物中夹带危险化学品，不得将危险化学品匿报或者谎报为普通货物托运。

任何单位和个人不得交寄危险化学品或者在邮件、快件内夹带危险化学品，不得将危险化学品匿报或者谎报为普通物品交寄。邮政企业、快递企业不得收寄危险化学品。

◆通过铁路、航空运输危险化学品的安全管理，依照有关铁路、航空运输的法律、行政法规、规章的规定执行。

6. 法律责任的有关规定

在第七章法律责任中，对相关事项作了规定。

◆有下列情形之一的，由安全生产监督管理部门责令改正，可以处 5 万元以下的罚款；拒不改正的，处 5 万元以上 10 万元以下的罚款；情节严重的，责令停产停业整顿：

（1）生产、储存危险化学品的单位未对其铺设的危险化学品管道设置明显的标志，或者未对危险化学品管道定期检查、检测的。

（2）进行可能危及危险化学品管道安全的施工作业，施工单位未按照规定书面通知管道所属单位，或者未与管道所属单位共同制定应急预案、采取相应的安全防护措施，或者管道所属单位未指派专门人员到现场进行管道安全保护指导的。

（3）危险化学品生产企业未提供化学品安全技术说明书，或者未在包装（包括外包装件）上粘贴、拴挂化学品安全标签的。

（4）危险化学品生产企业提供的化学品安全技术说明书与其生产的危险化学品不相符，或者在包装（包括外包装件）粘贴、拴挂的化学品安全标签与包装内危险化学品不相符，或者化学品安全技术说明书、化学品安全标签所载明的内容不符合国家标准要求的。

（5）危险化学品生产企业发现其生产的危险化学品有新的危险特性不立即公告，或者不及时修订其化学品安全技术说明书和化学品安全标签的。

（6）危险化学品经营企业经营没有化学品安全技术说明书和化学品安全标签的危险化学品的。

（7）危险化学品包装物、容器的材质以及包装的形式、规格、方法和单件质量（重量）与所包装的危险化学品的性质和用途不相适应的。

（8）生产、储存危险化学品的单位未在作业场所和安全设施、设备上设置明显的安全警示标志，或者未在作业场所设置通信、报警装置的。

（9）危险化学品专用仓库未设专人负责管理，或者对储存的剧毒化学品以及储存数量构成重大危险源的其他危险化学品未实行双人收发、双人保管制度的。

（10）储存危险化学品的单位未建立危险化学品出入库核查、登记制度的。

（11）危险化学品专用仓库未设置明显标志的。

（12）危险化学品生产企业、进口企业不办理危险化学品登记，或者发现其生产、进口的危险化学品有新的危险特性不办理危险化学品登记内容变更手续的。

第二章　班组安全管理知识

班组是企业的基层组织，是搞好安全生产的基础。安全生产是指企业在生产经营活动中，通过人、机、物料、环境、方法的和谐运作，使生产过程中潜在的各种事故风险和伤害因素始终处于有效控制状态，防止事故的发生，切实保护职工的生命安全和身体健康。在班组的生产过程中，班组职工处于生产作业的第一线，直接面对各种危险，因此，需要不断强化班组职工的安全意识，积极学习及掌握相关的安全知识，不断提高安全技术操作水平，及时消除事故隐患，才能实现安全生产。

第一节　班组的安全管理工作

班组是有效控制事故的前沿阵地，因此，抓安全管理必须从班组抓起。只有抓好班组安全管理，使“安全第一、预防为主、综合治理”的方针和企业的各项安全工作真正落实到班组，班组的安全才会得到保障，企业安全生产的基础才会牢固。对班组安全管理工作，首先需要认识班组安全管理的意义和特点，然后根据班组的特点，采取有针对性的措施，积极做好班组的安全教育、职工的知识与技能培训等工作。

一、班组安全管理的意义和特点

1. 班组安全管理的意义

班组是企业从事生产活动的基本单位，也是进行生产和日常管理活动的主要场所。由于班组是企业生产活动的主角，是企业完成安全生产各项目标的主要承担者和直接实现者，因此，企业安全管理的各项工作必须紧密围绕生产一线班组开展才有效。

从企业的整体来看，一个班组的范围很小，但它的总和却很大。在生产中一个班组发生事故，就会使生产脱节，影响局部甚至整个企业的生产秩序，造成严重的后果。由于班组成员同在一个环境中工作，相互接触时间较长，形成互控、他控，因此对班组的安全生产影响很大。在当前伤亡事故中，包括重大、特大事故，因为不可抗拒的自然灾害或目前技术上还不能解决的原因而造成的事故是极少的，绝大多数属于责任事故。在这些责任事故中，90％以上的事故发生在班组，80％以上的事故是由于违章指挥、违章作业、设备隐患没能及时发现和消除等人为因素造成的。因此，从安全角度来说，班组是预防事故的前沿阵地，是企业安全管理的基本环节，加强班组安全建设是企业加强安全生产管理的关键，也是减少人员伤亡事故和各类灾害事故最切实、最有效的办法。

2. 班组安全管理的特点

班组是企业管理组织的基本形式，班组的地位和作用决定了它在安全管理上的特点。

（1）范围相对较小、人员相对较少，不容易形成安全死角；生产比较单一、工艺比较接近，职工在技术、操作和安全生产方面有较多的共同语言。

（2）班组成员在生产过程中时时刻刻会遇到安全问题，绝大多数问题需要靠自己开动脑筋、采取措施加以解决。这种自己管理自己安全的行为，有利于促进职工安全意识和安全素质的提高。

（3）班组开展安全活动，召集容易、时间短、次数多，面对现实、针对性强、印象深刻，这有利于唤起职工的注意力，以便迅速解决问题。

3. 班组对于提高职工安全素质的作用

职工的安全素质一般是指生产一线职工各种综合内在因素，表现为安全行为的一种特质，主要包括职工的安全意识、安全知识与安全技能、个人特质三个方面。

（1）职工的安全意识。企业员工的安全意识是企业安全生产正常运行的基础。职工应具有端正的安全意识态度，能清楚认识安全和生产的关系，对自己和别人的生命安全、财产安全有自我保护意识以及保护他人等基本安全意识。

（2）职工的安全知识与安全技能。职工的安全知识与安全技能包括两个方面：一是安全技术知识，二是安全技能。安全技术知识包括一般安全技术知识和专业安全技术知识。一般安全技术知识是企业所有职工必须具备的基本安全生产技术知识；专业安全技术知识是指从事某些作业的职工必须具备的专业安全生产技术知识。只有掌握了足够的安全技术知识，才能安全操作，才能学会如何保护自己和保护他人，做到“三不伤害”。安全技能是指人们安全地完成作业的技巧和能力。它包括生产作业的技能，熟练掌握作业所需操作安全装置和设施的技能，以及在应急情况下进行妥善处理的技能。

（3）个人特质。个人特质也是影响职工安全素质的重要因素，包括性格、年龄、性别等多方面因素。职工每天生活在班组中，一起从事生产作业，班组成员之间相互影响、相互学习。一个好的班组，针对职工的思想行为、性格特点，采取不同的方法进行管理，激励每个人的安全动机，并且通过经常性安全教育与训练，使职工具有安全生产的责任感和自觉性，牢固树立“安全第一”的思想，在掌握安全知识的基础上，提高安全操作技术水平，保障班组的安全生产，避免各类事故发生。

二、班组安全建设

1. 班组的安全管理组织建设

要搞好班组安全建设工作，首要的问题就是要抓好班组的组织建设，它是班组安全管理的组织保证。班组组织建设的主要内容是班组长的选配、班组骨干人员的组成、安全职责与任务的确定等。

班组长是班组安全生产及各项安全管理活动的组织领导者和管理者，是率领班组成员在生产一线工作的指挥员，在班组安全管理工作中起着主导作用。如果没有一个好的班组长，就不能带领班组成员搞好班组的各项管理工作，也不能很好地完成生产任务。可以说，在企业中，承上启下需要班组长，左右协调离不开班组长，班组长岗位是一个至关重要的工作岗位，一个班组能否把安全工作搞好，关键在班组长。所以，班组安全建设工作的一项重要内容是选择合格称职的班组长。

班组长应具备的素质包括以下几点：

（1）身体素质。班组长应具有良好的身体素质，以适应工作的需要。因为班组遇到难活、重活、累活时，班组长都要亲临现场指导、带头干。所以，班组长的身体素质必须过硬。

（2）安全技术素质。班组长应是本班组、本专业内有较丰富实践经验和较高理论水平的业务骨干，精通本班组、本岗位的安全操作技术，是班组的技术尖子和多面手，并善于钻研及学习新知识、新技术，不断提高自己的技术业务水平。班组长的技术业务水平对班组成员的影响很大，对班组的安全培训工作起着重要的作用，往往决定着班组成员安全培训教育工作的效果和班组成员技术素质提高的程度。

（3）安全管理素质。合格的班组长，不仅要懂技术、能实干，而且要会管理，有很强的管理意识。在由生产型向管理型转变的过程中，班组长不仅要懂得基础管理和专业管理，而且要懂得现代化安全管理和民主管理，才能提高全班组的安全管理水平。

（4）文化素质。班组长的文化水平不仅要能满足班组安全管理工作的需要，还要考虑将来发展的需要。因此，班组长一般应具有较高的文化水平，对一些技术要求高、管理复杂的班组，班组长应具有大专以上文化程度。

（5）政治素质。班组长要有搞好安全生产的强烈责任心，能时刻把班组成员的安全和健康放在首位。能坚持实事求是的原则，善于全面地分析和处理问题，考虑问题要出以公心，对班组敏感的问题要做到公开、公正、公平。

2. 班组长应具备的工作作风

班组长是不脱产的，每天与班组成员在一起，既要完成自己的工作任务，又要组织及领导全班组成员完成生产任务，同时还要做思想工作、管理工作，指导班组成员解决各种难题。因此，班组长的工作作风很重要，具体包括以下几点：

（1）要有高度的事业心和责任感。班组长要比班组成员操心多、工作忙、责任大；既要管事，又要管人；既要抓安全管理，又要抓生产进度。可以说，班组长的工作是一项辛苦劳累的工作。如果没有高度的责任心，没有奉献精神，是不能搞好班组安全生产工作的。

（2）掌握过硬技术，熟悉安全管理。作为班组长，不仅要懂技术，还要会管理。这就要求班组长对本班组的生产设备结构及性能、工艺流程十分熟悉；对操作技术、检修技能十分精通；对生产过程中可能出现的安全问题心中有数，能及时发现事故隐患。这样，指挥生产才能得心应手，分析及处理安全问题才能不出偏差。

（3）能坚持原则，敢于负责。班组工作千头万绪，会遇到许多矛盾和问题。班组长在是非面前要勇于坚持原则。如对违反厂纪厂规、职业道德的行为，对影响正常生产和违章作业的行为，以及班组内的不良现象，要敢管敢抓，不怕得罪人，不怕碰钉子，不怕遭人非议。明哲保身、得过且过的“老好人”是不能把班组作风带好的。当然，敢抓敢管也不是毫无原则地蛮干，更不是板着面孔训人，而是实事求是地按照客观情况办事，该制止的坚决制止，该批评的善意批评，该褒扬的大力褒扬，一切要从严要求，树立良好的班组作风。

（4）要以身作则，起带头作用。班组长的模范行动就是无声的命令，最有号召力，最能说服人。班组长在安全生产中要处处以身作则，凡是自己提倡的事情或要求别人做到的事情，自己都要身体力行，带头去做并努力做好，用自己的模范行动影响大家，教育大家，起到示范作用、引领作用。

（5）关心群众生活，维护职工利益。作为班组的领导者，要关心群众疾苦，要敢于代表职工说话，维护职工的劳动安全卫生权益。对一时难以办到的事情，要向职工做好解释工作。凡班组能解决的问题就立即解决。解决或减轻了职工的后顾之忧，职工就能安心工作，同时也增进了与职工之间的感情。

3. 班组长应具备的工作方法

班组的工作十分繁杂，班组长如果不注意工作方法，就很难完成班组的工作任务。班组长的工作方法应该是依靠骨干，发扬民主，团结群众，以身作则。

（1）依靠骨干。班组遇到生产和安全问题时，班组长首先应同班组骨干商量，也就是同工会组长、党团委员、安全员、技术员及职工代表商量。这些同志是班组的中坚力量，是班组长行使指令的好助手。他们的思想认识统一了，行动一致了，就能带领班组成员更好地完成生产任务，搞好安全工作。同群众商量，就是尊重群众的意见。如果班组长不善于同大家商量办事，而是搞“一言堂”“家长制”，长此以往就会失去群众信任，得不到群众的支持。

（2）搞好班组的团结。班组成员齐心协力，团结一致，工作就有保证。为搞好班组的团结要做到以下四点：一是班组长应当把工作中出现的问题摆到桌面上来，讨论问题时要从工作出发，坚持正确的观点、立场和原则，要开诚布公、实事求是，不隐瞒自己的观点。有了分歧，要以理服人，不以势压人。开展批评和自我批评时，要从团结的愿望出发，不整人，不伤人，耐心细致地进行说服教育。二是要有全班组一盘棋的思想，互相支持，互相关心，做到全班组心往一处想，劲往一处使。三是出了问题要互相谅解，不斤斤计较。四是办事要公平，不能有亲有疏。总之，班组长要善于理解班组的每一个成员，要善于团结全班组的职工一起搞好班组工作。

（3）用先进典型推动班组工作。抓先进典型是做好班组安全工作的基本方法，也是不断探索班组安全工作经验、提高班组管理水平的主要途径。树立安全生产方面的先进典型，如操作能手、安全标兵、优秀安全员等，通过他们的示范表演和现身说法，以及对他们先进事迹、先进经验的宣传报道，广泛开展比、学、赶、帮、超活动，以此推动班组安全生产工作的开展。

（4）讲究领导艺术。班组工作的内容是相当广泛的，班组长每天都处于十分繁忙、十分紧张的工作状态，如果缺乏领导艺术，工作安排不得当，往往会出现顾此失彼的现象。同样，班组的安全工作也要抓重点，有主有次。安全检查、隐患整改、职工培训教育、安全竞赛等，这些都是安全工作的主要内容，但就重点工作来说，常常是随着生产中出现的情况和季节性变化而要有所侧重。同时，如果作业现场管理混乱，劳动纪律松弛，就是再喊安全第一也无济于事。这时就要把安全工作的重点转移到加强管理和教育方面，加强了劳动纪律的管理，减少了违章违纪现象，势必能更好地保证安全生产。

4. 建立班组安全管理民主监督机制

班组建设的另一个内容是要建立班组安全工作民主监督机制，明确每个班组成员的安全职责及任务，把班组安全工作落实到每个人，使班组安全工作制度化、程序化。

班组安全工作民主监督管理的特点是班组全员参加，充分依靠和发动职工开展安全生产合理化建议活动、安全生产合格班组活动、安全生产竞赛活动、职工代表安全生产专题检查活动等，调动职工搞好安全生产工作的积极性、创造性；还可以通过安全生产民主对话会、咨询会等，广泛听取职工对安全管理工作的意见和建议，使安全技术措施和安全管理方法更有效，更符合职工的意见。

5. 班组的安全思想建设

班组安全思想建设的主要任务是提高职工的安全意识、文化素质、技术水平，提高职工操作的可靠性和安全性，加强对职工的培训教育，克服不正确的影响安全生产的思想观念。

(1) 职工应具备的安全素质。职工应具备的安全素质包括：在安全需求方面，有较高的个人安全需求，珍惜生命，渴望健康，能主动离开非常危险和尘毒严重的作业场所；在安全意识方面，有较强的安全生产意识，坚持"安全第一、预防为主、综合治理"的方针；在从事易燃易爆、有毒有害作业时，能谨慎操作，不麻痹大意；在安全知识和技能方面，能够掌握与自己工作有关的安全技术知识和安全操作规程，具备较熟练的安全操作技能，通过刻苦训练，提高可靠率，避免失误；在应急能力方面，若遇到异常情况，不临阵脱逃，能果断地采取应急措施，把事故消灭在萌芽状态或杜绝事故扩大。职工的安全素质是现代职工不可缺少的基本素质，是安全生产的有力保证。

(2) 职工安全素质的培养。培养和造就职工具有较高的安全素质，需要不断地进行卓有成效的安全教育和培训。安全培训教育是一种多样性、多层次、多形式的继续培训教育，接受安全教育和培训既是职工应履行的任务，又是职工的合法权利。安全教育培训要有针对性，本着"缺什么，学什么，学为所用"的原则进行安排。各班组结合自身的工作性质、岗位安全要求，对不同的人员分别进行培训教育。要把企业内部的规章制度、班组的安全规范作为教育培训的基本内容，只有懂章懂纪，才能遵章守纪。要加强安全操作知识、安全消防知识、事故预防和处理知识的教育，提高职工自我保护能力。对特种作业人员，不仅要进行专业技术培训，更要抓好纪律教育。

6. 班组的安全制度建设

班组安全规章制度是班组在生产、技术、经营等各项活动中共同遵守的安全规范和行为准则。行之有效的规章制度是科学规律的总结，也是从事故的教训中得出的经验总结，可以说它是用鲜血和生命换来的。健全的安全生产规章制度和安全生产责任制能使班组职工懂得各自在安全生产方面的职责、权利；遵守安全技术操作规程能使职工明确在工作中怎样去操作和进行自我保护。加强班组安全建设，就要靠这些完善、合理的安全规章制度。班组的安全制度一般包括：安全生产责任制、岗位责任制、安全操作规程、生产交接班制度、安全检查制度、设备和工具的维护及保养制度、防护用品的发放和使用制度、安全教育制度、安全活动日制度、隐患整改制度、伤亡事故的报告和处理制度等。班组应结合自身的特点，建立健全以安全生产责任制为核心的各项安全管理制度，结合生产实际制定各项安全标准。同时，应建立岗位经济责任制，使各岗位人员职责明确，充分体现责、权、利三结合的原则。

安全规章制度原则上是由企业统一制的，班组是规章制度的执行单位。近年来，随着改革的深入，班组取得了制定企业规章制度实施细则的权力，这对于企业规章制度在班组的贯彻落实起到了重要的推进作用，同时也为班组的制度建设提出了更高的要求。

班组作为企业中最基层的行政组织和生产单位，除了贯彻执行企业制定的规章制度外，还要根据班组自身的生产特点和需要，在企业领导和安全管理部门的指导下，建立必要的安全生产管理制度。班组的安全规章制度虽然种类较多，不同类型的班组也各不相同，但必须符合企业安全管理的要求，符合安全生产、安全技术和经济活动的规律。制度确定后，班组要认真贯彻执行，并根据形势的变化和生产的发展，以及国家安全生产法律法规的颁布、标准的更新等情况，及时修改，充实新的内容，提出新的要求。要经常检查规章制度的落实情况，检查以自查、互查、巡回检查为主，要重点突出，有针对性，用规章制度、标准严格要求，以数据、记录进行评定，不敷衍应付，不走过场，注重质量，讲求实效。

7. 班组的安全业务建设

班组的安全业务建设就是班组在安全生产、安全技术和安全活动中，不断学习和掌握各项安全管理技术，增强班组在安全生产中的计划、组织、指挥、协调和控制能力，使企业各项安全管理工作在班组得以落实。在这个过程中，班组安全管理、安全技术水平也得到了提高。班组安全业务建设的内容很多，也很丰富，它包括班组的安全生产管理、安全技术管理、安全活动、设备和工具管理、安全文明生产、事故防范、现代安全管理方法和标准化作业的推行等。例如，针对班组职工年龄、文化结构的特点，开展形式多样、喜闻乐见的岗位技术练兵、技术表演、提合理化建议、职工身边无违章、班组无事故等群众性活动，引导职工增强安全意识，加强职工基本技能训练，使在岗职工熟练掌握操作要领、设备维护和故障判断与处理等技能，确保本岗位生产操作安全。

深入开展以班组为单位的安全竞赛活动、安全达标活动，发挥班组职工的群体竞争意识，这不仅是推动班组安全建设的有效途径和得力措施，也使班组管理有内容、有依据、有标准，推进了班组安全责任制的落实。又由于竞赛活动往往与经济效益挂钩，涉及班组内部所有成员的切身利益，起到了制约作用，使班组内形成相互提醒、相互监督的好风气，增强了班组的凝聚力和职工的安全意识。

为促使更多的班组达标升级和使安全竞赛活动取得较好的效果，应制定合理的考核政策，严格标准，严格考核，严格奖罚，物质奖励与精神奖励并举，增强职工集体荣誉感，调动职工安全生产的积极性。

为了增强职工对事故的预测防范能力，进行超前控制，降低事故发生率，必须实行班组的现代化安全管理，这是班组安全业务建设的重要内容。逐步实现目标管理，把设备完好率、培训教育普及率、“三违”行为控制率等指标纳入目标管理之中；推广应用安全检查表管理、事故隐患评估、事故树分析、计算机辅助管理、安全评价、预先危险性分析等现代化管理方法，进行全面的、系统的管理，使安全管理工作建立在更加科学的基础之上，变事后追查为事前预测，实行主动的控制管理，把“安全第一、预防为主、综合治理”方针真正落到实处。

8. 班组的安全文化建设

安全文化建设是以寓教于乐的形式和手段提高职工的安全意识，规范职工的安全行为，增强职工的安全素质，有利于落实“安全第一、预防为主、综合治理”的安全生产方针，是促进企业和班组安全生产的重要途径。因此，在班组里开展安全文化建设具有重要意义。

安全文化是安全观念和安全行为准则的总和。企业安全文化是指企业职工在预防事故、抵御灾害、创造安全文明工作环境的实践过程中所形成的物质和精神财富的总和；而班组安全文化是指班组在企业安全文化的基础上，通过班组成员的各种活动实践、认识实践和自我完善的实践，逐步形成的一种潜在的文化。

搞好班组安全文化建设的方法主要如下：

（1）运用传统有效的安全文化建设手段。坚持开展行之有效的安全培训教育和安全活动，如“三级教育”、特殊工种的培训教育、检修前教育、开停车教育、日常安全教育等；岗位工人必须持证上岗；开展班前安全活动、“三不伤害”活动、“5S”活动；开展安全竞赛、安全演讲、事故报告会等活动；实施标准化岗位和创建合格班组活动；定期进行技术练兵。还要开展多种形式的安全宣传，如设置安全宣传墙报，张贴安全标语，悬挂安全旗，设置安全标志（如警告标志、禁止标志、指令标志和指示标志等），悬挂事故警示牌等。

（2）推行现代化的安全文化建设手段。在安全文化建设中，企业不断探索出适合其自身安全文化建设需要的现代化手段，如班组建家；“三群”（群策、群力、群管）对策，“三防管理”（尘、毒、火），“三点控制”（事故多发点、危险点、危害点），“四查工程”（岗位、班组、车间、厂区）；事故判定技术、危险预知活动、“仿真”（应急）演习；安全风险抵押制；家属安全教育等。

三、班组的安全教育

1. 班组进行安全教育的重要性

《安全生产法》明确规定，企业必须对职工进行安全教育，使他们掌握基本的劳动安全与卫生知识，提高他们的安全意识和操作技能。由于安全知识是保留在操作者头脑中的静态记忆，而安全意识和技能则是在外界刺激下表现出来的实际行动，安全意识和技能要经过反复的教育与训练才能具备。安全教育既包括企业、车间的安全教育，也包括班组的安全教育。

加强班组安全教育，使职工不断强化安全意识，在思想上筑起安全防线，营造良好的安全氛围，从而使班组成员都能严格遵守国家的安全生产法律法规，认真执行企业内部各项安全制度、安全纪律，把遵章守纪变成一种自觉行为，坚决杜绝安全生产工作中的虚假现象，认认真真地把安全生产工作落到实处，实现从“要我安全”到“我要安全”的转变，保证生产安全、顺利地进行。

2. 班组安全教育的内容

班组安全教育的内容应根据班组生产、设备、工艺、人员的特点来确定，不同的班组各有不同的侧重点。一般来说，班组安全教育的内容应包括以下五个方面：

（1）安全思想教育。安全思想教育是安全教育的核心和基础，是最根本的安全教育。其内容应包括党和国家的安全生产方针、政策，安全生产法律、法规，劳动纪律，安全生产先进经验和事故案例等内容。通过教育，要让每个职工深刻认识到安全生产的重要性，提高“从我做起”搞好安全生产工作的责任感和自觉性，真正处理好安全与生产、安全与效益、安全与纪律、安全与环境、安全与行为等的关系。

（2）安全生产知识教育。安全生产知识包括：一般生产技术知识，即班组基本生产情况，工艺流程，设备性能，各种原材料和产品的构造、性能、质量、规格；基本安全技术知识，即职工必须具备的安全基础知识，主要内容有车间、班组安全生产规章制度，班组内危险区域与设备的基本情况和注意事项，有毒、有害物质安全防护知识，起重及厂内运输安全知识，高处作业安全知识，电气安全知识，锅炉压力容器安全使用知识，防火防爆知识，个人防护用品使用知识等；岗位安全技术知识，即某一工种的职工必须具备的专业安全技术知识，主要内容有本工种和本岗位安全操作规程、标准化作业程序、事故易发部位、紧急处理方法等。

（3）安全技能教育与训练。在实际生产中，仅有安全知识是不够的，必须把学到的知识运用到实际中去，因此还要重视安全技能的教育和训练。安全技能是从实际生产过程中总结提炼出来的，一般情况下，都以学习及掌握操作规程等来完成，有的通过教育指导者的言传身教来实现。但无论用什么方法，受教育者都要经过自身的实践，反复纠正错误动作，逐渐领会和掌握正确的操作要领，才能不断提高安全技能的熟练程度。

（4）安全生产经验教育。安全生产的经验是职工身边活生生的教育材料，对提高职工的安全知识水平，增强安全意识有着十分重要的意义。安全生产先进经验是广大职工从实践中摸索和总结出来的安全生产成果，是防止事故发生的措施，是安全技术、安全管理方法、安全管理理论的基础。及时地总结、推广先进经验，既可以使被宣传的单位和个人受到鼓舞，激励他们再接再厉，又可以使其他单位和个人受到教育和启发，促使安全生产中比、学、赶、帮、超活动的开展。

（5）事故案例教育。与经验相对应的是教训，教训往往付出了沉痛的代价，因而它的教育意义也就十分深刻。事故案例是进行安全教育最具有说服力的反面教材，它从反面指导职工应该如何避免发生事故，消除不安全因素，促进安全生产。因此，运用本系统、本单位，特别是同工种、同岗位的典型事故案例进行教育，可以使职工更好地树立安全第一的思想，总结经验教训，制定预防措施，防止在本班组、本岗位发生类似事故。

3. 班组安全生产培训教育制度

（1）班组岗位职工培训时间规定

一般岗位新上岗的人员，岗前培训的总学时不得少于 24 学时，其中班组级安全培训时间不得少于 8 学时。每年接受再培训的时间不得少于 8 学时。

危险化学品等特种岗位新上岗的人员，岗前培训的总学时不得少于 72 学时，其中班组级安全培训时间不得少于 24 学时。每年接受再培训的时间不得少于 20 学时。

（2）班组级安全教育内容

班组级安全教育主要内容如下：

1）岗位安全规程。

2）工作岗位环境及危险因素，岗位隐患排查与治理。

3）岗位之间工作衔接配合的安全与职业卫生注意事项。

4）有关的事故案例。

5）设备性能与安全装置、工具、器具的使用方法。

6）劳动防护用品（用具）的性能及正确使用方法。

7）事故应急处理技能。

8）其他需要培训的内容。

（3）班组安全生产培训要求

1）新上岗职工班组级安全培训由班组长负责组织实施。

2）班组职工转岗或离岗一年以上重新上岗时，应重新接受班组级安全培训。

3）岗位实施新工艺、新技术或者使用新设备、新材料的，班组应对职工进行有针对性的安全培训。

4）班组应通过班前会、安全活动日等形式开展职工日常教育培训工作。

4. 班组安全教育的形式

班组安全教育的形式是多种多样的。一般来说，应根据班组生产情况、人员情况采取不同的教育方法。

班组安全教育的方法主要如下：

（1）上课。即集合班组全部成员，由班组长以及其他人员讲课，传授安全知识与技能。这种方法主要用于讲解国家的安全生产方针政策、法律法规，学习有关生产和安全的理论知识与技能，如班组安全思想教育、各工种作业人员的安全技术培训等。

（2）讨论分析。这种教育形式的特点是就安全生产中的某一问题或某一事故案例进行分析和讨论，如事故发生后召开的事故现场会等。通过讨论、分析，可以加深或正确理解某一问题，可以从已经发生的事故中引出应该吸取的教训，并引以为戒。

（3）开展宣传。运用电视、录像、广播和黑板报、图片展览等现代化和传统的宣传教育工具，积极宣传安全生产法律法规、安全知识和操作技能，进行事故案例分析等。

（4）开展文化娱乐竞赛活动。通过举办文艺演出、演讲、书法美术展览、智力竞赛、消防运动会、操作技能比赛等活动，寓安全教育于各种活动之中，往往能收到较好的效果。

（5）参观学习。通过观摩取经、参观学习，可以学到其他单位、兄弟班组在安全生产方面的成功经验和动人事迹，借以推动本班组的安全工作。

5. 深化安全教育的方法

安全教育是企业安全生产中一项长期的工作，需要在长期的生产实践中，针对各个时期的安全状况，在安全教育上努力做到内容上求实，形式上求活，效果上求好，这样安全教育才有生命力。

（1）分层次培训，注重学习内容的选择。应当根据人员的不同层次安排不同的教育内容，针对性要强。对非生产一线的领导干部，以安全意识教育为主；对现场操作工人则以安全技能教育为主；其他人员根据情况安排相应的教育内容。根据学习内容选择适宜的学习材料，尤其对生产一线职工，学习材料应尽可能精简、易学、好记，且时间有保证，检查及考核要到位。

（2）结合技能培训搞好安全教育。操作技能培训和安全知识教育是安全教育中的两个方面，两者有机地结合才能提高职工的安全素质。安全技术知识教育是职工安全操作技能提高的基础，在技能培训中占有重要的地位。随着生产技术的进步，机械化、自动化、大型化设备的使用，职工安全技术知识水平对安全生产的影响将越来越大，安全技术知识与操作技能培训将有更密切的联系。

第二节 班组的安全管理方法

安全是一切工作的基础，班组是实现安全生产的基础。根据相关事故分析统计，90%以上的事故发生在班组，80%以上的事故是由于违章指挥、违章作业和违反劳动纪律等人为因素造成的。因此，班组是事故预防的重点，必须把预防事故的主战场摆放到班组这个阵地上。在班组安全管理方法上，主要包括班组的安全检查、危险源控制、班组交接班制度、班前班后会制度、开展5S管理活动以及其他适合班组开展的安全活动。通过各项制度的规范和各种活动的开展，促进班组安全管理水平的提高。

一、班组的安全检查

1. 安全检查的内容

在班组生产作业过程中，及时进行检查是消除生产中事故隐患、保障安全的重要手段，也是确保安全生产的一种有效工作方法。开展安全检查，必须有明确的目的、要求和具体计划，切忌形式主义和走过场。为保证检查的效果，对查出的问题和隐患应立即整改，限期、定专人解决；对发现的重大隐患，限于技术条件当时不能解决的，要向上级反映并采取应急措施。

安全检查的主要内容如下：

（1）查思想。查思想主要是检查各级领导和职工对安全生产工作的认识，可根据本班组生产实际，检查现场人员有无违章行为。与此同时，认真开展自查，检查自己是否牢固树立了“安全第一、预防为主、综合治理”的思想，是否有遵章守纪的自觉性。

（2）查管理。查管理就是检查班组是否建立了安全管理规章制度，全员管理、目标管理和生产全过程管理的工作是否到位。检查新工人入厂的“三级”教育、特种作业人员和调换工种人员的培训考核制度是否认真执行，检查参加班组工作的农民工、合同工、临时工的安全教育是否进行，检查各工种的安全操作规程和岗位责任制的执行情况。

（3）查隐患。查隐患就是深入生产作业现场，查安全管理上的漏洞、人的不安全行为和物的不安全状态，检查生产作业场所的环境及劳动条件是否符合安全生产、文明生产的要求。例如，安全通道是否合理、畅通；锅炉、压力容器、起重机械等特种设备是否定期进行检查，各种机械设备上的安全防护装置是否齐全、有效，电气设备上的防触电装置是否符合技术要求；生产作业场所的通风、防尘、照明设施、易燃易爆和有毒有害物质的防护措施是否符合安全卫生规定等。对要害部位和重点设备，如锅炉房、变电室、氧气站、液化气站、油库及各种有毒有害、易燃易爆等物品的仓库和使用场所，更要严格检查。

（4）查整改。查整改就是检查隐患整改的情况。对没有整改或者整改措施不力的单位，要再次提出要求，限期整改。对存在重大事故隐患的设备或单位，要予以查封或下令停产。

（5）查劳动防护用品的发放使用。主要检查所使用的劳动防护用品是否有相关部门的鉴定合格证书，是否是合格产品；检查特殊防护用品是否齐全，是否按规定要求发放；检查职工能否正确使用和妥善保管防护用品。

（6）查事故处理。查事故处理主要是检查事故单位对伤亡事故是否及时报告、认真调查、严肃处理。在检查中，如发现未按“四不放过”的要求而草率处理的事故，要重新严肃处理，从中找出原因，采取有效措施，防止类似事故重复发生。

2. 安全检查的形式

安全检查的形式可根据检查的目的和内容来确定，主要有综合性安全检查、专业性安全检查、季节性安全检查和日常安全检查、节假日安全检查等形式。

（1）综合性安全检查。综合性安全检查是根据班组的生产特点和安全检查制度的规定，组织班组职工进行安全检查。为了使检查内容不遗漏，由班组结合自己管辖的设备、设施、专责区域编出安全检查表，列出检查项目、合格标准和要求，逐项检查。

（2）专业性安全检查。专业性安全检查是对易发生事故的设备、场所或操作工序，除在综合性检查时进行检查外，还要组织有关专业技术人员或委托有关专业检查单位进行检查和检测。检查中应制定方案，有明确的检查重点及具体的检查手段和方法。

（3）季节性安全检查。季节性安全检查是根据季节特点和企业安全工作的影响，由企业负责安全工作的有关人员进行的。如雨季以防雷、防静电、防触电、防洪、防建筑物倒塌为内容的检查，夏季以防暑降温为内容的检查，冬季以防火、防冻、保暖、防跌滑为内容的检查等。

（4）日常安全检查。日常安全检查是按检查制度的规定，每天都进行的、贯穿于生产过程中的检查。主要有班组安全员及操作者的现场检查，以发现生产过程中一切物的不安全状态和人的不安全行为，并加以控制。很多班组实行“一班三检”制，即班前、班中、班后进行安全检查，“班前查安全，思想添根弦；班中查安全，操作保平安；班后查安全，警钟鸣不断”。“一班三检”检查的侧重点不同，班前检查的重点是对操作设备、工具、器具、防护装置、作业环境及个人防护用品穿戴的检查；班中检查的重点是对设备运行状况、作业环境危险因素的检查，并纠正违章行为；班后检查的重点是对工作现场的检查，不能给下一班留下隐患。实践证明，将“一班三检”制列为班组安全工作的重点，是预防及减少伤亡事故和各类灾害事故十分有效的方法。

（5）节假日安全检查。为防止节假日期间由于放假造成对安全的疏忽，在节假日前对各单位进行安全检查。

安全检查的目的在于及时发现问题和解决问题。应该在检查过程中或检查以后发动群众及时整改。对于检查中发现的不安全因素，应分情况对待处理。对车间领导违章指挥、工人违章操作等，应当场劝阻，情况危急时可制止其作业，并通知现场负责人严肃处理；对生产工艺、劳动组织、设备、场地、操作方法、原料、工具等存在的不安全因素，危及职工安全健康时，可通知责任单位限期改进；对严重违反国家安全生产法规，随时有可能造成严重人身伤亡事故的装备和设施可立即查封，并通知责任单位处理。

3. 安全检查的方法

安全检查的方法有许多，使用岗位安全检查表是班组进行安全检查有效的方法。岗位安全检查表的格式一般包括分类、项目、检查要点、检查情况及处理方法，并填写日期及检查者姓名。通过检查，应注意对隐患的及时整治和信息反馈。

安全检查表可以按生产系统、车间、班组编写，也可以按专题编写，如重要设备就可以编写该设备的安全检查表，应采取安全专业人员、生产技术人员和职工相结合的方式编写，并在实际检验中不断修改和完善。

安全检查表的内容要做到依据准确，符合实际，还要突出重点，条理清楚，主次分明，要求具体。对检查项目按可能存在的危险程度，分为必检项目、评价项目、一般检查项目、经常检查项目，要把经常出现事故隐患、最容易发生事故的项目作为重点。

安全检查表的填写一般采用提问方式，即以“是”或“否”来回答。表中应列举需要查明的所有可能导致伤亡事故的不安全状态和行为，并在每个提问后面设改进措施栏。

4. 安全检查的基本要求

（1）工人自查。每天上岗之前，班组全体人员对作业环境、设备的安全防护装置、信号、润滑系统、工具及个人防护用品穿戴等进行全面检查，确认符合安全要求后，方可开始工作。

（2）定期检查。班组全体人员定期对设备的运行和维护、各种安全防护设施和标志、危险品的使用管理及职工交接班制度的执行情况都要作全面的检查。

5. 处理事故隐患应遵循的原则

事故隐患是指生产场所存在的物的不安全因素，如不处理，就可能导致事故的发生，因此，隐患一经发现必须及时整改。隐患检查与整改工作是防止事故的主要措施，班组每日至少对本班组各种设备、设施、建（构）筑物、危险源点及其作业环境等进行一次全面的检查。同时建立隐患检查登记台账，对检查出的以及上报的隐患及时登记，登记内容包括检查人员、检查时间、隐患部位及危险状态、整改责任人和整改期限等。凡检查出的隐患经确认本单位无力整改的，应立即向上一级主管部门汇报，并在登记台账上注明上报单位、时间等。隐患的检查与整改工作要坚持“四定三不推”原则，即定项目、定措施、定责任人、定完成时间；班组能整改的不推到车间，车间能整改的不推到厂矿，厂矿能整改的不推到公司。

处理安全检查中发现的事故隐患应遵循下列原则：

（1）边查边改的原则。在生产作业现场发现的事故隐患和不安全因素，当场可以解决的应立即进行整改。如发现有员工操作机床戴手套，应立即纠正并给予批评教育。这种边查边改的方法一方面可以及时消除事故隐患和违章行为，另一方面也可以减轻安全检查人员后期的工作量。同时，现场解决问题，对于在场员工是很好的安全教育，其效果比课堂安全教育更好。

（2）限期整改的原则。对于不能现场解决的问题，必须限期解决。限期整改不能只是口头的，要按一定的方式和程序进行。

（3）采取防护措施的原则。对于一些事故隐患或不安全因素，在整改之前必须采取一定的防护措施，以确保不发生事故。

对因隐患整改不及时而导致伤亡事故的，应视情节轻重对责任单位和责任人给予严肃处理。

隐患整改应做好整改现场的安全检查，提出事故预防措施，并做好事故预防工作。

二、危险源控制管理

为了落实“安全第一、预防为主、综合治理”的安全生产方针，必须实现危险部位、场所、设施等不安全因素的预知和预控，对危险源控制点实行分级控制管理，即以控制危险因素为核心，针对生产过程中每个危险源控制点的设备环境、人的行为和安全管理等因素，实施有效的控制管理，并分级负责和督促检查。

1. 确定危险源控制点一般考虑的几种情况

（1）容易发生重大人身、设备、火灾、爆炸、急性中毒等事故。

（2）设备安全度低，作业环境不良，事故发生率高。

（3）具有一定的事故频率和严重度，作业密度高。

（4）潜在危险性大。

2. 危险源管理的基本方法

（1）对危险源控制点进行危险因素分析。对危险源控制点存在的物的不安全因素进行分析，预测可能产生的危害，制定危险源控制点的安全控制措施。具体应包括以下内容：

1）国家标准、行业标准和企业标准中的有关规定。

2）工程技术措施。应把改善劳动生产条件和作业环境，提高安全技术装备水平放在首位，力求在消除危险因素和隐患的基础上提出管理措施。

3）预测、控制事故的措施，包括危险预知活动、岗位标准化作业等。

4）管理措施。应明确岗位生产作业中各级管理者的责任。

5）应急救援措施。对A级危险源控制点必须编制事故应急救援预案。

（2）根据危险源控制点可能造成的伤害程度，危险源控制点分为以下四级：

1）A级。可能造成多人伤亡或引起火灾、爆炸、设备及厂房设施毁灭性破坏。

2）B级。可能造成死亡，或永久性全部丧失劳动能力（终身致残性重伤），或可能造成生产中断（一个班以上）。

3）C级。可能造成人员永久性局部丧失劳动能力（伤愈后能工作但不能从事原岗位工作的重伤），或危及生产，造成暂时性中断（一个班以内）。

4）D级。可能造成人员轻伤或伤愈后能恢复原岗位工作的一般性重伤，并不致造成生产中断。

公司负责对A级危险源进行管理，厂（矿）负责对A、B级危险源进行管理，车间负责对本车间的A、B、C级危险源进行管理，班组负责对本班组的A、B、C、D级危险源进行管理。

（3）危险源控制点确定后，应填写“危险源控制点登记卡”及档案，并设置“危险源控制点警示牌”。警示牌内容应包含危险源控制点可能的事故伤害模式、主要危险因素及应采取的主要措施和对策。危险源控制点一经建点，就必须纳入控制管理。因工艺变更，该危险源控制点不存在；或因工艺改进，防护措施水平提高，危险因素消除，应取消该危险源控制点。

（4）在制定针对危险因素的对策和措施的基础上，各危险源控制点应制定“危险源控制点检查表”，并尽量与设备点检内容协调，安全检查与设备点检应一致。当班人员应根据设备点检制度要求，按“危险源控制点检查表”的内容对本班组管理区域内各级危险源控制点进行点检，并做好记录。

（5）班组长应熟悉各危险源控制点的内容，负责实施本工段、班组危险源控制点的管理，本人或指定专人定时检查，认真填写检查表。

岗位操作人员应熟悉本人负责的危险源控制点的控制内容、防范措施、应急预案，按规定认真检查并登记；发现危险源控制点的不正常状态时，应立即上报和做好记录，并采取防范措施避免事故的发生。

三、班组交接班制度与要求

1. 交班规定

（1）班组长提前 30 min 组织本班人员汇总本班工作，准备好交接内容。

（2）交班人主动向接班人介绍生产情况、设备运行情况及有关通知。

（3）有以下情况应拒绝交班并向主管领导汇报：

1）接班人班前饮酒或精神异常。

2）交班内容中存在的问题尚未弄清楚。

3）接班负责人未按时到岗。

（4）交班人必须实事求是交清班中全部情况，不得遗漏、隐瞒。

（5）本班内有条件解决的问题不得遗留到下一班。

2. 接班规定

（1）接班人员穿戴好防护用品后提前 15 min 参加班前会。

（2）接班人提前按巡检路线和内容检查设备。

（3）与交班人对口交接，由双方当班班组长在交接班记录上签字确认。

（4）接班条件不符合要求时，如确因设备问题，难以在短时间内处理好，经接班人同意，双方确认后，交班人方可离岗。

（5）接班时由接班班组长组织本岗的检查工作。

3. 交接班其他有关规定

（1）严禁脱岗交接班。

（2）交接班中双方发生争议时，由双方班组长协商解决或报上级裁决。

（3）交接班中遇有操作未完成或突发情况，应暂停交班，处理完毕或告一段落再正式交接。

（4）班组应规范交接班内容，并保存交接班记录。

4. 班组交接班相关要求

交班人员应提前 30 min 做好交班准备，接班人员应提前 15 min 到达交接班现场并做好接班准备。接班人员未能按时到达时，交班人员不能离开岗位。

当班的班组长要正确、清楚、可靠地记录各种生产记录，并及时当面反馈给下一班的班组长。接班的班组长不仅要看上一班的记录，听交班者的介绍，还要到异常的设备或作业点进行查看，为计划、布置当天的安全生产作依据。

交班人员在交班前，应将生产现场或者机械设备检查及清理好，对机械设备要按规定认真进行维护及保养，发现故障及时排除或上报，填写好交接班记录；清点好材料、工具和备件；搞好生产现场卫生。

（1）一般交班应做的工作

1）将本岗位生产及安全情况交代清楚。

2）将存在的问题交代清楚。

3）将其他应说明的事项交代清楚。

4）填写交接班记录。

接班人应与交班人一起完成交接班工作。接班人员在听取了交班人员的生产情况介绍后，应对生产现场或机械设备作详细检查，看是否与交班情况介绍的一致，对机械设备还应进行试车、制动检查，向交班人员了解安全情况。

（2）交接班实行“五不交”原则

1）生产、设备运行情况交代不清不交。

2）工具摆放不整洁、数量不清不交。

3）机械设备润滑不良不交。

4）当班能排除的事故隐患或设备故障未排除不交。

5）记录不完整、填写不清楚不交。

交接班经双方认可并在交接班日志上签字后，交班人员方可离开岗位。交班后，生产、设备所出现的问题由接班人负责。

四、班前班后会制度

要认真开好班前、班后会，做到一日安全工作程序化，即班前布置安全、班后检查安全，将安全工作列为班前、班后会的重点内容。班组长要抓好这一环节，必须做到以下两点：一是安全技术交底，如干什么，怎么干，注意什么，如何控制危险因素，使大家心中有数；二是安排工作要考虑每个人的不同情况，要做到因人而异。

1．班前会要求

班前会是班组长根据当天的工作任务，联系本班组的人员（人数、各人的安全操作水平、安全思想稳定性）、物力（原材料、作业机具、安全用具）和现场条件、工作环境等，在工作前召开的班组会。具体做法如下：在每天上班布置生产任务时，班组长对各班组成员用几分钟时间简明扼要地讲明上一班的生产、设备情况及有关安全生产的最新要求，再由班组长对本班组进行生产布置交底，告知存在的危险及有关对策和措施。班前会的特点是时间短、内容集中、针对性强。

为开好班前会，班组长每天要提前到岗，查看上一班的工作记录，听取上一班班组长的交接班情况，了解设备运行情况、有无异常现象和缺陷存在、是否进行过检修等，然后进行现场巡回检查。班组长要对当天的生产任务、相应的安全措施、需使用的安全工具和器具等做到心中有数，对承担工作任务的班组成员的技术能力、责任心要有足够的了解。在班前会上要突出“三交”（交任务、交安全、交措施）和“三查”（查工作着装、查身体和精神状态、查个人安全用具），并根据当天生产任务的特点、设备运行状况、作业环境等，有针对性地提出安全注意事项。对因故没有参加班前会的个别班组成员，班组长应对这些人补课交底，防止发生意外。对重大工程以及抢修、抢险、故障处理等，在进行作业前均必须交底。

当班工程施工前，应就有关作业内容、安全措施、安全规定、注意事项以及许可审批手续一一把关，安全交底，使作业人员人人心中有数，以便互相督促检查，遇到异常情况可互相救助。

班前会一般由班长主持，班长不在可由安全员、工会组长主持。班前会要落实的内容如下：

（1）上一班是否有安全设施隐患、设备故障或其他事情需要交代。

（2）查看、询问本班职工身体、精神状态是否良好。

（3）本班要完成哪些工作，要落实的危险辨识的措施有哪些。

（4）周围是否有影响本班工作的施工、检修等工作。

（5）今天涉及本班的有哪些检修作业。

（6）检修工具、备件是否准备好。

（7）联保、互保对子是否成双成对。

（8）上级的其他安全要求。

班前会是一种分析预测活动，要使之符合实际，具有针对性和预见性，就要求班组长在会前下功夫准备，有关安全事项要在实际作业中验证总结。

2. 班后会要求

班后会是一天工作结束或告一段落，在下班前由班组长主持召开的一次班组会。班后会以讲评的方式，在总结、检查生产任务的同时，总结、检查安全工作，并提出整改意见。

班前会是班后会的前提和基础，班后会是班前会的继续和发展。

班后会上班组长要简明扼要地小结完成当天任务和执行安全规程的情况，既要肯定好的方面，又要找出存在的问题和不足；对工作中认真执行规章制度、表现突出的班组成员进行表扬，对违章指挥、违章作业的人员视情节轻重和造成后果的大小，提出批评或处罚；对人员安排、操作方法、安全事项提出改进意见，对操作中发生的不安全因素、职业危害提出防范措施。

班组长要全面、准确地了解实际情况，使班后会的总结评比具有说服力。同时，还要注意工作方法，以灵活机动的方式，激励班组成员安全工作的积极性，增强自我保护意识和能力，帮助他们端正认识，克服消极情绪，以达到安全生产的共同目的。

有人因为嫌班前班后会烦琐，将其取消了，这种做法是错误的。倘使班前班后会取消，那么组长如何在开工前将上一班的信息传达给本班组成员呢？对开工前所做的危险预知情况如何去贯彻执行？还有人认为，班前班后会没有什么可讲的，这种说法显然是不对的。事实上班组长开工前所做的危险预知活动就是一个重要内容，交接班的信息又是一个内容，再加上安全部门的最新规定和企业的安全形势，会议内容已经很丰富了。班前班后会不在于时间的长短，而取决于有没有实实在在的内容，有了内容，就可以在计划、布置生产的同时，交安全、交险情、交措施，为班组每天的安全生产奠定基础。在一般情况下能够考核一个班组的安全管理好坏，安全责任制是否落实，班前班后会开得成功与否是很重要的。

五、开展5 S管理活动

5 S管理起源于日本，是指对生产现场中的人员、机器、材料、工具等生产要素所处的状态不断进行整理、整顿、清扫、安全、清洁及提升人的素养的活动。由于整理（seiri）、整顿（seiton）、清扫（seisou）、安全（safety）、清洁（seiketsu）这五个词在日语的罗马拼音或英语中的第一个字母均为“S”，所以简称5 S。实行5 S管理的目的是：搞好现场文明生产、安全生产，改变工作环境，养成良好的工作习惯和生活习惯，提高工作效率。由于5 S管理提出的目标简单、明确、易行，在我国很多企业得到了很好的推广应用，并且取得了良好的效果。

5 S管理的关键，在于及时处理无用物品，理顺有用物品，做到物品的拿取简单方便，安全保险，从而创建舒适而明快的工作环境场所，从而避免各类事故的发生。其基本内容为：

整理——区分哪些是有用的、哪些是无用的物品，然后将无用的物品清除出现场，只留下有用的物品。

整顿——将工具、器材、物料、文件等的位置固定下来，并明确数量及进行标识，以便在需要时能够立即找到。

清扫——清扫到没有脏污的程度，注重细微之处。

安全——清除事故隐患，排除险情，保障职工的人身安全和生产正常进行。

清洁——维持整理、整顿、清扫、安全后的没有脏污的干净、整洁的状态，并进行标准化管理。保持个人的清洁卫生。

在5S管理中，“整理”“整顿”“清洁”是十分重要的三个要素，在实际运用中，还有一些具体的方法和措施。通过5S管理，搞好文明生产，不仅能维持正常生产，延长设备的使用寿命，有效利用能源、资源，塑造企业形象，开拓产品市场，营造清洁、舒适的工作环境，更是防止工伤事故和确保安全的重要措施。

1. 整理的具体内容与方法

整理是把物品、材料等放在规定的地方，并指定管理负责人，以便保管和使用，用后要物归原处。整理包括“区分”“撤走”“定置”“定位”“标识”5种方法。其名称解释及作用见表2—1。

表2—1　整理的方法、名称解释及其作用

方法	名称解释及其作用
区分	区分车间内需要与不需要的物品，掌握所需用物品的使用数量及使用周期。区分是整理的基础工作
撤走	撤去车间内的不需要的物品，进行废弃、转移、回用等处理，车间内仅留下需用的物品，失效文件、无用资料也要撤走。撤走可有效利用场地，相对扩大了使用面积，减少库存和避免资源浪费
定置	把所需用的物品合理分类，妥当摆放，做到既能恰当利用场所、便于现场操作，又显得整洁、美观，确保职业安全卫生
定位	把所需用的物品定位摆放。对摆放不能完全固定的物品也要为其设定摆放的区域。通常，用“定位图”的方式来确定物品的摆放位置。定位的目的是便于使用，也有利于整洁
标识	在设备、工件、模具、工位器具、材料等的摆放位置，贴上整理标志牌并标注负责人。对车间通道、物品整理区域分别画上白线和黄线框；明确物品的摆放位置和责任者，便于使用及用后物归原处，实现条理化作业。在工具箱内或材料架上，也可用贴上标签的方法对工具和材料定位，为了避免标识过多及制作上的麻烦，可用绘制定位图的方法来简化标识

2. 整顿的具体内容与方法

整顿是用畅通、靠边、上架、装入4种方法来保持车间通道畅通、充分利用场地和占据空间，以及用“围上”“挡住”“放正”“对直”“叠齐”“置平”6种方法，使车间物品摆放整齐、保持美观和确保职业安全卫生。整顿的各种方法和名称解释及作用见表2—2。

表 2—2　　整顿的方法、名称解释及其作用

方法	名称解释及其作用
畅通	保持车间通道及设备之间畅通。这样，不仅能加快物流、整洁车间，也利于安全
靠边	将物品尽可能靠墙、靠窗、靠柱、靠角、靠暂时不使用的设备放置，以充分利用工作场地的使用面积，避免零乱
上架	将模具、零件、工件、量具、游标卡尺等放在专用的架子上，或是多层的搁板、小车上。这样，可扩大使用面积，增大库容量
装入	将零件、材料、废料、垃圾等装入箱内或盒中。工件也尽可能不直接着地，放在托板上，零星工具等分类装入工具箱。化学危险品、油漆等放入专用箱内并盖好。避免散乱、便于清扫、利于装运，可保证环境卫生
围上	对于扫帚等不易摆放整齐而容易显得零乱的工具或物品，用夹板等将它们围起来，以利于场地的整洁
挡住	对材料置场的物品摆放不易整齐及旧设备等不易打扫干净的部位，可用挡板等将其挡住。在挡板上也可以刷上标语，使其有生气。这样，有利于场地的整洁美观
放正	将工件、模具、平板、操作台、小车、架子、铁框等的相对位置平行或垂直于车间摆放，以利于车间的整洁
对直	将复数的工件、模具、托板、操作台、小车、架子、铁框等要对直放置，即摆放成一条直线，以利于车间的整洁
叠齐	工件、模架、平板等上下对齐摆放。视觉感良好，物品摆放稳固，确保安全
置平	工件、模板、平板、料桶等尽量呈水平状态放置，防止坠落及流淌，既利于视角感的平衡和美观，也利于安全

3. 清洁的具体内容与方法

清洁有“盛积”“盖罩”“清扫”“清洗”“擦拭”“装饰”“美化”“环保”“技改”“标准”10 种方法。它们的名称解释及其作用见表 2—3。

表 2—3　　清洁的方法、名称解释及其作用

方法	名称解释及其作用
盛积	对于易泄漏的化学品，如机油、防锈油等，用浅的托盘盛积起来，以避免污染地面，便于清除
盖罩	将仪器、设备用塑料袋罩起来，将揭示板的正面用透明薄膜覆盖起来，以免灰尘侵入。危险化学品的容器也要在开启、用后随即把盖子盖好
清扫	及时扫除地面上的积尘，清除废纸、木屑、油泥等杂物，保持车间清洁和改善工作环境，以利于职工的健康和安全
清洗	对有些物品可用洗涤的方法使其清洁。职工的工作服要经常清洗，穿着整齐，使职工始终保持良好的精神面貌
擦拭	擦去设备、饮水器等物品上的灰尘、污迹，以保养设备、清洁环境和确保卫生
装饰	对使用已久的设备、护栏、工具箱等，用刷油漆的方法进行装饰；对泛黄、脏污的墙壁用涂料粉刷，以起到旧貌换新、清洁卫生的效果

续表

方法	名称解释及其作用
美化	黑板报上的标题、定位标志牌采用美术字，并用颜色、图案、插图的方法加以美化，使其鲜艳醒目
环保	对油脂，油漆等化学品和废油、电池等危险废弃物要规定摆放场所，对其实行控制和有效管理。废纸、包装袋、废纸箱、木材等物，要尽可能回收，以减少固体废弃物的发生量及其对环境的影响，最大限度地节省资源、能源
技改	对车间设备、用具可用技术改造的方法，杜绝脏源，防止泄漏，减少废物，从根本上改善作业环境。例如，配备除尘装置，用扫地机清扫地面，剩余材料用料斗储存，操作工位配备工位器具等
标准	将各种要求和规定标准化，例如，规定清扫的手段、扫除的周期、检查的方法等。通过标准化，进一步明确职责，提高文明生产的水平

4. 物品摆放和确保安全的方法

三个要素中应强调“整理”和“整顿”这两个要素。抓好这两个要素的关键，在于讲究物品的摆放方法，并可作为确保安全的重要手段。有的企业在学习日本企业管理方法的基础上，总结出以下“常用物品摆放10法”和“物品摆放安全10法”。

（1）常用物品摆放10法

1）形状规整之物叠齐摆放。

2）叠高不超出底宽的3倍。

3）轻小物放在重大物之上。

4）量多的小物要装入箱内。

5）即用品宜放上而不放下。

6）长形物以横着堆放为好。

7）易滚物用楔块塞住放稳。

8）不稳物横放，竖放要捆。

9）易碎品放在撞击不到处。

10）物品品名数量一目了然。

注：物品堆放高度以安全为原则。

（2）物品摆放安全10法

1）摆放不稳而易于倒下的长形件，不要竖着靠在壁、柱及机械上。否则，要用铁丝等捆住，不使其倒下。

2）工件、托板、铁箱等要整齐地叠放，防止倾倒伤人。

3）在架子上放置物品，重物、大物在下，轻物、小物在上。放在架子高处的物品，应设法放稳固。

4）在高处不要乱放东西。高处作业完毕后，工具和材料务必拿下来。

5）作业场地上的废铁、木屑、油布、纸箱等应尽快拿走，并按规定分类放在指定的场所或容器内。

6）机械的周边，配电柜、灭火器、消火栓等的周围、出入口、楼梯上、紧急出口处不要放置物品。

7）在运输和摆放材料、制品、废料等时，不占据通道，不压在通道白线上或定置的黄线上。临时占用或占线后，应尽快拿走。

8）经常打扫通道和作业场地，特别是油腻、铁屑、钢丸应立刻清除，以防止滑倒和扎伤脚。

9）冬天寒冷易结冰时，不要在通道上洒水。

10）乙醇、涂料、油漆、稀释剂、香蕉水等化学危险品一定要防止泄漏和妥善存放，避免火源并放在指定场所。危险废弃物也要放在规定地点，并加强管理。

六、适合班组开展的安全活动

1. 班组安全活动日活动

班组安全活动日是组员之间交流思想感情，增长知识，统一认识，搞好班组安全生产的一个重要活动。该活动一般每周举行一次，要有记录，要进行考核，不能做假账，不流于形式。

要使班组安全活动日不流于形式，就要使安全活动日内容丰富新颖，形式多样。对学习内容来说，可学习有关安全生产法规、政策，本企业的安全生产文件，进行本岗位的危险辨识，也可搞安全知识小测验，安全操作规程学习，警告牌、色标及信号的使用与识别，整改项目的对策探讨，安全技术难题攻关，安全生产合理化建议，如何争当安全合格班组的讨论等。对形式来说，可以是会议式，也可以是讨论式、轮流主持学习式、考试式、展览式、电化教育式等。总之，班组长应充分开动脑筋，把班组安全活动日搞活。

要组织好安全活动日，班组长应做到：事先有准备，学习有内容，活动前与工段（车间）联系，及时传达上级的文件和安全信息；结合班组实际情况讲安全重点，总结上周安全经验教训，布置下周安全工作及重点注意事项，并确定安全负责人，对存在的安全问题，要认真进行分析研究，找出原因和根源，采取相应的措施杜绝事故发生。

2. 消除习惯性违章活动

习惯性违章是固守旧有的不良作业传统和工作习惯，违反有关规章制度、操作规程、操作方法进行工作，不论是否造成后果，统称为习惯性违章。根据事故统计分析，90％的事故是由于直接违章造成的，尤其突出的是，这些违章大都是频发性或重复性的。消除习惯性违章，对确保安全生产有重要的作用。

（1）习惯性违章分类

习惯性违章按其性质分为以下三类：

1）作业性违章。职工工作中的行为违反规章制度或其他有关规定，称为作业性违章。如进入生产场所不戴或未戴好安全帽，高处作业不系安全带；操作前不认真核对设备的名称、编号和应处的位置，操作后不仔细检查设备状态、仪表指示；未得到工作负责人许可工作的命令就擅自工作；热力设备检修时不泄压、转动设备检修时不按规定分别挂警告牌等。

2）装置性违章。设备、设施、工作现场作业条件不符合安全规程、规章制度和其他有关规定，称为装置性违章。如厂区道路、厂房通道无标示牌、警告牌，设备无标示牌，井、坑、孔、洞的盖板、围栏、遮拦缺失或不齐全，电缆不封堵，照明不符合要求，转动机械没有防护罩等。

3）指挥性违章。指挥性违章是指各级领导、工作负责人违反安全卫生法规、安全操作规程、安全管理制度，以及有关安全技术措施所进行的违章指挥行为。

统计表明，习惯性违章作业、违章指挥是造成人身伤亡事故和误操作事故的主要原因。企业安全生产的基点在班组，企业要实现安全生产，就必须夯实班组安全工作，大力开展消除习惯性违章活动。习惯性违章在日常工作中的表现是无组织无纪律，其思想根源是主客观相脱离。

（2）违章作业的原因分析

1）违章作业的主观心理因素

①因循守旧，麻痹侥幸。一些职工的口头禅是“过去多少年都是这样干的，也没出事，现在按条条框框干太麻烦，不习惯”。因此，就很容易下意识地仍按老的操作经验和方法操作，自觉不自觉地违反了操作规程。还有的职工不接受“不怕一万，就怕万一”的经验教训，认为偶尔违章不会产生严重后果，往往“领导在时我注意，领导不在我随意”，或者看到别人这么做而没有出事，因而就随大流，无视警告，无视有关的操作规程。

②马虎敷衍，贪图省事。有的职工怕麻烦，图省事，把本应该履行的程序减掉了。如巡回检查，不按规定的检查线路和项目进行，走马观花。有的职工工作不精心，我行我素，将岗位安全注意事项、操作规程抛在脑后，把领导和同事的忠告、提醒当作“耳旁风”。还有的职工不愿多出力，耍小聪明，总想走捷径，操作时投机取巧，图一时方便，形成习惯性违章。

③自我表现，逞能好强。个别职工总认为自己“有一手”，喜欢在别人面前“露一手”，表现一下自己的“能力”。特别是一些青年职工，在争强好胜心理支配下，头脑发热，干出

一些冒险的事情。

④玩世不恭，逆反心理。个别职工对领导的说服教育或企业安全管理的措施方法等产生逆反心理，出现对抗情绪，偏偏去做那些不该做的事情。

2）违章作业的客观因素

①操作技能不熟练。由于培训教育不够，操作者没有掌握正确的操作程序，对设备性能、状况、操作规程不热悉，不能根据指示仪器仪表所反映的信息对设备运行状况进行调整。

②制度不完善。作业标准和规章制度不完善，使职工无章可循，无法可依。

③安全监督不够。对一些习惯性违章现象熟视无睹，对一些严重违章现象存在漏查或查处力度不够，特别是在生产任务重时间紧的情况下，一味强调按时完成生产任务，从而使部分职工滋生了忽视安全的习惯和心态。

（3）班组开展反习惯性违章活动

反习惯性违章活动的主要目的是杜绝人身死亡、重伤和误操作事故的发生，大幅度地减少轻伤事故。要从挖掘不安全的苗头着手，抓异常、抓预防。对操作班组而言，重点是防止机械卷轧和灼伤事故的发生，预防高处坠落、触电、厂内机动车交通事故和误操作等事故。

1）引导职工认识习惯性违章的危害。习惯性违章是表现形式，而支配它的思想根源是多种多样的。在反习惯性违章活动中，只有让职工从事故教训中深刻认识习惯性违章的危害和后果，根除习惯性违章的思想根源，才能自觉地遵章守纪。

2）排查习惯性违章行为，制定反习惯性违章措施。首先，对本班组存在的习惯性违章行为，进行认真细致排查。要防止走过场、应付上级检查的情况。其次，要吸取其他企业、其他班组的事故教训，排查本班组有无类似习惯性违章现象。在此基础上，制定出有效的反习惯性违章措施。

3）班组长起好模范带头作用。由于习惯性违章是长期积累、根深蒂固的，某些职工甚至没有意识到其错误所在，因此纠正起来有一定的难度，这就要求班组长首先带头纠正自己的违章行为。随着机械化程度的提高，生产规模的扩大，一个不负责任的行为往往会造成整条生产线的瘫痪，其后果十分严重。因此，班组长在日常工作中要经常进行安全宣传教育，发现习惯性违章或不按规章制度办事的行为，必须立即指出，责令纠正，如果班组长不能照章办事，甚至自己都违章，则迟早会导致事故的发生。

4）对习惯性违章严格检查。习惯性违章是屡教不改、屡禁不止的行为，它与偶尔发生的违章行为是不同的。对屡禁屡犯者，应该“小题大做”，从重处罚。经验说明，安全工作中“严”是爱，“松”是害。通过惩处责任人起到教育广大职工的作用。同时，必要的处罚是保障安全规章制度实施，建立安全生产秩序的重要手段。如果人人都对习惯性违章“望而生畏”，那么这种现象就能得到有效制止。

工作中，要做到公正公开、不偏不袒。对长期遵章守纪，督促别人纠正习惯性违章，积极消除事故隐患，避免事故发生的班组成员，应提请上级表彰奖励，做到奖罚分明。

（4）开展反习惯性违章活动的注意事项

1）由于习惯性违章具有顽固性的特点，所以反违章活动是一项长期而艰巨的工作，不可能一蹴而就。只有常抓不懈，才会取得显著的效果。

2）要根据不同职工的特点，因人施教。习惯性违章大都发生在这样几种人身上：新入厂的职工，由于不知违章作业的危害，往往放松对自己的约束；有一定工作经验的老职工，习惯凭老经验办事；胆大心粗的职工，往往不计后果，不听劝阻；法律观念不强的职工，明知故犯，知错不改。这就要求班组长有针对性地开展工作，多做个别人的工作。

3）必须进行综合治理。开展标准化作业，坚持安全检查，实行安全监护制，采用高科技手段等都有助于预防因习惯性违章而引起的事故。

为了杜绝违章行为，切实做到“反违章人人有责”，在反习惯性违章活动中，每个职工都应做到：明确活动的目的和意义，自觉加入到反违章行列中，重新学习安全规程，从正反两方面典型事例中吸取经验教训，提高自己的安全意识和防护能力；当别人制止自己的违章行为时，应该虚心接受；当发现他人有违章行为时，要大胆劝阻并制止。

3. 开展标准化作业活动

标准化作业就是在作业系统调查分析的基础上，对现行作业方法的每一个操作程序和每一个动作进行分解，以科学技术、各项规章制度和实践经验为依据，以安全、质量、效益为目标，对作业过程进行改善，从而形成一种最优的作业程序，并通过宣传、组织、训练、考核等手段，要求职工按照标准化作业程序工作，逐步达到安全、准确、高效、省力的作业效果的过程。

标准化活动有着悠久的历史，它是随着生产技术的进步而发展起来的。从家庭、作坊手工业走向社会化、机械化的大生产时，人们根据客观需要，开始以计量技术为起点，出现了标准这一概念。标准化管理是在美国工程师泰勒的管理方法的基础上发展起来的，是运用合理、科学的标准进行企业管理，不仅生产、技术、设备、质量、管理标准化，而且扩展到从事生产活动的人的操作也要实行标准化（即标准化作业），这样就把标准化的内容从狭隘的规范扩展到了生产作业中。

在推行标准化作业时，班组长起着承上启下的重要作用。每个班组长应提高对标准化作业重要性的认识，积极学习有关标准化作业的知识，努力宣传、推广标准化作业。

（1）标准化作业的主要内容

按照工作人员（生产作业人员、检修人员、管理人员）的工作性质，标准化作业分为一个系列。每个系列要制定的标准化作业主要内容有：作业顺序标准；生产操作标准；技术工艺标准；安全作业标准；设备维护标准；机电设备标准；工具、吊具标准；质量检验标准；文明生产标准；场地管理标准等。

1）作业顺序标准。根据不同岗位、工种的每项作业的职责要求，从生产准备、正常作业到作业结束的全过程，定出先做什么，后做什么，使生产顺序标准化。

2）生产操作标准。依据不同岗位、工种生产作业的每个步骤要求，从具体作业动作上规定作业人员应该怎么动作，使作业人员行为规范化。

3）技术工艺标准。根据不同作业涉及的原料、材料、燃料等不同的理化特性，制定不同的技术要求及相应的工艺作业标准。

4）安全作业标准。安全作业标准涉及操作标准化、设备管理标准化、生产环境标准化、人的行为标准化、物的标准化以及合理的生产环境条件等。

5）设备维护标准。随着时间的推移，设备逐渐磨损、老化，需要不断进行维护保养，及时更换易损零件，在标准中应明确规定。

6）机电设备标准。每台设备均要建立安全防护状态标准，明确规定设备完好状态标准和安全防护设施要求，消除物的不安全因素。

7）工具、吊具标准。与机电设备对应的工艺生产中使用的一切工具、吊具等，均应达到良好的标准状态。

8）质量检验标准。企业生产的产品、中间产品均应有几何尺寸、理化特性、外观标准以及检验方法等标准。

9）文明生产标准。根据文明生产要求，对作业场所必须具备的照明、工业卫生、原材料、成品、半成品、工具、消防等所涉及的一切与文明生产有关的内容均应有具体规定。

10）场地管理标准。根据企业生产和场地条件情况，对作业场所的通道、作业防护栏防护区域、物料堆放高度、宽度等，均应制定标准。

（2）标准化作业的标准制定

标准化作业标准的制定工作如下：制定标准—执行标准—修改标准—再执行新标准。每一次循环，水平都将提高一步，更符合客观实际的要求。标准化作业标准的制定方法如下：

1）根据岗位作业的内容，全面系统地考虑技术、设备、环境等作业条件，科学合理地编排作业顺序，即对一项工作要具体规定先做什么、后做什么的标准。

2）按作业内容和技术、设备、环境条件，规定操作动作及其应达到的标准。有作业准备标准，作业动作标准，工器具位置和使用标准，作业用语和手势标准，作业衔接和协调标准，作业现场管理、整理、整顿标准，创造安全环境标准，要求怎么干、干到什么程度的工作要求标准。

3）规章制度、规章是制定标准化作业的基础，编制标准化作业要比制定规章制度的技术性强，因此它在规程简化、优化的基础上，规定不准干什么，可以干什么，应该干什么的标准。

4）要在确保安全生产的前提下，贯彻统一、协调、精练、优化的原则，使操作者记得住、学得会、用得上、愿意干。

5）要充分激励基层班组长和广大职工的安全需要和积极性，把他们的智慧、作用与实践作用充分地反映到标准化作业中，这样才能使标准化顺利推行。

总的原则就是要把操作者的岗位安全规程、技术规程、操作规程系统地编制出作业顺序及动作标准，要使每个职工达到工作有顺序、动作有标准、执行（标准）有考核，从而使人的不安全行为、物的不安全状态、环境的不卫生因素等得到控制。

标准化作业的内容很多，且制定出来的标准须经过不断的实践和修改，才能日臻完善，保持长久的生命力。

（3）宣传、推广标准化作业

开展标准化作业就是研究、制定操作者在生产活动全过程中的程序和规范，以统一和优化作业的程序和标准，求得最佳操作质量、操作条件、生产效益。标准化作业是从根本上解决劳动者安全和健康的重要措施。在宣传标准化作业时，应使广大职工都认识到这一点。

标准化作业要求全员共同贯彻执行，因此必须抓好教育培训工作。要实现标准作业，首先要开展好标准作业训练工作。按作业标准规定，一个人一个人地练，一个动作一个动作地练，使“我要安全”变为“我会安全”，使标准化作业的制定过程和执行过程成为一个发动群众和操作者接受安全教育的过程。在这一工作中，班组长必须身体力行，积极学习、宣传、推广标准化作业。

要推行标准化作业，势必要改变以往的习惯性作业，这就需要严字当头，严格考核，奖罚分明。实行按岗位定职责，按职责定标准，按标准进行考核，按考核结果计分，按分数计奖。做到一级考核一级，实行日考核、月总结、年进档，考核与奖励、工资、晋升密切挂钩。

第三章　电气安全知识

在人们的生产和生活中，时时刻刻都离不开电，照明需要电，设备的运行需要电，家用电器需要电。电又是一种看不见、摸不着的能量。使用得当，电能能给人们带来极大的便利；使用不当，电能就会对人体构成多种伤害。例如，电流通过人体，人体直接接受电流能量将遭到电击；电能转换为热能作用于人体，致使人体受到烧伤或灼伤等。为了自身的安全和他人的安全，了解一些电气安全知识，掌握有关用电常识，就能够在生产和生活中避免受到电的伤害。

第一节　电气安全基本知识

许多人员触电伤害事故的发生是由于缺乏安全用电知识造成的。有这样一个节约一双鞋、送掉一条命的真实事例。一名工人使用手电钻打眼，准备安装铝合金门窗，有人对他说："你穿拖鞋干活，又站在有水的地方不安全，应该买一双绝缘鞋。"他回答："一双绝缘鞋要几十元，我穿拖鞋照样做事，从来没有出过事。"不一会儿，由于手电钻使用时间过长，导致电钻绝缘体性能下降而漏电，加上他穿拖鞋踩在有水的地方，电流形成回路，该工人不幸触电身亡。由此可见，缺乏安全用电知识，不知道安全用电的重要性，就容易发生触电伤害事故。

一、电气安全基本常识

1. 电流和电路

在电源的作用下，带电微粒会发生定向移动，正电荷向电源负极移动、负电荷向电源正极移动。带电微粒的定向移动就是电流，一般以正电荷移动的方向为电流的正方向。方向和大小不随时间变化的电流称为直流电，大小和方向随时间做周期性变化的电流称为交流电。

电流的大小称为电流强度，电流强度简称电流。电流的常用单位是安培（A）或毫安(mA)，即 1 A=1 000 mA。

电流所流经的回路即电路。在闭合电路中，实现电能的传递和转换。电路由电源、连接导线、开关电器、负载及其他辅助设备组成。电源是提供电能的设备，电源的功能是把非电能转换为电能，如电池把化学能转换为电能，发电机把机械能转换为电能，太阳能电池将太阳能转化为电能，核能将质量转化为能量等。干电池、蓄电池、发电机等是最常用的电源。负载是电路中消耗电能的设备，负载的功能是把电能转变为其他形式的能量。如电炉把电能转变为热能，电动机把电能转变为机械能等。照明器具、家用电器、机床等是最常见的负载。开关电器是负载的控制设备，如刀开关、断路器、电磁开关、减压启动器等都属于开关电器。辅助设备包括各种继电器、熔断器和测量仪表等。辅助设备用于实现对电路的控制、分配、保护及测量。连接导线把电源、负载和其他设备连接成一个闭合回路，连接导线的作用是传输电能或传送电信号。

2. 安全电压

安全电压是在一定条件下、一定时间内不危及生命安全的电压。安全电压的限值是在任何情况下任意两导体之间都不得超过的电压值。国家标准规定工频安全电压有效值的限值为 50 V。我国规定工频电压有效值的额定值有 42 V、36 V、24 V、12 V 和 6 V。特别危险环境使用的携带式电动工具应采用 42 V 安全电压；有电击危险环境使用的手持照明灯和局部照明灯应采用 36 V 和 24 V 安全电压；金属容器内、隧道内、水井内以及周围有大面积接地导体等工作地点狭窄、行动不便的环境应采用 12 V 安全电压；水上作业等特殊场所应采用 6V 安全电压。

3. 保险丝的作用

保险丝又称熔丝，是用于防止因电流过大而烧坏电线的一道保险。保险丝是一种容易烧断的细合金丝，它只能通过正常用电电流，当电流量超过一定的数值时，它就会发热熔断而切断电源，从而保护电线不被烧坏，特别是当电线短路时，如不很快切断电源，电线在瞬间就会被烧坏，甚至发生火灾。保险丝的大小应视用电量大小而定，一般 1 A 的保险丝可以正常使用 100～200 W 的电器。太大起不到良好的保护作用，太小又会经常烧断，影响正常用电。

4. 颜色标志

按照规定，为便于识别，防止误操作，确保运行和检修人员的安全，采用不同颜色来区别设备特征。如电气母线中，A 相为黄色，B 相为绿色，C 相为红色，明敷的接地线涂为黑色。在二次系统中，交流电压回路用黄色，交流电流回路用绿色，信号和警告回路用白色。

5. 常见电气故障

在整个供电系统中，设备种类多，可能发生故障的种类也较多，但比较常见的故障主

要有以下几种：

（1）断路。断路故障大都出现于运转时间较长的变、配电设备中，原因是受到机械力或电磁力作用以及受到热效应或化学效应作用等，使导线严重氧化造成断路。断路故障一般发生在中性线或相线，有的发生在设备内部等地方。

（2）短路。在日常运行中，短路故障发生的形式是多种多样的，如绝缘老化、过电压或其他机械作用等，都可能造成设备和线路的短路故障。

（3）错误接线。在检查、修理、安装和调试过程中，经常发生由于操作失误造成接线错误而导致的故障。所以，接线以后要注意检查、核对。常见的接线错误有相序接错、变压器线圈接反或极性错接。

（4）错误操作。凡是未按照操作安全技术规程去做的，都属于错误操作。常见的错误操作有隔离开关带负荷拉闸、操作过电压等，这些错误操作会导致意外故障的发生。

6. 绝缘、屏护和安全距离

绝缘、屏护和安全距离是最为常见的安全措施，是防止人体触及或过分接近带电体造成触电事故以及防止短路、故障接地等电气安全的主要安全措施。

（1）绝缘。是指用绝缘材料把带电体封闭起来。常用的绝缘材料有塑料、橡胶、瓷、玻璃、云母、木材、胶木、布、纸和矿物油等。

（2）屏护。是指用遮拦、护罩、护盖以及箱匣等将带电体与外界隔离开来。电气开关的可动部分一般不能使用绝缘，而要使用屏护。高压设备不论是否绝缘，均应采取屏护。用金属制成的屏护装置要与带电体绝缘良好，还应接地。这样，不仅可防止触电，还可防止电弧伤人。

（3）安全距离。是指带电体与设备、设施之间，以及作业时人员与带电体之间要保持一定的间距，以防止电气短路和放电伤人。安全距离还可起到防止火灾、防止混线、方便操作的作用。为了防止在检修工作中，人体及所携带的工具触及或接近带电体，必须保证足够的检修安全距离。

7. 工作接地、保护接地和保护接零

工作接地、保护接地和保护接零是保证安全用电的有效措施。

（1）工作接地。低压供电系统中性点接地属于工作接地，即将供电系统的中性点与大地相连接。低压供电系统的中性点接地方式有两种：一种是将配电变压器的中性点通过金属接地体与大地相接，称为中性点直接接地方式；另一种是中性点与大地绝缘，称为中性点不接地方式。

中性点接地与否，对于电网的安全运行关系极大，对于人身安全也有影响。在中性点

不接地的系统中，当人触及电网的一相时，触电以后产生的危害要小一些，并且还能减小由此引起的杂散电流，防止杂散电流引起电雷管爆炸；但不能限制低压电网由于某种原因而引起的对地高电压，如雷击、高压线搭接等。而中性点接地系统能使窜入的高电压得到限制。

(2) 保护接地。运行中的电气设备可能由于绝缘损坏、线路断线等原因，使其金属外壳以及与电气设备相接触的其他金属物上出现危险的对地电压。人体接触后，就有可能发生触电危险。为了避免触电事故的发生，最常用的保护措施是接地和接零。接地就是把电气设备中正常不带电而在故障状态下带电的金属部分通过接地装置（由接地体和接地线组成）进行接地。该方法适用于中性点不接地系统。

在对地绝缘的配电系统中，当一相碰及无保护接地的设备外壳，人体触及外壳时，电流通过人体和电网对地绝缘阻抗形成回路，这时就有触电的危险。为防止发生人身触电事故，必须进行保护接地。

(3) 保护接零。是指在 380 V/220 V 的三相四线制中性点接地的供电系统中，将电气设备的金属外壳与中性点接地的零线连接起来的连接方式。保护接零一般需与短路保护装置同时使用。保护接零的作用如下：当某相带电体与设备的外壳连接时，通过设备外壳的接零导线造成单相短路，短路电流促使短路保护装置动作，断开故障部分的电源，从而消除触电危险。

8. 漏电保护

为了防止电网漏电及因此造成的危害，以及人触及带电体时造成的触电事故，应装设漏电动作保护器。它可以在设备或线路漏电时，通过保护装置的检测机构获得异常信号，经中间机构转换和传递，然后促使执行机构动作，自动切断电源而起保护作用。

9. 过电流保护

过电流是指电气设备或线路的电流超过规定值，一般有短路和过载两种情况。

(1) 短路。就是“电流走了捷径”，是一种故障状态，是在电网或设备中，不同相之间直接短接或通过电弧短接，一般由设备、线路的绝缘损坏或机械损伤而造成。

(2) 过载。是指用电设备或线路的负荷电流及相应的时间（过载时间）超过允许值。

短路和过载都将使电气设备或线路发热超过允许限度，从而引起绝缘损坏，设备或线路烧毁，甚至引起火灾事故，造成电气设备的机械损伤，使电气设备使用寿命缩短等。为了保障安全可靠供电，电网或用电设备应装设过电流保护装置，当电网发生短路或过载故障时，过电流保护装置动作，迅速可靠地切断故障部分的电源，避免造成严重后果。常用的过电流保护装置有熔断器、热继电器、电磁式过电流继电器。

要使过电流保护装置起到应有的保护作用，应合理地选择熔断器的额定电流，选择并调整继电器的动作值。选择的原则是在被保护范围内发生过流时，保护装置能迅速、可靠地将故障部分的电路切断，而其他部分则仍能正常工作。

10. 防雷电

防雷电包括电力系统的防雷和建筑系统的防雷，主要措施是采用避雷针和避雷器。防直击雷的装置一般由接闪器、引下线和接地装置三部分组成。根据保护的对象不同，接闪器可选用避雷针、避雷线、避雷网或避雷带。避雷针主要用于露天变电设备、建筑物和构筑物等的保护；避雷线主要用于电力线路的保护；避雷网和避雷带主要用于建筑物的保护。

11. 防爆

在存在易燃、易爆危险的场所应使用防爆型电气设备。防爆型电气设备依其结构和防爆性能的不同分为六类，即防爆安全型（标志 A），防爆型（标志 B），防爆充油型（标志 C），防爆通风、充气型（标志 F），防爆安全火花型（标志 H），防爆特殊型（标志 T）。所谓隔爆型，既允许电机内产生火花、电弧，又允许进入机壳内的爆炸性混合物爆炸，但将这个爆炸限制在隔爆的机壳内，不得外传。在爆炸危险场所设置电气设备时，应注意根据实际情况，从安全可靠、经济合理的角度出发，尽量将电气设备（包括电气线路），特别是正常运行时能产生火花的电气设备，例如，开关设备应装设在爆炸危险场所之外；如必须装设在爆炸危险场所内时，应设置在危险性较小的地点，如爆炸性混合物不易积聚的地点。在爆炸危险场所，应尽量少用携带式电气设备，应少装插座及局部照明灯具。对于爆炸危险场所，采取一定措施后，其危险等级可以降低，所选用电气设备的防爆等级也可降低。

12. 防止静电

防止静电危害的措施关键在于减少静电的产生量，设法导走与消散静电电荷以及严防静电放电现象的发生。具体方法如下：

（1）接地法。主要用来消除导电体上产生的静电电荷，而不能用接地法来消除绝缘体上的静电。

（2）泄漏法。采取增湿、加抗静电添加剂等方法促使静电电荷从带电体上自行消散。

（3）中和法。利用极性相反的电荷中和绝缘体上的静电电荷。

（4）工艺控制法。在工艺上采取适当措施，限制静电的产生与积累。通常采用金属材料代替非金属材料；限制液体、气体与粉末状物质的流速，控制静电电荷的产生量；加过滤金属网并良好接地等。

13. 安全标志

电气安全标志的作用是警示作用或指示作用，一般是通过不同的颜色和符号来表示的。安全标志一般采用安全色、安全标志、警示牌来表示。例如，红色或红色符号表示禁止；黄色或黄色符号表示警告；警示牌或警告提示，如在高压电器上注明“高压危险”的警示语，检修设备的电气开关上挂“有人作业，禁止送电”的警示牌等。指示作用是用不同的颜色来表示不同性质、用途的电气设备和线路，如红色按钮表示停机按钮，绿色按钮表示开机按钮等。还有各种用途的电气信号指示灯。

二、人员触电原因与发生规律

1. 触电致人死伤的原因

触电事故是各类电气事故中最常见的事故。触电是指当人体接触带电体时，电流对人体所造成的不同程度的伤害。触电事故可以分为电击和电伤两类。应当指出，虽然把触电事故所造成的伤害分为电击和电伤两种，但事实上触电过程是比较复杂的，在很多情况下，电击和电伤往往是同时发生的，但大多数触电死亡是由于电击造成的。

触电对人的伤害主要是电流通过人体导致人身伤亡。人体遭受电击时，如有电流作用于胸肌发生痉挛，使人感到呼吸困难。电流越大，感觉越明显。如作用时间较长，将发生憋气、窒息等呼吸障碍。窒息后，意识、感觉、生理反射相继消失，直至呼吸中止。稍后，将发生心室颤动或心脏停止跳动，导致死亡。在这种情况下，心室颤动或心脏跳动不是由电流通过心脏引起的，而是由肌体缺氧和中枢神经反射引起的。

电休克是肌体受到电流的强烈刺激，发生强烈的神经系统反射，使血液循环、呼吸及其他新陈代谢都发生障碍，以致神经昏迷的现象。电休克状态可以延续 10 min 至数天。其后果可能是得到有效的治疗而痊愈，也可能是由于重要生命机能完全消失而死亡。

2. 触电电击对人体的伤害

电击是指电流通过人体时所造成的身体内部伤害，它会破坏人的心脏、中枢神经系统和肺部的正常工作，使人出现痉挛、窒息、心颤、心脏骤停等症状，甚至危及生命。在低压系统通电电流不大、通电时间不长的情况下，电流引起人体的心室颤动是电击致死的主要原因。在通电电流较小但通电时间较长的情况下，电流会造成人体窒息而导致死亡。一般人体遭受数十毫安工频电流电击时，时间稍长即会致命。

绝大部分触电死亡事故都是由电击造成的。通常所说的触电事故基本上是指电击事故。电击后通常会留下较明显的特征，即电标、电纹、电流斑。电标是指在电流出入口处所产生的炭化标记；电纹是指电流通过皮肤表面，在其出入口间产生的树枝状不规则发红线条；电流斑是指电流在皮肤出入口处所产生的大小溃疡。

电击又可分为直接电击和间接电击。直接电击是指人体直接触及正常运行的带电体所发生的电击；间接电击则是指电气设备发生故障后，人体触及意外带电部位所发生的电击。故直接电击也称为正常情况下的电击，间接电击也称为故障情况下的电击。

直接电击多数发生在误触相线、刀开关或其他设备带电部分。间接电击大多发生在以下几种情况：大风刮断架空线或接户线后，搭落在金属物或广播线上；相线与电杆拉线搭连；电动机等用电设备的线圈绝缘损坏而引起外壳带电。在触电事故中，直接电击和间接电击都占有相当比例，因此采取安全措施时要全面考虑。

3. 触电电伤对人体的伤害

电伤是指由电流的热效应、化学效应或机械效应对人体造成的伤害，包括电能转化成热能造成的电弧烧伤、电灼伤以及电能转化成化学能或机械能造成的电标志、皮肤金属化及机械损伤、电光眼等。电伤可伤及人体内部，但多见于人体表面，电伤多数是局部性伤害，在人体表面留有明显的伤痕。

电伤可分为以下几种：

（1）电弧烧伤。电弧烧伤是当电气设备的电压较高时产生强烈电弧或电火花，烧伤人体，甚至击穿人体的某一部位，而使电弧电流直接通过内部组织或器官，造成深部组织烧死，一些部位或四肢烧焦，是电伤中最常见、最严重的一种。电弧烧伤大多由电流的热效应引起，但与一般的水、火烫伤性质不同，具体症状是皮肤发红、起泡，甚至皮肉组织破坏或被烧焦。电弧烧伤一般不会引起心脏纤维性颤动，而更为常见的是人体由于呼吸麻痹或人体表面的大范围烧伤而死亡。

电弧烧伤通常发生在以下几种情况：低压系统带负荷拉开裸露的刀开关时；线路发生短路或误操作引起短路时；开启式熔断器熔断时炽热的金属微粒飞溅出来；高压系统因误操作产生强烈电弧时（可导致严重烧伤）；人体过分接近带电体（间距小于安全距离或放电距离）而产生强烈电弧时（可造成严重烧伤而致死）。

（2）电标志。电标志又称电流痕迹或电印记。它是指电流通过人体后，在接触部位留下的青色或浅黄色斑痕，斑痕处皮肤变硬，失去原有弹性和色泽，表层坏死，失去知觉。电标志经治愈后，皮肤上层坏死部分脱落，皮肤恢复原来的色泽、弹性和知觉。

（3）电灼伤。电灼伤又叫电流灼伤，是人体与带电体直接接触，电流通过人体时产生热效应的结果。在人体与带电体的接触处，接触面积一般较小，电流密度可达很大数值，又因皮肤电阻比体内组织电阻大许多倍，故在接触处产生很大的热量，致使皮肤灼伤。只有在大电流通过人体时才可能使内部组织受到损伤，但高频电流造成的接触灼烧可使内部组织严重损伤，而皮肤却仅有轻度损伤。

（4）皮肤金属化。皮肤金属化是指由于电流或电弧作用产生的金属微粒渗入人体皮肤造成的，受伤部位变得粗糙、坚硬并呈特殊颜色（多为青黑色或褐红色）。皮肤金属化常发生在带负荷开闭断路开关或刀开关所形成的弧光短路的情况下。此时，被熔化了的金属微粒向四处飞溅，如果撞击到人体裸露部分，则渗入皮肤上层，形成表面粗糙的灼伤。经过一段时间后，损伤的皮肤完全脱落。若在形成皮肤金属化的同时伴有电弧烧伤，情况就会更严重。皮肤金属化的另一种原因是人体某部位长时间紧密接触带电体，使皮肤发生电解作用，一方面电流把金属粒子带入皮肤中；另一方面有机组织液被分解为碱性和酸性离子，金属粒子与酸性离子化合成盐，呈现特殊的颜色。根据颜色可知皮肤内含有哪种金属。需要说明的是，皮肤金属化多在弧光放电时发生，而且一般都伤在人体的裸露部位，与电弧烧伤相比，皮肤金属化并不是主要伤害。

（5）电光眼。电光眼是指眼球外膜（角膜或结膜）发炎。引起电光眼的原因是在弧光放电时，眼睛受到紫外线或红外线照射，4～8 h 后发作，眼睑皮肤红肿，结膜发炎，严重的使角膜透明度受到破坏，瞳孔收缩。对于短暂的照射，紫外线是引起电光眼的主要原因。

（6）机械损伤。机械损伤是指电流通过人体时产生的机械-电动力效应，使肌肉发生不由自主的剧烈抽搐性收缩，致使肌腱、皮肤、血管及神经组织断裂，甚至使关节脱位或骨折。

4. 电击触电的三种情况

发生触电事故的方式是多种多样的，按照人体触及带电体的方式和电流通过人体的途径，归纳起来主要有单相触电、两相触电、跨步电压触电三种情况。

（1）单相触电。单相触电是指在地面或其他接地导体上，人体某一部位触及一相带电体的触电事故。对于高电压，人体虽然没有触及，但因超过了安全距离，高电压对人体产生电弧，也属于单相触电。单相触电的危险程度与电网运行方式有关，一般情况下，接地电网的单相触电比不接地电网的危险性大。

（2）两相触电。两相触电是指人体两处同时触及两相带电体而发生的触电事故。无论电网的中性点接地与否，其危险性都比较大。

（3）跨步电压触电。当电网或电气设备发生接地故障时，流入地中的电流在土壤中形成电位，地表面也形成以接地点为圆心的径向电位差分布。如果人行走时前后两脚间（一般按 0.8 m 计算）电位差达到危险电压而造成触电，称为跨步电压触电。

5. 触电事故发生的原因

从大量触电事故分析来看，造成触电事故的原因主要如下：

（1）由于缺乏电气安全知识而造成触电事故。如带电拉高压隔离开关；用手触摸破坏的胶盖刀开关；儿童玩弄带电导线等。

（2）因违反操作规程而造成触电事故。如在高低压共杆架设的线路电杆上检修低压线或广播线；剪修高压线附近树木而接触高压线；在高压线附近施工或运输大型货物，施工工具和货物碰击高压线；带电接临时照明线及临时电源；火线误接在电动工具外壳上；用湿手拧灯泡；携带式照明灯使用的电压不符合安全电压等。

（3）因电气设备不合格而造成触电事故。如刀开关或磁力启动器缺少护壳而触电；电气设备漏电；电炉的热元件没有隐蔽；电气设备外壳没有接地而带电；配电盘设计和制造上的缺陷，使配电盘前后带电部分易于触及人体；电线或电缆因绝缘磨损或腐蚀而损坏等。

（4）因维修不善而造成触电事故。如大风刮断的低压线路未能及时修理；胶盖开关破损长期不修；瓷瓶破裂后火线与地线长期相碰等。

（5）因一些偶然因素而造成触电事故。如大风刮断的电线恰巧落在人体上等。

从触电原因分析中可以看出，除了偶然因素外，其他原因造成的触电事故都是可以避免的。

6. 触电事故发生的规律

触电事故往往发生得很突然，且常常在极短时间内就可能造成严重后果，但是触电事故也有一定的规律。根据对触电事故的分析，从触电事故的发生频率上看，可发现以下规律：

（1）低压触电事故多于高压触电事故。国内外统计资料均表明：低压触电事故远高于高压触电事故。主要是因为低压设备远多于高压设备，低压电网广泛，与人接触的机会多；对于低压设备思想麻痹；与之接触的人员缺乏电气安全知识。低压触电事故主要发生在远离变压器和总开关的分支线路部分，尤其是线路的末端，即用电设备上，包括照明和动力设备。其中属于人体直接接触正常运行带电体的直接电击者要少于间接触及者，即因电气设备发生故障，人工触及意外带电体而发生触电事故的较多。因此，应把防止触电事故的重点放在低压用电方面。但对于专业电气操作人员往往有相反的情况，即高压触电事故多于低压触电事故。

（2）触电事故的季节性明显。统计资料表明，一般每年中以二、三季度事故较多，其中6月至9月最集中。主要是因为这段时间天气炎热、人体衣着单薄且易出汗，触电危险性较大；还因为这段时间多雨、潮湿，电气设备绝缘性能降低；操作人员常因气温高而不穿戴工作服和绝缘护具。

（3）携带式和移动式设备触电事故多。主要是这些设备因经常移动，工作条件较差，容易发生故障，而且经常在操作人员紧握之下工作。

（4）电气连接部位触电事故多。大量统计资料表明，电气事故多数发生在分支线、接户线、地爬线、接线端、压线头、焊接头、电线接头、电缆头、灯座、插头、插座、控制器、开关、接触器、熔断器等处。主要是由于这些连接部位机械牢固性较差，电气可靠性也较低，容易因接触不良而发热，造成电气绝缘和机械强度下降，致使这些部位易发生触电事故。

（5）单相触电事故多。据统计，在各类触电方式中，单相触电事故占总触电事故的70%以上。所以，防止触电的技术措施也应重点考虑单相触电的危险。

（6）误操作触电事故较多。由于电气安全教育不够，电气安全措施不完备，致使受害者本人或他人误操作造成的触电事故较多。应当指出，由于操作者本人过失所造成的触电事故是较多的。

（7）青年、中年以及非电工触电事故多。从触电者的年龄来看，青年、中年及非电工发生触电事故的较多，一方面是因为这些人多数是主要操作者，且大都接触电气设备；另一方面是因为这些人都已有几年工龄，不再如初学时那么小心谨慎，造成思想麻痹，而经验还不足，电气安全知识尚欠缺。

三、触电伤害的应急处置与救治

1. 对低压触电者脱离电源的方法

对于低压触电事故，应迅速使触电者脱离电源，以下方法可以脱离电源：

（1）立即拉掉开关或拔出插销，切断电源。

（2）如果找不到电源开关，可用有绝缘把的钳子或木柄的斧子断开电源线；或用木板等绝缘物插入触电者身下，以隔断流经人体的电流。

（3）当电线搭在触电者身上或被压在身下时，可用干燥的衣服、手套、绳索、木板等绝缘物作为工具，拉开触电者或挑开电线。

（4）如果触电者的衣服是干燥的，又没有紧缠在身上，可以用一只手抓住他的衣服脱离电源，但不得接触带电者的皮肤和鞋。

2. 对高压触电者脱离电源的方法

对于高压触电者，可采用下列方法使其脱离电源：

（1）立即通知有关部门停电。

（2）戴上绝缘手套，穿上绝缘鞋，用相应电压等级的绝缘工具断开开关。

（3）抛掷裸金属线使线路接地，迫使保护装置动作，断开电源。注意：抛掷金属线时应先将金属线的一端可靠接地，然后抛掷另一端，并且抛掷的一端不可触及触电者和其他人。

在抢救过程中，要遵循下列注意事项：①救护人必须使用适当的绝缘工具；②救护人要用一只手操作，以防自己触电；③当触电者在高处时，应防止触电者脱离电源后可能导致的摔伤。

3. 人员触电后的症状

触电后一般会有以下症状：接触 1 000 V 以上的高压电时多出现呼吸停止，220 V 以下的低压电易引起心肌纤颤及心脏停搏，220～1 000 V 的电压可致心脏和呼吸中枢同时麻痹。

轻者症状表现为心慌，头晕，面色苍白，恶心，神志清楚，呼吸、心跳规律，四肢无力，如脱离电源，安静休息，注意观察，不需特殊处理。重者呼吸急促，心跳加快，血压下降，昏迷，心室颤动，呼吸中枢麻痹以致呼吸停止。

触电局部可有深度烧伤，呈焦黄色，与周围正常组织分界清楚，有两处以上创口，一个入口、一个或几个出口，重者创面深及皮下组织、肌腱、肌肉、神经，甚至深达骨骼，呈炭化状态。

4. 触电急救措施

发现人员触电后应采取以下急救措施：

（1）未切断电源之前，抢救者切忌用自己的手直接拉触电者，这样自己也会立即触电受伤，因为人体是良导体，极易导电。急救者最好穿胶鞋，踏在木板上保护自己。

（2）确认心跳停止时，在进行人工呼吸和胸外心脏按压后，才可使用强心剂。心跳、呼吸停止还可心内或静脉注射肾上腺素、异丙肾上腺素。血压仍低时，可注射间羟胺（阿拉明）、多巴胺，呼吸不规则可注射尼可刹米、洛贝林（山梗菜碱）。

（3）触电灼伤应合理包扎。

5. 救治过程注意事项

发生人员触电事故之后，在救治过程需要注意以下事项：

（1）救护人员应在确认触电者已与电源隔离，且救护人员本身所涉环境安全距离内无危险电源时，方能接触伤员进行抢救。

（2）在抢救过程中，不要为图方便而随意移动伤员，如确需移动，应使伤员平躺在担架上并在其背部垫以平硬阔木板，不可让伤员身体蜷曲着进行搬运。移动过程中应继续抢救。

（3）任何药物都不能代替人工呼吸和胸外心脏按压，对触电者用药或注射针剂，应由有经验的医生诊断确定，慎重使用。

（4）抢救过程中，做人工呼吸要有耐心，不能轻易放弃。

（5）如需送医院抢救，在途中也不能中断急救措施。

（6）在医务人员未接替抢救前，现场救护人员不得放弃现场抢救，只有医生有权做出伤员死亡的诊断。

第二节 电气安全管理知识

电气安全工作是一项综合性工作，有工程技术方面的内容，也有组织管理方面的内容。实践证明，组织措施比技术措施更加重要。即使有完善的技术措施，如果没有相适应的组织措施，仍然可能发生触电事故。组织措施与技术措施是互相联系、相辅相成的两个方面，没有严格的组织措施，技术措施得不到可靠的保证；没有完善的技术措施，组织措施只是不能解决问题的空洞条文。由此可见，必须重视电气安全综合措施，做好电气安全工作。

一、电气安全管理

1．临时用电的安全管理

在企业生产过程中，有时需要采取临时用电措施，完成临时照明设备检修等任务，由于临时用电引起的人员伤亡或财产损失事故时有发生，因此，必须在以下六个方面加强对临时用电的管理：

（1）临时用电期限。临时用电期限一般规定为三个月。因故超期的，应办理延期用电手续，同时还应进行新一轮临时用电前的安全检查。如果计划用电时间在三个月以上一年以内，可申请定期用电。对定期用电的管理比照临时用电管理办法进行。

（2）临时用电手续。当固定电源不能满足需要而必须使用临时电力时，应向电力公司或相关单位提出申请，经其同意后方可使用。临时用电申请内容包括：线路和设备容量，安装地点，用电期限，临时用电负责人等。

（3）临时用电线路的安装。线路安装要确保安全。如果低压绝缘导线需要在地面越过道路时，必须使用具有一定强度的电线管作保护，必要时挖沟将穿管导线或电缆埋入地下。低压绝缘导线在空中跨越道路时，道路两侧必须立杆固定，必要时还应用辅助拉线引渡电力线，不得用金属线在电线杆上共同捆扎分相导线、火线和工作零线等。线路与各种物体的距离要符合规定要求。照明线路不得用金属物作非固定悬挂。严禁“一火一地”用电。临时手持照明灯的导线应采用橡皮护套软线，并采用隔离变压器输出的安全电压作照明电源。在地沟或其他狭窄的危险场所，灯具使用的电压不得超过 12 V。

(4) 临时用电设备的安装。对于临时用电设备的安装必须注意以下几点：

1) 室外开关箱、配电盘、配电柜等必须具有防水功能。不得将电路开关板放在水塘里或随手挂在金属脚手架上。暴露的带电导体应远离人员频繁出入的场所，远离金属材料、水源及易燃易爆气体等，无法避免时，应采取防水、防爆等隔离措施。

2) 频繁移动的用电设备，在使用前应认真检查。对需要设置护栏的用电设备，不能省略护栏。在水中使用的电器设备，线路与外壳之间的绝缘必须很好，并将设备金属外壳接零或接地。每台设备均应安装漏电保护器。

3) 临时用电设备应有专人负责，做到人走电停，并对开关箱、配电盘、配电柜等加锁。如果施工现场的用电设备没有防雨雪功能，应加设防雨装置，防止线路受潮造成短路、漏电等事故。

4) 安装、检修、维护临时用电设备的电工必须经过培训，并持有“特种作业操作证”和“电工技术等级合格证”方可上岗作业。

(5) 外包过程临时用电管理。对外包过程应实施有效控制。在工程承包合同中应明确临时用电管理办法，并且在临时用电系统投入使用前由发包方对其进行确认，其内容包括：用电设备及其安装区域，用电设备操作人员资格，临时用电标识设置，安全防护措施等。

(6) 临时用电的监督。供电单位对临时用电申请要进行认真审核并做出合理安排，建立和保存好管理台账。对批准设置临时用电的现场，要派专职人员检查其电力线路和设备的安装，不合格不准使用。平时也应定期或不定期地对临时用电现场做必要的检查或抽查，发现问题及时纠正。

撤销临时用电。临时用电结束，用电单位应向供电单位报告撤销临时用电，并及时拆除用电线路和设备。供电单位接到报告后，应及时派人员到现场查看，确认临时用电线路和设备确已拆除。如果发现遗留问题应及时处理，避免留下事故隐患。

2. 电气设备安全装置的安全管理

要安全使用好电气设备，离不开安全装置的保护。电气设备的安全装置是安全使用电气设备、防止电气事故发生的安全保护装置，如熔断器、断路器等。电气设备的安全装置是安全生产的“保护神”，在日常工作中，由于防护装置失灵而发生的事故并不少见。安全防护装置应时刻保持灵敏可靠，否则很容易出事故。

电气设备安全装置的安全管理措施主要有：

(1) 熔断器。熔断器一般安装在电网和电气线路上，是一种最基本的安全装置。当电气设备发生短路或超负荷工作时，熔断器的熔丝会自行熔断，切断电路而避免电气设备事故或人员伤亡事故的发生。熔断器的熔丝熔断后，仍应按原规格要求配置，不能用其他金属丝或超规格的熔丝代替，否则起不到安全保护的作用，易发生事故。

（2）断路器。断路器又称过载保护开关，当电路过载，超过允许极限或短路时，能自动断开电流回路的安全装置。断路器如发生拉力瓷瓶和支持瓷瓶等受损破裂或者同时发生接地、筒体着火爆炸、严重泄漏、开关跳跃振动、套管端子熔断或熔化、出入侧套管炸裂、着火或连续发生较大的火花等故障时，应立即采取紧急措施，进行维修或更换处理。

（3）漏电保护器。漏电保护器是防止电气设备或线路因意外漏电所设置的一种保护开关装置。当电气设备发生漏电时，该开关装置能够迅速切断电源，以防止机壳、机架意外带电危及人体安全。该装置应与设备或线路的额定值相匹配，并能高灵敏地正确动作。通常安装在导电性强的铁板、电架、水、液体、湿润物等场所和对地电压高于 150 V 的可移动电路及电气设备之中。

（4）屏护。屏护是防止触电、电弧短路以及电弧灼伤的有效保护措施。在有些电气设备不便于绝缘或者强度低，不能保证安全作业时，就要采取遮蔽、护挡等措施，如使用护罩、箱匣等。遮杆（又称遮栏），是用来防止作业人员无意碰到或过分接近带电体，在安全距离不足处进行操作的屏护装置，一般用干燥的木头、橡胶或其他坚韧的绝缘材料制作，高度不得低于 1.7 m，下部离地不得超过 10 cm。遮杆与带电体之间，根据电压的高低，应留有相应的安全距离，如因工作特殊需要，可以用高度绝缘性能的遮护板，部分地接触被遮护的带电体。所有使用遮杆（遮拦）的部位，都要悬挂“高压危险”或“有电危险”的警示、警告标志，并采用灯光或音响等信号装置，表示有电切勿靠近，当人体越过屏护靠近带电体时，可使屏护的带电体自动切断电源的联锁装置，以保证人员安全。屏护的材料应有足够的机械强度和良好的耐燃性能，金属材料制成的屏护要注意绝缘和可靠的接地或接零。

（5）绝缘。采用不导电的气体、液体和固体，将带电体隔离或屏蔽，称为绝缘。绝缘是保证电气设备线路安全运行，防止触电事故发生的重要措施。在一般情况下，绝缘的电阻不应低于 0.5 MΩ；运行中的低压线路与设备的绝缘强度按照电力设备交接试验规程的规定：1 V 工作电压相应地有不低于 110 Ω 的绝缘电阻；在潮湿场合下的线路与设备的绝缘强度要求 1 V 工作电压相应有不低于 500 Ω 的绝缘电阻；控制线路的绝缘电阻一般要求应不低于 1 MΩ；运行中的电缆的绝缘电阻见表 3—1。

表 3—1　　运行中电缆的绝缘电阻

额定电压（kV）	3	6～10	20～35
绝缘电阻（MΩ）	300～750	400～700	600～1 500

（6）保护接地与接零。保护接地与接零是防止电气设备漏电或意外带电发生触电事故的重要防范措施。接地是在故障情况下，对可能呈现危险的对地电压的金属部分同地连接

起来的一种防护措施；接零则是将电气设备正常状态下不带电的金属部分与电网零线连接起来的一种保护措施。接地应满足安全要求，连接必须牢靠，入地深度不得小于0.6 m，并与建筑物保持1.5 m以上的距离。

3. 电气设备规章制度的贯彻落实

要安全高效地使用好电气设备，除了要有完好的电气设备和可靠的安全装置外，还要制订相应的安全规程和制度，并在日常工作中认真贯彻实施。

（1）要实施工作票制度。在电气设备安装、维修、更换等作业时，要实施工作票制度。工作票上要写明工作任务，安全措施，安全负责人，开工、完工时间等内容。在作业前，要提前计划布置好，作业中按计划有序进行，以免作业时忙中出错。在执行工作票制度时，还应规定工作票签发人、工作负责人、工作许可人以及各作业人员在安装、维修、更换等作业时应负的安全责任。

（2）要落实作业监护制度。在电气设备上进行检修或在1 kV以上的电气设备上进行停送电倒闸操作时，至少应有2人一起作业，其中1人为监护人。监护的目的是防止作业人员在工作中麻痹大意，或对设备情况不熟悉不了解，错跑工作位置而发生意外危险，并随时提醒作业人员遵守安全作业的有关规定，发生事故时，能迅速采取抢救措施，及时消除或控制事故，不使事故扩大。

（3）要执行倒闸操作制度。倒闸操作时要执行倒闸操作制度，使操作者事先了解操作内容和操作步骤，以保证操作时不颠倒或有遗漏。执行倒闸操作时，一定要有操作票，事前详细计划，周密部署，操作中按序进行，避免发生带负荷拉、合刀闸，引起不应有的设备损坏和伤人事故。

（4）要订立检修维护制度。在电气设备的检修维护工作中，要认真检查落实事前各项防范措施，并保障安全有效，以防止事故的发生。

1）停电。对检修维护部位所有能够送电的线路，要全部切断，并落实好防止误合闸的措施，每处至少要有1个明显的断开点；对于多回路的线路，要注意防止其他方面突然来电，特别要注意防止低压方面的反馈电。

2）验电。作业前要对已被停电的线路进行验电，以防漏电，验电时应按电压等级选用相适应的验电器。

3）放电。将待检修设备上残存的静电放掉，放电时应使用专用的导线，用绝缘棒或开关操作，一般应放电10分钟左右，注意线与地之间、线与线之间均应放电。电容器和电缆的残存电荷较多，放电时最好有专门的放电设备。

4）装设临时接地线。为防止意外送电和感应电，应在设备的检修部分，装设必要的临时性接地线，接地线在装设时，应先接接地的一端，后接被修设备的一端；拆除时，按反顺序进行，先拆被检修设备的一端，后拆接地的一端。接地线应用截面不小于 25 mm^2 的软铜线制作。

5）挂好标示牌。在被检修设备的断电处，应挂上“有人工作、禁止合闸”的标示牌；在临近带电部分的遮栏上，应挂上“止步、高压危险”“站住、生命危险”的警示牌等，以告诫他人注意安全。

6）装设遮拦。部分电气设备停电检修时，应将带电部分遮挡起来，使检修人员与带电导体之间保持一定的安全距离。在 10 kV 以下设遮拦应保持 0.35 m 的距离，不设遮拦应保持 0.7 m 以上的距离；35 kV 设遮拦应保持 0.60 m 的距离，不设遮拦应保持 1 m 的距离；110 kV 设遮拦和不设遮拦均应保持 1.5 m 的距离；220 kV 设遮拦与不设遮拦均应保持 3 m 的距离。

（5）要落实安全检查制度。电气设备在使用过程中，由于种种原因经常会出现这样那样的问题，经常检查能及时发现问题并得到解决。

（6）实行持证上岗制度。电工、金属焊割、电梯、制冷等电气设备的安装维修和操作使用岗位的特殊工种人员，一定要经国家承认的培训教育机构培训取证，做到持证上岗，并定期复检；其他和电气设备相关的工种，也应根据本岗位电气设备的特点，通过相应的岗位安全知识教育和业务技术培训，并经考试合格后上岗，未经培训教育和考试不合格者，禁止上岗操作。

（7）要执行安全用电制度。用电要申请，安装维修找电工；任何人不准玩弄电气设备和开关；非电工不准拆装、修理电气设备和用具；不准私拉乱接电气设备；不准私用电热设备和灯泡取暖；不准使用绝缘损坏的电气设备；不准擅自用水冲洗电气设备；熔丝不准用其他的金属丝替代和调换容量不符的熔丝；不准擅自移动电气设备的安全标志、围栏等安全设施；不办手续，不准打桩动土，以防损坏地下电缆等。

二、预防电气火灾事故的技术措施

1. 电气火灾发生的主要原因

根据公安部消防局电气火灾原因技术鉴定中心的统计资料，电气火灾大都是由电气线路的短路、过负荷、漏电等原因直接或间接造成的。

预防电气火灾的发生，需要注意以下事项：

（1）过载（超负荷）。电气线路或设备所通过的电流值超过其允许的数值就是过载。过载发生的主要原因有：①导线截面选择过小，实际负荷超过了导线的安全载流量；②在线路中接入了过多或功率过大的电气设备，超过了配电线路的负载能力。如果电气设备的功率过大或电气设备本身有故障而产生过载现象，也会使导线发热甚至起火。一般导线的最高允许工作温度为+65℃。当过载时，导线的温度就超过这个温度值，会使绝缘加速老化，甚至损坏，引起短路火灾事故。

（2）短路。当电气设备内部有短路或由于电线绝缘外皮老化破损造成短路，根据欧姆定律，短路时由于电阻突然减小则电流突然增大，如果没有采取断电措施，电线很快就会发热燃烧造成火灾。

造成短路的原因有以下几点。

1）绝缘受高温、潮湿或腐蚀等作用的影响，失去了绝缘能力。

2）线路年久失修，绝缘老化或受损。

3）电压过高，使电线绝缘被击穿。

4）安装修理时接错线路，或带电作业时造成人为碰线短路。

5）裸导线安装太低，搬运金属物件时不慎碰在电线上；线路上有金属或小动物，发生电线之间的跨接。

6）架空线路间距离太小，档距过大，电线松弛，有可能发生两相相碰；架空导线与建筑物、树木距离太近，使导线与建筑物或树木接触。

7）导线机械强度不够，导致导线断落接触大地，或断落在另一根导线上。

8）不按规程要求私接乱拉，管理不善，维护不当造成短路。

9）高压架空线路的支持绝缘子耐压程度过低，引起线路的对地短路。

（3）漏电。漏电是引起电气火灾的主要原因之一。漏电一般是指电气设备或电线的漏电，是指电线中的火线对地或电气设备中的火线对电气设备的外壳发生的短路情况。电气设备、电线绝缘材料性能不好，电器及插座等内部的灰尘多并遇到天气潮湿时，也容易发生漏电现象。由于绝缘材料的性能下降是不能逆转的，因此漏电电流会逐渐加大，造成打火，引燃周围的可燃物而形成电气火灾。

（4）接触电阻过大。导线连接时，在接触面上形成的电阻称为接触电阻。接头处理良好，则接触电阻小，连接不牢或其他原因，使接头接触不良，则会导致局部接触电阻过大，发生过热，加剧接触面的氧化，接触电阻更大，发热更剧烈，温度不断升高，造成恶性循环，致使接触处金属变色甚至熔化，引起绝缘材料燃烧。

造成接触电阻过大的主要原因有以下几点：

1）安装质量差，造成导线与导线、导线与电气设备衔接连接不牢。

2）导线的连接处有杂质，如氧化层、泥土、油污等。

3）连接点由于长期震动或冷热变化，使接头松动。

4）铜铝接头处理不当，在电腐蚀作用下接触电阻会很快增大。

（5）电火花和电弧。电火花是电极间放电的结果，电弧是由大量密集的电火花构成的。线路产生的火花或电弧能引起周围可燃物质的燃烧，在爆炸危险场所可以引起燃烧或爆炸。

（6）电气设备的违规使用。电气设备的违规使用造成电气设备的自身温度过高或供电线路过负荷，从而引燃周围可燃物形成电气火灾。

2. 电气火灾的特点

电气火灾主要有以下特点：

（1）隐蔽性。由于漏电与短路通常都发生在电器设备及穿线管的内部，因此在一般情况下，电气起火的最初部位是看不到的，只有当火灾已经形成并发展成大火后才能看到，但此时火势已大，再扑救已经很困难。

（2）燃烧快。电线着火时，火焰沿着电线燃烧得非常迅速，原因是处于短路或过流时的电线温度特别高（有时超过 300℃）。

（3）扑救难。电线或电器设备着火时一般是在其内部，看不到起火点，且不能用水来扑救，所以带电的电线着火时不易扑救。

（4）传统的感烟探测器很难对电气火灾实现早期报警。电气火灾一般发生于电器或电线管的内部，当火已经蔓延到表面，形成较大火势且烟雾弥漫时烟雾报警装置才能报警，但此时火势往往已经不能控制，扑灭电气火灾的最好时机已经错过了。

3. 预防电气火灾事故的基本措施

预防电气火灾事故，主要有以下基本措施：

（1）正确选用电气设备。根据电气设备所使用的场所，按照国家有关规定正确选用相关的电气设备。

（2）按规范选择合理的安装位置，保持必要的安全间距是防火、防爆的一项重要措施。

（3）加强维护、保养、维修，保持电气设备正常运行。例如保持电气设备的电压、电流、温升等参数不超过允许值，保持电气设备足够的绝缘能力，保持电气连接良好等。

（4）通风。例如在爆炸危险场所安装良好的通风设施，可以降低爆炸性混合物的浓度，降低爆炸发生的概率。

（5）采用耐火设施。例如为了提高耐火性能，木质开关箱内表面衬以白铁皮。

（6）接地。

4. 电气线路火灾事故的预防措施

对于电气线路常采用以下防火措施：

（1）避免发生短路。如果想避免发生短路必须按照环境特点来安装导线，应考虑潮湿、化学腐蚀、高温场所和额定电压的要求。导线与导线、墙壁、顶棚、金属构件之间，以及固定导线的绝缘子、瓷瓶之间，应有一定的距离。距地面 2 m 以及穿过楼板和墙壁的导线，均应有保护绝缘的措施，以防损伤。绝缘导线切忌用铁丝捆扎和铁钉搭挂。要定期对绝缘电阻进行测定。安装线路应为持证电工安装。安装相应的保险器或自动开关。

（2）避免超负荷运行

1）要根据负载情况，合理选用导线。

2）安装相应的保险或自动开关，严禁滥用铜丝、铁丝代替熔断器的熔丝。

3）不准乱拉电线和接入过多或功率过大的电气设备。

4）要定期检查线路负载与设备增减情况。

（3）防止接触电阻过大

1）导线与导线、导线与电气设备的连接必须牢固可靠，尽量减少不必要的接头。

2）铜芯导线采用绞接时，应尽量再进行锡焊处理，一般应采用焊接和压接。

3）铜铝相接应采用铜铝接头，并用压接法连接。

4）要经常进行检查测试，发现问题，及时处理。

5. 电动机火灾事故的预防措施

电动机是一种将电能转变为机械能的电气设备。电动机通常可分为直流电动机和交流电动机两大类。电动机容易着火的部位是绕组、引线、铁芯、电刷和轴承。电动机发生火灾的原因主要是选型、使用不当或维修保养不良，有些电动机质量差，内部存在隐患，在运行中极易发生故障，引起火灾。

电动机的防火、防爆措施主要有以下几种：

（1）合理选型。不同场合要选用不同形式的电动机，以适应生产和安全的需要。如在有火灾爆炸危险场所，选用了防护式电动机，当电动机发生故障时，产生的高温和电弧、火花会引燃可燃物质或引爆爆炸性混合物，造成火灾和爆炸。如在潮湿场所选用防护型电动机，往往因绕组受潮而破坏绝缘，烧毁电动机。因此在购置电动机时，要参照其额定功率、工作方式、绝缘温升以及防爆等级等参数，并结合其设置的环境条件和实际工作需要合理选型，做到既安全又经济。

（2）合理安装。电动机应安装在牢固的机座上，周围应留有不小于1 m的空间或通道，附近也不可堆放任何杂物，室内应保持清洁。所配用的导线必须符合安全规定，连接电动机的一段应用金属软管或塑料套管加以保护，并需扎牢、固定。

（3）正确起动。鼠笼式电动机的起动方法有全压起动和降压起动两种，一般优先选用全压起动，但当电动机功率大于变压器容量的20%或电动机功率超过14 kW时，可采用星-三角（YΔ）转换起动、电抗降压起动和自耦变压器起动等几种降压起动方法。

（4）安装保护装置。电机运行过程中，可能会发生故障，因此应安装保护装置。例如为防止发生短路，可以采用熔断器进行短路保护；为防止发生过载，采用热继电器作为过载保护；为防止漏电，采用接地保护，且接地必须牢固可靠等。

(5) 检查维修。一旦发现异常，立即停机维修。

(6) 注意电源开关。电机不需要工作时候，应将电动机的电源插头拔下，并将电动机的分开关和总开关断开，确保安全。

6. 变压器火灾事故的预防措施

变压器是利用电磁感应原理，把交流电能转变为不同电压、电流等参数的另一种电能的设备。变压器内部的绝缘衬垫和支架，大多采用纸、棉纱、布、木材等有机可燃物质，并有大量的绝缘油。如果变压器内部发生严重过载、短路，可燃的绝缘材料和绝缘油就会受高温或电弧作用分解燃烧，并产生大量气体，使变压器内部的压力急剧增加，造成外壳爆裂，大量绝缘油喷出燃烧，油流又进一步扩大了火灾危害，并造成大面积停电，导致巨大损失。

变压器防火防爆的措施如下：

(1) 保证变压器的质量。变压器的质量要符合有关技术要求，安装前要测试。

(2) 变压器的保护装置。变压器应有熔断器或继电保护装置，其容量应等于最高安全电流，用以保护变压器在短路和过负荷时不致造成线路着火。如果保护系统失灵或保护定值过大，就可能烧毁变压器。

(3) 安装排气保险管。1 000 kW 以上的变压器应安装排气保险管，减少变压器内的压力，防止油箱爆炸或爆裂。

(4) 不过载运行。长期过载运行，会引起线圈发热，使绝缘逐渐老化，造成短路。若变压器严重超负载，应予以更换或启用备用变压器使其得到缓和。

(5) 定期检修。检修过程中，要检查绝缘油质，不合格油应及时更换或采取其他措施，同时要检查变压器渗油漏油现象，注意检查油箱和套管是否完好。

变压器停运检修时，对其进行检查，对接触不良的螺栓都必须紧固。对不能停运的变压器，必须进行外部接点检查。保证导线接触良好。

一旦发现线圈或铁芯老化，要采取相应措施弥补。

(6) 防止雷击。

(7) 保持良好的通风。有良好的自然通风、排风，室内温度不大于 45℃，通风口应有防止雨、雪、灰尘、小动物进入的措施。

(8) 确保接地良好。

7. 油断路器（油开关）火灾事故的预防措施

油短路器又称油开关，其作用是切断和接通电源。油断路器触点至油面的油层过低、油箱内油面过高、油的绝缘强度劣化、操作机构调整不当、遮断容量小等原因会影响电力系统的正常运行而发生火灾。另外油断路器的进出线都通过绝缘套管，当绝缘套管与油箱盖、油箱盖与油箱体密封不严时，油箱进水受潮，或油箱不洁、绝缘套管有机械损坏等都会造成对地短路引起爆炸或火灾事故。

油断路器的防火、防爆措施主要有以下几点：

（1）断路器在安装前应严格检查。断路器的遮断容量应大于装设该断路器回路的容量。检修时应进行操作试验，保证机件灵活可靠，并且调整好三相动作的同期性。

（2）断路器与电气回路的连接要紧密，并可用试温蜡片观察温度。触头损坏应调换。检修完毕应进行绝缘测试，并由专人负责清点工具，防止工具掉入油箱内导致短路。

（3）油断路器投入运行前，还应检查绝缘套管和油箱盖的密封性能，以防油箱进水受潮，造成断路器爆炸燃烧。

（4）油断路器运行时应经常检查油面高度，油面必须严格控制在油位指示器范围之内。发现漏油、渗油或有不正常声音时，应立即降低负载或停电检修，严禁强行送电。

三、电气火灾的扑救

1. 电气火灾的特点

电气火灾与一般火灾相比，有两个突出的特点：

（1）电气设备着火后可能仍然带电，并且在一定范围内存在触电危险。

（2）充油电气设备如变压器等受热后可能会喷油甚至爆炸，造成火灾蔓延且危及救火人员的安全。

所以，扑救电气火灾必须根据现场火灾情况，采取适当的方法，以保证灭火人员的安全。

2. 断电灭火注意事项

电气设备发生火灾或引燃周围可燃物时，首先应设法切断电源，必须注意以下事项：

（1）处于火灾区的电气设备因受潮或烟熏，绝缘能力降低，所以拉开关断电时，要使用绝缘工具。

（2）剪断电线时，不同相电线应错位剪断，防止线路发生短路。

（3）应在电源侧的电线支持点附近剪断电线，防止电线剪断后跌落在地上，造成电击或短路。

（4）如果火势已威胁邻近电气设备时，应迅速拉开相应的开关。

（5）夜间发生电气火灾，切断电源时，要考虑临时照明问题，以利于扑救。如需要供电部门切断电源时，应及时联系。

3. 带电灭火注意事项

为了争取灭火时间，防止火灾扩大，来不及断电，或因需要或其他原因不能断电，则需要带电灭火。如果无法及时切断电源，而需要带电灭火时，要注意以下几点：

（1）应选用不导电的灭火器材灭火，如干粉、二氧化碳、1211 灭火器，不得使用泡沫灭火器带电灭火。

（2）要保持人及所使用的导电消防器材与带电体之间足够的安全距离，扑救人员应戴绝缘手套和穿绝缘靴或穿均压服操作。

（3）对架空线路等空中设备进行灭火时，人与带电体之间的仰角不应超过 45°，而且应站在线路外侧，防止电线断落后触及人体，如带电体已断落地面，应划出警戒区，以防跨步电压伤人。

（4）用水枪灭火时宜采用喷雾水枪，这种水枪通过水柱的泄漏电流较小，带电灭火比较安全；用普通直流水枪灭火时，为防止通过水柱的泄漏电流通过人体，可以将水枪喷嘴接地。

（5）人体与带电体之间要保持必要的安全距离。用水灭火时，水枪喷嘴至带电体的距离：电压 110 kV 及以下者不应小于 3 m；220 kV 及以上者不应小于 5 m。用二氧化碳灭火时，机体、喷嘴至带电体的距离：10 kV 者不应小于 0.4 m；36 kV 者不应小于 0.6 m。

（6）充油电气设备灭火。当充油设备着火时，应立即切断电源，如外部局部着火时，可用二氧化碳、1211、干粉等灭火器材灭火。如设备内部着火，且火势较大，切断电源后可用水灭火，有事故贮油池的应设法将油放入池中，再行扑救。

第三节　电工安全作业要求

电工作业是特种作业，电工应经过严格的教育培训考核，持证上岗。非电气作业人员也要接受电气安全教育。应搞好电气作业人员的安全技术培训，严格执行电气安全技术操作规程。电工在电气设备上工作，一方面需要提高警惕性，遵守安全操作规程，认真谨慎地进行操作，另一方面则需要做好安全组织措施，运用组织措施手段，实现安全。安全组织措施主要有工作票制度，工作许可制度，工作监护制度，工作间断、转移和终结制度等。

一、电工作业的安全组织措施

1. 工作票制度

在电气设备上工作，应填用工作票或按命令执行。其方式有下列三种：

（1）第一种工作票。填用第一种工作票的工作为：高压设备上工作需要全部停电或部分停电的；高压室内的二次接线和照明等回路上的工作，需要将高压设备停电或采取安全措施的。

（2）第二种工作票。填用第二种工作票的工作为：带电作业和在带电设备外壳上的工作；在控制盘和低压配电盘、配电箱、电源干线上的工作；在二次接线回路上的工作；无须将高压设备停电的工作；在转动中的发电机、同期调相机的励磁回路或高压电动机转子电阻回路上的工作；非当值值班人员用绝缘棒和电压互感器定相或用钳形电流表测量高压回路的电流。

工作票一式填写两份，一份必须经常保存在工作地点，由工作负责人收执，另一份由值班员收执，按值移交，在无人值班的设备上工作时，工作票由工作许可人收执。

一个工作负责人只能发一张工作票。工作票上所列的工作地点，以一个电气连接部分为限。如施工设备属同一电压、位于同一楼区、同时停送电，且不会触及带电导体时，可允许几个电气连接部分共用一张工作票。在几个电气连接部分上，依次进行不停电的同一类型的工作，可以发给一张第二种工作票。若一个电气连接部分或一个配电装置全部停电，则所有不同地点的工作，可以发给一张工作票，但要详细填明主要工作内容。几个班同时进行工作时，工作票可发给一个总的负责人。若至预定时间，一部分工作尚未完成，仍须继续工作而不妨碍送电者，在送电前，应按照送电后现场设备带电情况，办理新的工作票。布置好安全措施后，方可继续工作。第一、二种工作票的有效时间，以批准的检修期为限。第一种工作票至预定时间，工作尚未完成，应由工作负责人办理延期手续。

（3）口头或电话命令。用于第一和第二种工作票以外的其他工作。口头或电话命令，必须清楚正确，值班员应将发令人、负责人及工作任务详细记入操作记录簿中，并向发令人复诵核对一遍。

2. 工作许可制度

工作票签发人由车间（分场）或工区（所）熟悉人员技术水平、设备情况、安全工作规程的生产领导人或技术人员担任。工作票签发人的职责范围为：工作必要性；工作是否安全；工作票上所填安全措施是否正确完备；所派工作负责人和工作班人员是否适当和足够，精神状态是否良好等。工作票签发人不得兼任该项工作的工作负责人。

工作负责人（监护人）由车间（分场）或工区（所）主管生产的领导书面批准。工作负责人可以填写工作票。

工作许可人不得签发工作票。工作许可人的职责范围为：负责审查工作票所列安全措施是否正确完备，是否符合现场条件；工作现场布置的安全措施是否完善；负责检查停电设备有无突然来电的危险；对工作票所列内容即使发生很小疑问，也必须向工作票签发人询问清楚，必要时应要求作详细补充。

工作许可人（值班员）在完成施工现场的安全措施后，还应同工作负责人到现场检查所做的安全措施，以手触试，证明检修设备确无电压，对工作负责人指明带电设备的位置和注意事项，同工作负责人分别在工作票上签名。完成上述手续后，工作班方可开始工作.

3. 工作监护制度

完成工作许可手续后，工作负责人（监护人）应向工作班人员交代现场安全措施、带电部位和其他注意事项。工作负责人（监护人）必须始终在工作现场，对工作班人员的安全认真监护，及时纠正违反安全规程的操作。

全部停电时，工作负责人（监护人）可以参加工作班工作。部分停电时，只有在安全措施可靠、人员集中在一个工作地点、不致误碰带电部分的情况下，方能参加工作。工作期间，工作负责人若因事必须离开工作地点，应指定能胜任的人员临时代替，离开前应将工作现场交代清楚，并告知工作班人员。原工作负责人返回工作地点时，也应履行同样的交接手续。若工作负责人需要长时间离开现场，应由原工作票签发人变更新工作负责人，两工作负责人应做好必要的交接。

值班员如发现工作人员违反安全规程或任何危及工作人员安全的情况，应向工作负责人提出改正意见，必要时可暂时停止工作，并立即报告上级。

4. 工作间断、转移和终结制度

工作间断时，工作班人员应从工作现场撤出，所有安全措施保持不动，工作票仍由工作负责人收存。每日收工，将工作票交回值班员。次日复工时，应征得值班员许可，取回工作票，工作负责人必须首先重新检查安全措施，确定符合工作票的要求后，方可工作。

全部工作完毕后，工作班人员应清扫、整理现场。工作负责人应先周密检查，待全体工作人员撤离工作地点后，再向值班人员讲清所修项目、发现的问题、试验结果和存在的问题等，并与值班人员共同检查设备状态，有无遗留物件，是否清洁等，然后在工作票上填明工作终结时间，经双方签名后，工作票方告终结。

只有在同一停电系统的所有工作票结束，拆除所有接地线、临时遮拦和标示牌，恢复常设遮拦，并得到值班调度员或值班负责人的许可命令后，方可合闸送电。

已结束的工作票，保存 3 个月。

二、电工作业的技术措施

电工在全部停电或部分停电的电气设备上作业时，必须完成停电、验电、装设接地线、悬挂标示牌和装设遮拦后，方能开始工作。上述安全措施由值班员实施，无值班人员的电气设备，由断开电源人执行，并应有监护人在场。

1. 停电的安全技术要求

工作地点必须停电的设备如下：待检修的设备；进行工作中正常活动范围的距离小于规定要求的设备；在 44 kV 以下的设备上进行工作时安全距离达不到要求的设备；带电部分在工作人员后面或两侧无可靠安全措施的设备。

将检修设备停电，必须把各方面的电源完全断开（任何运行中的星形接线设备的中性点，必须视为带电设备），必须拉开电闸，使各方面至少有一个明显的断开点，与停电设备有关的变压器和电压互感器，必须从高、低压两侧断开，防止向停电检修设备反送电。禁止在只经开关断开电源的设备上工作，断开开关和刀闸的操作电源，刀闸操作把手必须锁住。

2. 验电的安全技术要求

验电时，必须用电压等级合适而且合格的验电器。在检修设备的进出线两侧分别验电。验电前，应先在有电设备上进行试验，以确认验电器良好，如果在木杆、木梯或木架上验电，不接地线不能指示者，可在验电器上接地线，但必须经带班负责人许可。

高压验电必须戴绝缘手套。35 kV 以上的电气设备，在没有专用验电器的特殊情况下，可以使用绝缘棒代替验电器，根据绝缘棒端有无火花和放电声来判断有无电压。

表示设备断开和允许进入间隔的信号，经常接入的电压表的指示等，不得作为无电压的根据。但如果指示有电，则禁止在该设备上工作。

3. 装设接地线的安全技术要求

当验明确无电压后，应立即将检修设备接地并三相短路。这是保证工作人员在工作地点防止突然来电的可靠安全措施，同时设备断开部分的剩余电荷，亦可因接地而放尽。

对于可能送电至停电设备的各部位或可能产生感应电压的停电设备都要装设接地线，所装接地线与带电部分应符合规定的安全距离。

装设接地线必须两人进行。若为单人值班，只允许使用接地刀闸接地，或使用绝缘棒合接地刀闸。装设接地线必须先接接地端，后接导体端，并应接触良好。拆接地线的顺序与此相反。装、拆接地线均应使用绝缘棒或戴绝缘手套。

接地线应用多股软裸铜线，其截面应符合短路电流的要求，但不得小于 25 mm^2。接地线在每次装设之前应经过详细检查，损坏的接地线应及时修理或更换。禁止使用不符合规定的导线作接地或短路用。接地线必须用专用线夹固定在导体上，严禁用缠绕的方法进行接地或短路。

需要拆除全部或一部分接地线后才能进行的高压回路上的工作（如测量母线和电缆的绝缘电阻，检查开关触头是否同时接触等）需经特别许可。拆除一项接地线、拆除接地线而保留短路线、将接地线全部拆除或拉开接地刀闸等工作必须征得值班员的许可（根据调度命令装设的接地线，必须征得调度员的许可）。工作完毕后立即恢复。

4. 悬挂标示牌和装设遮栏的安全要求

在工作地点、施工设备和一经合闸即可送电到工作地点或施工设备的开关和刀闸的操作把手上，均应悬挂“禁止合闸，有人工作”的标示牌。如果线路上有人工作，应在线路开关和刀闸操作把手上悬挂“禁止合闸，线路上有人工作!”的标示牌。标示牌的悬挂和拆除，应按调度员的命令执行。

部分停电的工作，安全距离小于规定数值的未停电设备，应装设临时遮拦，临时遮拦与带电部分的距离，不得小于规定的数值。临时遮拦可用干燥木材、橡胶或其他坚韧绝缘材料制成，装设应牢固，并悬挂“止步，高压危险!”的标示牌。35 kV 及以下设备的临时遮拦，如因特殊工作需要，可用绝缘挡板与带电部分直接接触。但此种挡板必须具有高度的绝缘性能，符合耐压试验要求。

在室内高压设备上工作，应在工作地点两旁间隔和对面间隔的遮拦上和禁止通行的过道上悬挂“止步，高压危险!”的标示牌。

在室外地面高压设备上工作，应在工作地点四周用绳子做好围栏，围栏上悬挂适当数量的“止步，高压危险!”的标示牌，标示牌必须朝向围栏外面。在工作地点悬挂“在此工作!”的标示牌。

在室外构架上工作，应在工作地点邻近带电部分的横梁上，悬挂“止步，高压危险!”的标示牌，此项标示牌在值班人员监护下，由工作人员悬挂。在工作人员上下用的铁架和梯子上应悬挂“在此工作”的标示牌，在邻近其他可能误登的带电构架上，应悬挂“禁止攀登，高压危险!”的标示牌。

严禁工作人员在工作中移动或拆除遮拦、接地线和标示牌。

三、电工用具的安全使用

1. 电工安全用具

常用的电工安全用具有：

（1）起绝缘作用的安全用具，如绝缘夹钳、绝缘杆、绝缘手套、绝缘靴和绝缘垫等。

（2）起验电或测量用的携带式电压和电流指示器，如验电笔、钳型电流表等。

（3）防止坠落的登高作业安全用具，如梯子、安全带、登高板等。

（4）保证检修安全的安全用具，如临时接地线、遮拦、指示牌等。

（5）其他安全用具，如防止灼伤的护目眼镜等。

2. 试电笔的用途与使用

凡从事电气工作的人员均有一支自己较熟悉的试电笔，它可以对常用电气设备进行安全检查。在使用试电笔之前应将试电笔在带电设备上确认良好后方可进行验电，以避免触电事故的发生。试电笔在使用中有很多作用，介绍如下：

（1）区别相线和零线。在交流电路里，用试电笔触及导线时，试电笔发亮的是相线，不发亮的是零线。

（2）判断相线或零线断路。在单相电路中，试电笔测单相电源网路相线和零线，氖管均发亮说明零线断路，氖管都不发亮则是相线断路。

（3）区别交流电和直流电。交流电通过试电笔时，氖管里的两极同时发亮。直流电通过时，氖管里两极只有一个发亮。

（4）区别直流电的正负极。将试电笔连接在直流电的正负极之间，发亮的一端为负极，不发亮的一端为正极。

（5）区别直流电接地的是正极还是负极。发电站和电网的直流系统是对地绝缘的，人站在地上，用试电笔去测正极或负极，氖管是不应发亮的。如果发亮，则说明直流系统有接地现象。如果发亮在靠近笔尖的一端则是正极有接地现象。当然如果接地现象微弱，达不到氖管启动电压，虽有接地现象，氖管是不会发亮的。

（6）区别电压的高低。经常是自己使用的试电笔，可根据氖管发光的强弱来估计电压高低的大概数值。

（7）相线碰壳。用试电笔触及电气设备外壳（如电机、变压器壳体），若氖管发亮，则是相线与壳体相接触，有漏电现象。如壳体安全接地，氖管是不会发亮的。

（8）相线接地。用试电笔触及三相三线制星形接法的交流电路，若有两根比通常稍亮，而另一根的亮度要弱，则表示这根亮度弱的导线有接地现象，但还不太严重；如两相很亮，而另一相不亮，则是一相完全接地。三相四线制，单相接地以后，中心线上用试电笔测量时也会发亮。

(9) 设备（电动机、变压器）各相负荷不平衡或内部匝间、相间短路。三相交流电路的中性点移位时，用试电笔测量中性点，就会发亮。这说明该设备（电动机、变压器）的各相负荷不平衡，或者内部匝间或相间短路，以上故障较为严重时才能反映出来，且要达到试电笔的启动电压时氖管才发亮。

(10) 线路接触不良或电气系统互相干扰。当试电笔触及带电体，而氖灯光线有闪烁时，则可能因线头接触不良而松动，也可能是两个不同的电气系统互相干扰。

掌握以上几种检查方法可给电气工作人员在检查、维修时带来一些方便，从事电气工作的人员要特别注意安全，不要忽视试电笔的这些作用。

3. 绝缘安全用具的使用

绝缘安全用具包括绝缘杆、绝缘夹钳、绝缘靴、绝缘手套、绝缘垫和绝缘站台。绝缘安全用具分为基本安全用具和辅助安全用具：前者的绝缘强度能长时间适应电气设备的工作电压，能直接用来操作带电设备；后者的绝缘强度不足以适应电气设备的工作电压，只能加强基本安全用具的保护作用。

(1) 绝缘杆和绝缘夹钳。绝缘杆和绝缘夹钳都是基本安全用具。绝缘夹钳只用于35 kV及35 kV以下的电气操作。绝缘杆和绝缘夹钳都由工作部分、绝缘部分和握手部分组成。握手部分和绝缘部分用浸过绝缘漆的木材、硬塑料、胶木或玻璃钢制成，其间有护环分开。配备不同工作部分的绝缘杆，可用来操作高压隔离开关，操作跌落式保险器，安装和拆除临时接地线，安装和拆除避雷器，以及进行测量和试验等工作。绝缘夹钳主要用来拆除和安装熔断器及其他类似工作，考虑到电力系统内部过电压的可能性，绝缘杆和绝缘夹钳的绝缘部分和握手部分的最小长度应符合要求。绝缘杆工作部分金属钩的长度，在满足工作需要的情况下，不宜超过5 cm，以避免操作时造成相间短路或接地短路。

(2) 绝缘手套和绝缘靴。绝缘手套和绝缘靴用橡胶制成。两者都为辅助安全用具，但绝缘手套可作为低压工作的基本安全用具。绝缘手套的长度至少应超过手腕10 cm。

(3) 绝缘垫和绝缘站台。绝缘垫和绝缘站台可作为辅助安全用具。绝缘垫用厚度5 mm以上、表面有防滑条纹的橡胶制成，其最小尺寸不宜小于0.8 m×0.8 m。绝缘站台用木板或木条制成。相邻板条之间的距离不大于2.5 cm，以免鞋跟陷入；站台不得有金属零件；台面板用支持绝缘子与地面绝缘，支持绝缘子高度不得小于10 cm；台面板边缘不得伸出绝缘子以外，以免站台翻倾，人员摔倒。绝缘站台最小尺寸不宜小于0.8 m×0.8 m，但为了便于移动和检查，最大尺寸也不宜超过1.5 m×1.0 m。

4. 移动电动工具和低压灯的安全使用

移动电动工具是指无固定装设地点，无固定操作人员的生产设备及电动工具，如电焊机、移动水泵（含潜水泵、电钻、电锤、手提磨光机、电风扇、电吹风、电熨斗、电烙铁等）。

移动电动工具应有借用发放制度，有专人保管，定期检查。使用过程中如需搬动，应停止工作，并断开电源开关或拔掉电源插头。

（1）移动电动工具的基本要求。有金属外壳的移动电动工具，必须有明显的接地螺钉和可靠的接地线。电源线必须采用“不可重接电源的插头线”，长度一般为 2 m 左右，单相 220 V 的电动工具应用三总线，三相 380 V 的电动工具应用四总线，其中绿黄双色为专用接地线。移动电动工具的引线、插头、开关应完整无损。使用前应用验电笔检查外壳是否漏电。

移动电动工具的绝缘电阻应在规定范围内。

（2）使用电钻及类似工具的安全要求。使用电钻、电锤时，手握得紧，力用得大，所以手心容易出汗，如有漏电现象极容易引起触电事故，为了确保安全，要严格遵守安全使用要求。

1）电钻、电锤等必须有控制开关。严禁使用无插头的电源引出线，严禁将电源引线直接插入电源插座。

2）在使用电钻、电锤等移动电动工具时，须戴绝缘手套，并穿绝缘靴或站在绝缘垫上。

3）使用电动工具时如发现麻电，应立即停用检查。调换钻头时要拔脱插头或关断开关。

（3）使用电风扇的安全要求。每年取出使用前，应进行全面的检查和维护，检查合格后贴上合格证。搬动电扇，须拔脱插头或拉脱开关，待风扇叶完全停稳后方可搬移。

（4）行灯。亦称低压灯。一般使用 24 V 或 36 V 电压，在特殊危险场所（如锅炉、金属容器内或特别潮湿场所），使用 12V 以下电压。行灯应有绝缘手柄和金属网罩，铜头不准外露，引线采用橡胶塑料护套线，并采用 T 形插头。

5. 电工通用安全操作规程

电工（包括通用电工、内外线电工、电器大修工、变电站维修工、配电室值班电工等）在操作过程中，除必须遵守通用安全操作规程外，还必须遵守本操作规程和相关安全操作规程。

（1）电工必须经过国家有关部门组织的专业培训和考试合格以后，取得相应的特殊工种操作证，方可上岗。

(2) 工作前，必须严格检查防护用品、工具、仪器和器具等是否完好，特别是绝缘性能和护具的强度是否可靠。公用绝缘工具和手套、鞋必须定期送交法定部门检测合格后，方可使用。

(3) 在高压设备或线路上工作，操作人员的正常活动范围小于规定距离时，必须停电；距离大于但小于规定的设备，必须在距带电部分不小于的距离处装设牢固的临时遮拦，否则必须停电。带电部分只能在工作人员的正面或一侧，若带电部分在工作人员的后面或两侧并且无可靠隔离措施的情况下，也必须停电。

严禁在高压配电室内放置梯子、金属杆件或其他杂物。

(4) 在低压设备上带电工作时，必须设专人监护，穿戴绝缘劳动防护用品，使用有绝缘柄的工具，并站在干燥的绝缘物上进行工作；相邻相的带电部分应用绝缘板隔开；严禁使用全金属工具。

(5) 使用喷灯工作时，遵守喷灯使用的安全规定：

1) 添加油量不得超过容积的四分之三，充气量不得超过规定压力值。

2) 严禁使用漏油、漏气的喷灯。

3) 在高压设备附近使用喷灯，火焰与带电部分的距离：电压在 10 kV 及以下，不得小于 1.5 m；电压在 10 kV 以上，不得小于 3 m。

4) 严禁在带电导线、带电设备、变压器、油开关及易燃材料附近将喷灯点火。

(6) 电动工具的外壳必须接地。严禁将电动工具的外壳接地线和工作零线拧在一起插入插座。必须使用两线带地或三线带地插座，或者将外壳接地线单独接到接地干线上，防止因接触不良，引起外壳带电。用橡胶套软电缆连接移动设备时，专供接零的芯线上不得有工作电流通过。

(7) 检修电气设备，必须在停机后切断设备的电源，取下熔断器，悬挂“禁止合闸，有人工作”的警示牌，并验明确认无电后，方可进行工作。在检修工作中临时离开，回来继续工作时，必须重新验电和检查，确认无误后，方可继续工作。

(8) 任何电器设备未经验电，一律视为有电，严禁用手或身体其他部位触及。

(9) 严禁在电器线路有负荷的状态下断开或合拢动力配电箱的闸刀开关。

(10) 拆除电器或线路后，必须随即用绝缘胶布包扎裸露线头。拆除高压电动机或电器后，遗留线头必须短路接地。

(11) 遇 6 级以上（含 6 级）强风、大雨、雷电、大雾等气候情况，严禁从事野外作业、高空作业、检修作业或倒闸操作。

(12) 进行高空作业时，严格遵守高空作业安全操作规程。

(13) 严禁在动力配电盘、配电箱、开关板、变压器等各种电气设备附近堆放各种易燃、易爆、潮湿或其他影响操作的物件。

（14）因工作需要敷设的临时用电线路或活动线路，必须：

1）向电力管理部门履行申报程序。

2）按规范连接和用电。

3）工作完毕，必须在1个工作日内拆除。

（15）严禁安装或使用超过线路负载值的熔断装置。

（16）安装灯头时，必须将开关接在火线上，灯口螺纹接挂零线上。

（17）使用电烙铁、电炉等电热工具，必须远离易燃物和可燃物，离开时必须断电。

（18）使用电工刀时，刀口向外，避免对人；削线时，用力不可过猛，防止伤手。

（19）发生电气设备火灾时，必须立即切断电源，并使用四氯化碳或二氧化碳灭火器灭火。严禁用水灭火。

第四章　机械设备安全知识

机械制造行业是指进行各种动力机械、起重运输机械、农业机械、冶金矿山机械、化工机械、纺织机械、机床、工具、仪器、仪表及其他机械设备等生产的行业。机械制造行业是各种工业的基础，涉及范围广，从业人员多。在机械制造行业中，通用机械加工设备是各行业机械加工的基础设备，主要有金属切削机床、锻压机械、冲剪压机械、起重机械、铸造机械、木工机械等。机械设备在给企业生产带来高效、快捷、方便的同时，也带来了危险与有害因素，因此，需要了解机械设备相关知识，在操作和使用中严格遵守安全规定，保证自身安全和设备安全。

第一节　机械设备存在的危害与事故特点

机械设备是钢铁，而人是血肉之躯，当人与钢铁发生碰撞、摩擦的时候，吃亏的肯定是人。机械设备对人员造成的伤害，主要指机械设备运动（静止）部件、工具、加工件直接与人体接触引起的夹击、碰撞、剪切、卷入、绞、碾、割、刺等形式的伤害。各类转动机械的外露传动部分（如齿轮、轴、履带等）和往复运动部分都有可能对人体造成机械伤害。需要注意的是，造成伤害事故的原因，主要是人的不安全行为与机械设备的不安全状态。

一、机械设备存在危险因素

机械设备在规定的使用条件下执行其功能的过程中，以及在运输、安装、调整、维修、拆卸和处理时，无论处于哪个阶段，处于哪种状态，都存在着危险与有害因素，有可能对操作人员造成伤害。

1. 正常工作状态存在的危险

机械设备在完成预定功能的正常工作状态下，存在着不可避免但却是执行预定功能所必须具备的运动要素，并可能产生危害后果。如零部件的相对运动、刀具的旋转、机械运转的噪声和振动等，使机械设备在正常工作状态下存在碰撞、切割、作业环境恶化等对操作人员安全不利的危险因素。

2. 非正常工作状态存在的危险

在机械设备运转过程中，由于各种原因引起的意外状态，包括故障状态和维修保养状态。设备的故障不仅可能造成局部或整机的停转，还可能对操作人员构成危险，如运转中的砂轮片破损会导致砂轮飞出，造成物体打击事故；电气开关故障会产生机械设备不能停机的危险。机械设备的维修保养一般都是在停机状态下进行，由于检修的需要往往迫使检修人员采用一些特殊的做法，如攀高、进入狭小或几乎密闭的空间、将安全装置拆除等，使维护和修理过程容易出现正常操作不存在的危险。

3. 机械设备的主要危害

由危险因素导致的危害主要包括两大类，一类是机械性危害，一类是非机械性危害。

机械性危害主要包括挤压、碾压、剪切、切割、碰撞或跌落、缠绕或卷入、戳扎或刺伤、摩擦或磨损、物体打击、高压流体喷射等。

非机械性危害主要包括电流、高温、高压、噪声、振动、电磁辐射等产生的危害，因加工、使用各种危险材料和物质（如燃烧爆炸、毒物、腐蚀品、粉尘及微生物、细菌、病毒等）产生的危害，还包括因忽略安全人机学原理而产生的危害等。

二、机械设备事故特点与事故原因

1. 机械设备事故特点

机械设备是各行业的基础设备，特别是机械加工设备，承担着工业设备的生产制造。机械加工设备主要有金属切削机床、锻压机械、冲剪压机械、起重机械、铸造机械、木工机械等。

机械伤害是企业职工在工作中最常见的事故类别，伤害类型多以夹挤、碾压、卷入、剪切等为主。各类机械设备的旋转部件和成切线运动的部件间、对向旋转部件的咬合处、旋转部件和固定部件的咬合处等，都可能成为致人受伤的危险部位。据我国安全生产部门统计，近年来，夹挤、碾压类事故占机械伤害事故的一半左右，注重此类工伤事故的特点和预防，是一项不容忽视的重要工作。

2. 机械设备的主要危险类型

机械设备的主要危险有以下九大类：

（1）机械危险。包括挤压、剪切、切割或切断、缠绕、引入或卷入、冲击、刺伤或扎伤、摩擦或磨损、高压流体喷射或抛射等危险。

（2）电气危险。包括直接或间接触电、趋近高压带电体和静电所造成的危险等。

（3）热（冷）的危险。烧伤、烫伤的危险、热辐射或其他现象引起的熔化粒子喷射和化学效应的危险和冷的环境对健康损伤的危险等。

（4）由噪声引起的危险。包括听力损伤、生理异常、语言通讯和听觉干扰的危险等。

（5）由振动产生的危险。如由手持机械导致神经病变和血脉失调的危险、全身振动的危险等。

（6）由低频无线频率、微波、红外线、可见光、紫外线、各种高能粒子射线、电子或粒子束、激光辐射对人体健康和环境损害的危险。

（7）由机械加工、使用和构成材料、物质产生的危险。

（8）在机械设计中由于忽略了人类工效学原则而产生的危险。

（9）以上各种类型危险的组合危险。

3. 操作机械发生事故的原因

在一般情况下，操作机械发生事故的原因如下：

（1）违章操作。在我国，大量的机械设备属于传统的机械化、半机械化控制的人机系统，没有在本质安全上做到尽善尽美，因此需要在定位、固定、隔离等控制环节上进行弥补，通过设置醒目的警示标识和严格的安全操作规程加以完善。但不少机械类企业工人有章不循、违章作业现象仍非常突出，违章造成的夹挤、碾压类伤害时有发生，成为企业必须下大气力着重解决的安全问题。

（2）体力与脑力疲劳造成辨识错误。长期持久的体力与脑力劳动、单调乏味的工作、嘈杂的工作环境、凌乱的工作布局、不良的精神因素等，都容易使操作者产生疲劳、厌烦的感觉，此时，辨识错误就会出现，带来误操作、误动作，造成伤害事故。

（3）机械设备安全设施缺损。如机械传动部位无防护罩等。这种情况，可能是无专人负责保养，也可能是无定期检查、检修、保养制度造成的。

（4）生产过程中防护不周。如车床加工较长的棒料时，未用托架。

（5）设备位置布置不当。如设备布置得太挤，造成通道狭窄，原材料乱堆乱放，阻塞通道。

（6）未能按照规定正确使用劳动防护用品。

（7）作业人员没有进行安全教育，不懂安全基本知识。

第二节　机械加工安全知识与事故防范

机械设备存在的危险因素主要有：机械设备旋转机件将人体或物体从外部卷入的危险；机械设备直线往复运动的部位存在着撞伤和挤伤的危险；机械设备摇摆部位存在着撞击的

危险；机械设备运行过程中存在出现故障的潜在危险等。在机械设备的操作和运行过程中，由于机械的安全防护设施不完善，通风、照明、防毒、防尘、防震、防噪声等条件不符合要求等，均能诱发事故的发生。因此，对机械设备操作人员来讲，要努力学习相关安全知识，积极做好事故的预防工作。

一、机械设备安全的基本原则与功能

1. 机械设备安全的基本原则

机械安全是由组成机械的各部分及整机的安全状态、机械设备操作人员的安全行为以及机械和人的和谐关系来保证的。解决机械安全问题要用安全系统的观点和方法，从人的安全需要出发，保证在机械设备整个寿命周期内，人的身心能够免受外界危害因素的伤害。机械设备安全应考虑其寿命周期的各个阶段，还应考虑机械的各种状态。

（1）机械设备及其零部件，必须有足够的强度、刚度和稳定性，在按规定条件制造、安装、运输、储存和使用时，不得对人员造成危险。

（2）机械设备的设计，必须履行安全人机工程的原则，以便最大限度减轻操作人员的体力和脑力消耗以及精神紧张状况。

（3）机械设备的设计，应进行安全性评价。当安全技术措施与经济利益发生矛盾时，则应优先考虑安全技术上的要求，并按直接安全技术措施、间接安全技术措施、指示性安全技术措施的等级顺序选择安全技术措施。

（4）在使用过程中，机械设备不得排放超过标准规定的有害物质。

（5）机械设备在整个使用期限内均应符合安全卫生要求。

2. 机械设备的安全功能

机械设备的安全功能是指机械及其零部件的某些功能是专门为保证安全而设计的，它可以分为主要安全功能、特定安全功能、相关安全功能和辅助安全功能。

（1）主要安全功能。主要安全功能是指这种功能出现故障时会立即增加伤害风险的机械功能。主要安全功能又分为特定安全功能和相关安全功能两种。

（2）特定安全功能。特定安全功能是指通过预期达到特定安全的主要安全功能。例如防止机器意外启动的功能（这种功能一般都是通过与防护装置联用的联锁装置来实现的）、单循环功能、双手操纵功能。

（3）相关安全功能。相关安全功能是指除特定安全功能以外的主要安全功能。例如机器进行设定时，通过旁路（或抑制）安全装置（使其不起作用），对危险机构的手动控制功能，保持机械在安全运行限制中的速度或温度控制的功能等。

（4）辅助安全功能。辅助安全功能是指这种功能出现故障时不会立即增加或产生危险，而会降低安全程度的机器功能。作为辅助安全功能的明显例子，如对某种主要安全功能的自动监控功能。但自动监控功能发生故障不会马上产生危险，因为主要安全功能还能起作用，除非主要安全功能也同时出现故障。配置辅助安全功能的目的，就是在主要安全功能出现故障时可以采取相应的防范措施。若辅助安全功能不起作用了，就等于少了一道防线，降低了安全程度。

3. 机械设备安全防护装置的主要类型

机械设备的安全防护装置主要包括下列类型：

（1）防护罩：分为固定式和可动式防护罩。

（2）联锁防护装置：分为罩式、栅栏式、感应式。

（3）自动保护装置：分为推开装置、拉出装置和行程限制装置。

（4）其他机械操作装置：如故障自动保险制动器、双手按钮、多操作者操纵、遥控操作、工件给料装置和工件出料装置等。

二、机械设备的安全技术要求

1. 机械设备的基本安全要求

机械设备的基本安全要求主要是：

（1）机械设备的布局要合理，应便于操作人员装卸工件、加工观察和清除杂物，同时也应便于维修人员的检查和维修。

（2）机械设备的零部件的强度、刚度应符合安全要求，安装应牢固，不得经常发生故障。

（3）机械设备根据有关安全要求，必须装设合理、可靠、不影响操作的安全装置。例如：

1）对于做旋转运动的零部件应装设防护罩或防护挡板、防护栏杆等安全防护装置，以防发生绞伤。

2）对于超压、超载、超温度、超时间、超行程等能发生危险事故的零部件，应装设保险装置，如超负荷限制器、行程限制器、安全阀、温度继电器、时间断电器等，以便当危险情况发生时，由于装置的作用而排除险情，防止事故的发生。

3）对于某些动作需要对人们进行警告或提醒注意时，应安设信号装置或警告牌等。如电铃、喇叭、蜂鸣器等声音信号，还有各种灯光信号、各种警告标志牌等都属于这类安全装置。

4）对于某些动作顺序不能搞颠倒的零部件应装设联锁装置，即某一动作必须在前一个动作完成之后才能进行，否则就不可能进行下一个动作。这样就保证了不因动作顺序搞错而发生事故。

（4）机械设备的电气装置必须符合电气安全的要求，主要有以下几点：

1）供电的导线必须正确安装，不得有任何破损或露铜的地方。

2）电机绝缘应良好，其接线板应有盖板防护，以防直接接触。

3）开关、按钮等应完好无损，其带电部分不得裸露在外。应有良好的接地或接零装置，连接的导线要牢固，不得有断开的地方。

4）局部照明灯应使用 36 V 的电压，禁止使用 110 V 或 220 V 电压。

（5）机械设备的操纵手柄以及脚踏开关等应符合如下要求：

1）重要的手柄应有可靠的定位及锁紧装置。同轴手柄应有明显的长短差别。

2）手轮在机动时能与转轴脱开，以防随轴转动打伤人员。

3）脚踏开关应有防护罩或藏入床身的凹入部分内，以免掉下的零部件落到开关上，启动机械设备而伤人。

（6）机械设备的作业现场要有良好的环境，即照度要适宜，湿度与温度要适中，噪声和振动要小，零件、工夹具等要摆放整齐。因为这样能保证操作者心情舒畅，专心无误地工作。

（7）每台机械设备应根据其性能、操作顺序等制定出安全操作规程和检查、润滑、维护等制度，以便操作者遵守。

2. 安全防护的主要措施

安全防护是通过采用安全装置、防护装置或其他手段，对一些机械危险进行预防的安全技术措施，其目的是防止机械在运行时产生各种对人员的接触伤害。安全防护的重点是机械设备的传动部分、操作区、高空作业区、移动机械的移动区域以及某些机械设备由于特殊危险形式需要采取的特殊防护等。无论采取何种措施进行防护，都应对所需防护的机械设备进行风险评价以避免带来新的风险。

安全防护常常采用防护装置、安全装置及其他安全措施。防护装置是指通过物体障碍方式将人与危险部位隔离的装置，根据其结构，防护装置可以是壳、罩、屏、门、封闭式防护装置等；安全装置是指用于消除或减小机械伤害风险的单一装置或与防护装置联用的装置。

3. 防护装置安全技术要求

防护装置在人与危险之间构成安全保护屏障，在减轻操作者精神压力的同时，也使操作者形成心理依赖。一旦安全防护装置失效，会增加损伤或危害的风险。因此，安全防护装置必须满足与其保护功能相适应的安全技术要求；同时，所采取的安全措施不得影响机械设备的正常运行，而且使用方便，否则就可能出现为了追求达到设备的最大效用而导致避开安全措施的行为。

防护装置按使用方式分为固定式和活动式两种。其安全技术要求如下：

（1）对固定防护装置的要求。固定防护装置应该用永久固定方式（如焊接等）或借助紧固件（螺钉、螺栓、螺母等）固定，将其固定在所需的地方，若不用工具就不能使其移动或打开。

（2）对活动防护装置的要求。活动防护装置或防护装置的活动体打开时，尽可能与防护的机械保持相对固定（可通过铰链或导轨连接），防止挪开的防护装置或活动体丢失或难以复原；活动防护装置打开或出现丧失安全功能故障时，设备的活动部件应不能运转或运转中的部件应停止运动。

4. 机械设备必须达到的规定安全要求

为了有效预防事故与职业危害，机械设备必须达到标准规定的安全要求，防止发生人员的伤害。

（1）防止可动零部件伤害

1）人员易触及的可动零部件，应尽可能封闭，以避免在运转时与其接触。

2）设备运行时，操作者需要接近的可动零部件，必须配置符合规定要求的安全防护装置。

3）为防止运行中的机械设备或零部件超过极限位置，应配置可靠的限位装置。

4）若可动零部件（含其载荷）所具有的动能或势能可引起危险时，必须配置限速、防坠落或防逆转装置。

5）以人员操作位置所在平面为基准，凡高度在 2 m 之内的所有传送带、转轴、传动链、联轴节、带轮、齿轮、飞轮、链轮、电锯等危险零部件及危险部位，都必须配置符合规定要求的防护装置。

（2）防止飞出物伤害

1）高速旋转的零部件，必须配置具有足够强度、刚度与合适形状、尺寸的防护罩。必要时，应规定此类零部件检查和更换期限。

2）机械设备运行过程中（或突然停电时），若存在工具、工件、连接件（含紧固件）或切屑等飞甩危险，应在设计中采取防松脱措施、配置防护罩或防护网等安全防护装置。

（3）防止过冷和过热物体的伤害。人员可触及的机械设备的过冷或过热部件，必须配置固定式防接触屏蔽。在不影响操作和设备功能的情况下，加工灼热件的机械设备，也必须配置固定式防接触屏蔽。

（4）防止高处坠落的伤害

1）设计工作位置，必须充分考虑人员脚踏和站立的安全性。

2）若操作人员经常变换工作位置，必须在机械设备上配置安全走板。

3）若操作人员的工作位置在坠落基准面 2 m 以上时，必须在机械设备上配置符合标准规定要求的供站立的平台和防坠落的栏杆、安全圈及防护板等。

4）走板、梯子、平台均应具有良好的防滑性能。

5）机械设备应防止泄漏。对于可能产生泄漏的机械设备，应有适宜的收集或排放装置。必要时，应设有特殊地板。

（5）防止噪声和振动的伤害。各类机械设备，都必须在产品标准中规定噪声（必要时加振动）的允许指标，并在设计中采取有效的防治措施，使产品实际产生的噪声和振动数值符合标准规定的要求。

（6）防尘、防毒和防放（辐）射的要求

1）凡工艺过程中产生粉尘、有害气体或有害蒸气的机械设备，应尽可能采用自动加料、自动卸料装置，并必须配置吸入、净化及排放装置，以保证工作场所和排放的有害物质浓度符合有关职业卫生标准规定的要求。

2）凡可能产生放（辐）射的机械设备，必须采取有效的屏蔽、吸收措施，并应尽可能使用远距离操作或自动化作业，以保证工作场所放（辐）射强度符合有关职业卫生标准规定的要求。

3）设计上述各类设备时，应符合有关规程、标准规定要求。

4）必要时，上述工作场所应有监测、报警和连锁装置。

5. 机械设备的其他安全要求

（1）标志

1）每台机械设备都必须有标牌。注明制造厂、制造日期、产品型号、出厂号、安全使用的主要参数等内容。

2）设计机械设备时，应使用安全色。机械设备易发生危险的部位必须有安全标志。安全色和安全标志必须符合有关标准规定要求。

3）标牌、安全色、安全标志，应保持颜色鲜明、清晰、持久。

（2）说明。机械设备必须使用说明书等设计文件。说明书内容包括安装、搬运、储存、使用、维修和安全卫生等有关规定。

6. 机械加工车间常见的防护装置和作用

机械加工车间常见的防护装置有防护罩、防护挡板、防护栏杆和防护网等。在机械设备的传动带、明齿轮接近于地面的联轴节、转动轴、带轮、飞轮、砂轮和电锯等危险部分，都要装设防护装置。对压力机、碾压机、电刨、剪板机等压力机械的旋压部分都要有安全装置。防护罩用于隔离外露的旋转部分，如带轮、齿轮、链轮、旋转轴等。防护挡板、防护网有固定和活动两种形式，起到隔离、遮挡金属切削飞溅的作用。防护栏杆用于防止高空作业人员坠落或划定安全区域。

7. 机械设备操作人员的安全管理规定

要保证机械设备不发生工伤事故，不仅机械设备本身要符合安全要求，更重要的是要求操作者严格遵守安全操作规程。当然机械设备的安全操作规程因其种类不同而内容各异，但其基本安全守则为：

（1）必须正确穿戴好个人防护用品。该穿戴的必须穿戴，不该穿戴的就一定不要穿戴。例如机械加工时要求女工戴防护帽，如果不戴就可能将头发绞进去；同时要求不得戴手套，如果戴了，机械的旋转部分就可能将手套绞进去，将手绞伤。

（2）操作前要对机械设备进行安全检查，而且要空车运转一下，确认正常后，方可投入运行。

（3）机械设备在运行中也要按规定进行安全检查。特别要注意紧固的物件是否由于振动而松动，以便重新紧固。

（4）机械设备严禁带故障运行，千万不能凑合使用，以防出事故。

（5）机械设备的安全装置必须按规定正确使用，更不准将其拆掉不使用。

（6）机械设备使用的刀具、工夹具以及加工的零件等一定要装卡牢固，不得松动。

（7）机械设备在运转时，严禁用手调整，也不得用手测量零件或进行润滑、清扫杂物等。如必须进行时，则应首先关停机械设备。

（8）机械设备运转时，操作者不得离开工作岗位，以防发生问题时，无人处置。

（9）工作结束后，应关闭开关，把刀具和工件从工作位置退出，并清理好工作场地，将零件、工夹具等摆放整齐，清洁机械设备。

三、机械加工安全知识与注意事项

1. 金属切削加工和金属切削机床的种类

金属切削加工也称为冷加工，是利用刀具和工件做相对运动，从毛坯上切去多余的金属，以获得所需要的几何形状、尺寸、精度和表面光洁度的零件。金属切削加工的形式很多，一般可分为车、刨、钻、铣、磨、齿轮加工及钳工等。

金属切削机床是用切削方法将金属毛坯加工成为零件的一种机器，称为“工作母机”，人们习惯上将其称为机床。根据加工方式和使用刀具的不同，金属切削机床可分为车床、钻床、镗床、刨床、拉床、磨床、铣床、齿轮加工机床、螺纹加工机床、电加工机床和其他机床等共12大类。

2. 金属切屑加工过程中经常发生的伤害事故

在金属切屑加工过程中经常发生以下伤害事故：

(1) 刺割伤。操作人员接触的较为锋利的机件和工具刃口，如金工车间里的切屑及正在工作着的车、铣、刨、钻、圆盘锯等，都如同快刀一样，能对人体未加防护的部位造成伤害。

(2) 物体打击。高空落物及工件或砂轮高速旋转时沿切线方向飞出的碎片，往复运动的冲床、剪床等，都可导致人员受到伤害。

(3) 绞伤。旋转的皮带、齿轮及正在工作的转轴都可导致绞伤。

(4) 烫伤。加工切削下来的高温切屑迸溅到人体的暴露部位上导致人员烫伤。

造成以上几种伤害事故的原因可归纳为以下几个方面：

(1) 人的不安全行为。工作时操作人员注意力不集中，思想过于紧张，或操作人员对机器结构及所加工工件性能缺乏了解，操作不熟练及操作时不遵守安全操作规程，以及没能正确使用个人防护用品和设备的安全防护装置。

(2) 设备的不安全状态。机床设计和制造存在着缺陷，机床部件、附件和安全防护装置的功能退化等，机床的这些不安全状态，均能导致伤害事故。

(3) 环境的不安全因素。如工作场地照明不良、温度或湿度不适宜、噪声过高、设备布局不合理、零件摆放零乱等，都容易造成事故。

3. 金属切削加工中应遵守的安全操作规程

为保证安全，金属切削加工应遵守如下安全操作规程：

(1) 被加工件的重量、轮廓尺寸应与机床的技术性能数据相适应。

(2) 被加工件重量大于20 kg时，应使用起重设备。

(3) 在工件回转或刀具回转的情况下，禁止戴手套操作。

(4) 紧固工件、刀具或机床附件时要站稳，勿用力过猛。

(5) 每次开动机床前都要确认不会对任何人带来危险，机床附件、加工件以及刀具均已固定可靠。

(6) 机床在工作过程中不能变动其手柄和进行测量、调整以及清理等工作。操作者应观察加工进程。

(7) 在加工过程中如果会形成飞起的切屑，为安全起见，应安放防护挡板。从工作地和机床上清除切屑，并防止切屑缠绕在被加工件或刀具上，不能直接用手，也不能用压缩空气吹，而要用专门的工具。

（8）正确地安放被加工件，不要堵塞机床附近通道。要及时清扫切屑。工作场地特别是脚踏板上，不能有冷却液和油。

（9）用压缩空气作为机床附件驱动力时，废气排放口应对着远离机床的方向。

（10）经常检查零件在工作地或库房内堆放的稳固性，当将这些零件移到运箱中时，要确保它们位置稳定以及运箱本身稳定。

（11）离开机床时，甚至是短时间的离开，也一定要关电闸停车。

（12）如果出现电绝缘发热气味，以及机床运转声音不正常，要迅速停车检查。

4. 车削加工时的不安全因素与伤害事故原因

（1）车削加工时的不安全因素主要来自两个方面：

1）工件及其夹紧装置（卡盘、花盘、鸡心夹、顶尖及夹具）的高速旋转。

2）车削过程中所形成的边缘锋利、温度较高的切屑。

（2）车削加工过程中，发生伤害事故的原因可归纳为以下几个方面：

1）操作者没有穿戴合适的防护服和护目镜，使过分肥大的衣物卷入旋转部件中。

2）操作者与旋转的工件或夹具，尤其是与不规则工件的凸出部分相撞击或者是在未停车的情况下，用手去清除切屑、测量工件、调整机床造成伤害事故。

3）被抛出的崩碎切屑或带状切屑打伤、划伤或灼伤人。

4）工件、刀具没有夹紧，开动车床后，工件或刀具飞出伤人。

5）车床局部照明不足或照明灯放置的位置不利于操作者观察操作过程，产生错误操作导致伤害事故。

6）车床周围布局不合理，卫生条件不好，工件、半成品堆放不合理，废铁屑未能及时清理，妨碍生产人员的正常活动，造成滑倒致伤或工件（具）掉落伤人。

5. 车床操作工应遵守的安全操作规程

为保证车削加工的安全，操作者应做到：

（1）操作人员必须经过培训，持证上岗；未能取得上岗证的人员不能单独操作车床。

（2）操作者要穿紧身防护服，袖口扣紧，长发要戴防护帽，操作时不能戴手套。切削工件和磨刀时必须戴防护眼镜。

（3）开机前，首先检查油路和转动部件是否灵活正常，夹持工件的卡盘、拨盘、鸡心夹的凸出部分最好使用防护罩，如无防护罩，操作时应注意距离，不要靠近，以免绞住衣服及身体的其他部位。开机时要观察设备是否正常。

（4）车刀要夹牢固，吃刀深度不能超过设备本身的负荷，刀头伸出部分不要超出刀体高度的1.5倍，垫片的形状尺寸应与刀体形状尺寸相一致，垫片应尽可能少而平。转动刀架时要把车刀退回到安全的位置，防止车刀碰撞卡盘。在机床主轴上装卸卡盘应在停机后进行，不可借用电动机的力量取下卡盘。

（5）上落大工件，床面上要垫木板。用吊车配合装卸工件时，夹盘未夹紧工件不允许卸下吊具，并且要把吊车的全部控制电源断开。工件夹紧后车床转动前，须将吊具卸下。

（6）使用砂布磨工件时，砂布要用硬木垫，车刀要移到安全位置、刀架面上不准放置工具和零件，划针盘要放牢。加工内孔时，不可用手指支持砂布，应用木棍代替，同时速度不宜太快。

（7）变换转速应在车床停止转动后方可以转换，以免碰伤齿轮。开车时，车刀要慢慢接近工件，以免切屑崩伤人或损坏工件。

（8）除车床上装有运转中自动测量装置外，均应停车测量工件，并将刀架移动到安全位置。

（9）工作时间不能随意离开工作岗位，禁止玩笑打闹，有事离开必须停机断电。工作时思想要集中，不能在运转中的车床附近更换衣服。禁止把工具、夹具或工件放在车床床身上和主轴变速箱上。

（10）工作场地应保持整齐、清洁。工件存放要稳妥，不能堆放过高，铁屑应用钩子及时清除，严禁用手拉。电器发生故障应马上断开总电源，及时叫电工检修，不能擅自乱动。

6. 钻削加工经常发生的伤害事故与事故原因

在钻床上进行切削加工时，危险主要来自旋转的主轴、钻头和装夹钻头用的夹具及随钻头一起旋转的长螺旋形钻屑。

钻削时，发生伤害事故的原因主要有以下几个方面：

（1）旋转的主轴、钻头夹具、钻头卷住操作者的衣服。

（2）由排屑螺旋槽排出的带状钻屑随钻头一起旋转，极易割伤操作者的手。

（3）工件装夹不牢，当用手握住钻孔时，钻削过程中工件松动歪斜，甚至随钻头一起转动打伤人。

（4）使用钝钻头、修磨角度不良的钻头或钻削进给量过大等原因，使钻头折断而造成伤害事故。

（5）钻削过程中用手抚摸钻头或用手清除长钻屑而发生伤害事故。

（6）卸钻头时，钻头脱落而砸脚。

（7）操作者没有穿戴合适的防护用品。

7. 钻床操作工应遵守的安全操作规程

为了确保钻削加工的安全，操作者应注意：

（1）开机前检查电器、传动机构及钻杆起落是否灵活好用，防护装置是否齐全，润滑油是否充足，钻头夹具是否灵活可靠。

（2）钻孔时钻头要慢慢接近工件，用力均匀适当，钻孔快穿时，不要用力太大，以免工件转动或钻头折断伤人。精铰深孔、拔锥棒时，不可用力过猛，以免手撞在刀具上。

（3）根据工件的大小，钻孔时必须夹紧，尤其是轻体零件必须牢固夹紧在工作台上，严禁用手握住工件。钻薄板孔时要用木板垫底，钻厚工件时钻口够一定深度后应清出铁屑，并加乳化液冷却，以免折断钻头，停钻前应从工件中退出钻头。

（4）使用自动走刀时，要选好进给速度，调整好行程限位块。手动进刀时，逐渐增加压力或逐渐减小压力，以免用力过猛造成事故。

（5）使用摇臂钻时，横臂回转范围内不准站人，不准有障碍物，工作时横臂必须夹紧。

（6）严禁戴手套操作，钻出的铁屑不能用手拿、口吹，须用刷子及其他工具清扫。横臂及工作台上不准堆放物件。

（7）磨钻头时一定要戴眼镜，钻头、钻夹脱落时，必须停机才能重新安装，开机后不准用手摸钻头、对样板、量尺寸等。

（8）工件结束时，要将横臂降到最低位置，主轴箱靠近主轴，并且要夹紧。

（9）工作场地要清洁整齐，工件不能堆放在工作台上，以防掉落伤人。

8. 牛头刨和龙门刨在使用中存在的不安全因素

牛头刨和龙门刨在使用中存在的不安全因素分别为：

（1）牛头刨存在的不安全因素。牛头刨床为小型刨床，应用范围较广。刨削加工时，滑枕带动刨刀作直线往复运动，工作台带动工件的间歇运动作进给运动。每个往复运动中，刀具都要重新切入工件。刀具受冲击较大，易使刀具崩刃或工件滑出，造成伤害事故；滑枕则可能使操作者的手挤在刀具与工件之间，或将操作者身体挤向固定物体，如墙壁、柱子及堆放物等。刨削时飞溅出的切屑易伤人，散落在机床周围的切屑也会伤人。

（2）龙门刨存在的不安全因素。龙门刨为大型刨床，工作台带动工件沿床身导轨作往复进给运动。其不安全因素主要是运动的工作台撞击操作者或将操作者压向固定物体。另外，加工大型零件，工人往往站在工作台上调整工件或刀具，可能由于机床失灵而造成伤害事故。

9. 刨床操作工应遵守的安全操作规程

为了确保刨削加工时的安全操作，操作者工作中必须遵守下列规程：

（1）工作时应穿工作服，戴工作帽，头发应塞在工作帽内。

（2）开机前必须认真检查机床电器与转动机构是否良好、可靠，油路是否畅通，润滑油是否加足。

（3）工作时的操作位置要正确，不得站在工作台前面，防止切屑及工件落下伤人。

（4）工件、刀具及夹具必须装夹牢固，刀杆及刀头尽量缩短使用，以防工件“走动”，甚至滑出，使刀具损坏或折断，甚至造成设备事故和人身伤害事故。

（5）刨床安全保护装置均应保持完好无缺，灵敏可靠，不得随意拆下，并要随时检查，按规定时间保养，保持机床运转良好。

（6）机床运行前，应检查和清理遗留在机床工作台面上的物品，机床上不得随意放置工具或其他物品，以免机床开动后，发生意外伤人，并应检查所有手柄和开关及控制旋钮是否处于正确位置。暂时不使用的其他部分，应停留在适当位置，并使其操纵或控制系统处于空挡位置。

（7）机床运转时，禁止装卸工件、调整刀具、测量检查工件和清除切屑。机床运行时，操作者不得离开工作岗位。观测切削情况，头部和手在任何情况下不能靠近刀的行程之内，以免碰伤。

（8）不准用手去抚摸工件表面，不得用手清除切屑，以免伤人及切屑飞入眼内，切屑要用专用工具清扫，并应在停车后进行。

（9）牛头刨床工作台或龙门刨床刀架作快速移动时，应将手柄取下或脱开离合器，以免手柄快速转动损坏或飞出伤人。

（10）装卸大型工件时，应尽量用起重设备。工件起吊后，不得站在工件的下面，以免发生意外事故。工件卸下后，要将工件放在合适位置，且要放置平稳。

（11）工作结束后，应关闭机床电器系统和切断电源。所有操作手柄和控制旋钮都扳到空挡位置，然后再做清理工作，并润滑机床。

10. 铣削加工时存在的不安全因素与事故预防

铣床工作时，一般情况下，铣床刀具都作快速旋转运动，工件作缓慢的直线运动，即进给运动，因此不安全因素主要是高速旋转的铣刀和铣削时产生的切屑。另外，由于铣削是多刃切削，受力不均时易产生振动和噪声。

高速旋转的刀具和刀轴可能将操作工人的手或衣服卷入铣刀和工件之间，造成伤害事故。为防止此类事故，可在旋转的铣刀上安装防护罩。除了安装防护装置外，还应严格避免工人的手靠近转动的铣刀。为此，切削液导管上应装有手柄，手柄应放置在危险区域以外。

铣床工作时所产生的切屑，一般都是针状的宽螺旋形碎块，切屑飞出时易伤人。特别是在卧式铣床上由上向下铣时，或立式铣床上铣刀位置较高时，危险性较大。在这种情况下，为了防止切屑飞溅伤人，工人应戴防护眼镜或装防护罩。

11. 铣床操作工应遵守的安全操作规程

在铣床上工作时，操作者必须严格遵守下列安全规程：

（1）工人应穿紧身工作服，袖口扎紧；女同志要戴防护帽；高速铣削时要戴防护镜；铣削铸铁件时应戴口罩；操作时，严禁戴手套，以防将手卷入旋转刀具和工件之间。

（2）操作前应检查铣床各部件、电器部分及安全装置是否安全可靠，检查各个手柄是否处于正常位置，并按规定对各部位加注润滑油，然后开动机床，观察机床各部位有无异常现象。

（3）工作时，先开动主轴，然后作进给运动，在铣刀还没有完全离开工件时不应先停止主轴旋转。机床运转时，不得调整、测量工件和改变润滑方式，以防手触及刀具碰伤手指。

（4）作一个方向进给时，最好把另两个移动方位的紧固手柄销紧以减少工作时的振动，有利于提高加工精度。

（5）在机动快速进给时，要把手轮离合器打开，以防手轮快速旋转伤人。在铣刀旋转完全停止前，不能用手去制动。

（6）铣削中不要用手清除切屑，也不要用嘴吹，以防切屑损伤皮肤和眼睛。

（7）装卸工件时，应将工作台退到安全位置，使用扳手紧固工件时，用力方向应避开铣刀，以防扳手打滑时撞到刀具或夹具。将沉重的工件和夹具搬上工作台时，一定要轻放，不许撞击，并且不要在台面上作任何敲击动作。

（8）把工件、夹具和附件安装在工作台时，必须清除和擦净台面以及夹具附件安装面上的铁屑和脏物，以免影响加工精度，同时应经常换位置，以使丝杆和导轨磨损均匀。

（9）装拆铣刀时要用专用衬垫垫好，不要用手直接握住铣刀。在卧式铣床上安装铣刀时，应尽量使它靠近主轴，以减少心轴和横梁的变形。

（10）注意选择合适的铣削用量，铣削用量应和机床使用说明书所推荐的数据相适应。

（11）工作完毕后，应清洗机床、加油，检查手柄位置，以及对机床夹具、刀具等作一般性检查，发现问题要及时调整或修理，不能自行解决时应向班长反映情况。

12. 镗削加工时常见伤害事故与原因

镗削加工时，发生的伤害事故及其原因有以下几个方面：

（1）镗床旋转着的主轴和平旋盘上的凸出部分卷拉操作者的衣服或撞击操作者身体，造成人员伤亡。

（2）在检查、测量工件时，虽已停车，但没有把刀具退到安全位置，以致刀具碰伤操作者。

（3）工件装夹不牢固，以致在镗削中工件松动，致使刀轴弯曲，甚至折断伤人。

（4）在装夹大型工件时，操作不当，使手挤压在工具与夹具之间。

13. 镗床操作工应遵守的安全操作规程

为了确保镗削加工的安全，操作者应注意以下事项：

（1）工作前应认真检查夹具及锁紧装置是否完好正常。

（2）调整镗床时应注意：升降镗床主轴箱之前，要先松开立柱上的夹紧装置，否则会使镗杆弯曲及夹紧装置损坏而造成伤害事故，装镗杆前应仔细检查主轴孔和镗杆是否有损伤，是否清洁，安装时不要用锤子和其他工具敲击镗杆，迫使镗杆穿过尾座支架。

（3）工件夹紧要牢固，工作中不应松动。

（4）工作开始时，应用手动给进，当刀具接近加工部位时，再用机动给进。

（5）工具在工作位置时不要停车或开车，待其离开工作位置后，再开车或停车。

（6）机床运转时，切勿将手伸过工作台；在检验工件时，如手有碰刀具的危险，应在检查之前将刀具退到安全位置。

（7）大型镗床应设有梯子或台阶，以便于工人操作和观察。梯子坡度不应大于50°，并设有防滑脚踏板。

14. 磨削加工的特点与危险因素

磨削加工是应用较为广泛的切削加工方法之一。

（1）与其他切削加工方式，如车削、铣削、刨削等比较，具有以下特点：

1）磨削速度很快，每秒可达30～50 m；磨削温度较高，可达1 000～1 500℃；磨削过程历时很短，只有万分之一秒左右。

2）磨削加工可以获得较高的加工精度和很小的表面粗糙度值。

3）磨削不但可以加工软材料，如未淬火钢、铸铁和有色金属等，而且还可以加工淬火钢及其他刀具不能加工的硬质材料，如瓷件、硬质合金等。

4）磨削时的切削深度很小，在一次行程中所能切除的金属层很薄。

（2）磨削加工中易造成的伤害主要有以下几方面：

1）磨削加工过程中，会从砂轮上飞出大量细的磨屑，从工件上飞溅出大量的金属屑。磨屑和金属屑都会使操作者的眼部遭受危害，粉尘吸入肺部也会对身体有害。

2）由于砂轮质量不良、保管不善、规格型号选择不当、安装出现偏心，或给进速度过大等原因，磨削时可能造成砂轮的碎裂，从而导致工人遭受严重的伤害。

3）在靠近转动的砂轮进行手工操作时，如磨工具、清洁工件或砂轮修正方法不正确时，工人的手可能碰到砂轮或磨床的其他运动部件而受到伤害。

4）磨削加工时产生的噪声最高可达 110 dB 以上，如不采取降低噪声措施，也会影响健康。

15. 磨床操作工应遵守的安全操作规程

为确保安全生产，磨床操作工应遵守以下安全操作规程：

（1）操作内圆磨、外圆磨、平面磨、工具磨、曲轴磨等都必须遵守金属切削机械的安全操作规程。工作时要穿工作服、戴工作帽。

（2）工件加工前，应根据工件的材料、硬度、精磨、粗磨等情况，合理选择适用的砂轮。

（3）更换砂轮时，要用声响检查法检查砂轮是否有裂纹，并校核砂轮的圆周速度是否合适，切不可超过砂轮的允许速度运转。必须正确安装和紧固砂轮，砂轮装完后，要按规定尺寸安装防护罩。安装砂轮时，须经平衡试验，开空车试 5～10 min，确认无误后方可使用。

（4）磨削时，先将纵向挡铁调整紧固好，使往复灵敏。人不准站在正面，应站在砂轮的侧面。

（5）进给时，不准将砂轮一下就接触工件，要留有空隙，缓慢地进给，以防砂轮突然受力后爆裂而发生事故。

（6）砂轮未退离工件时，不得中途停止运转。装卸工件、测量精度均应停车，将砂轮退到安全位置以防磨伤手。

（7）用金刚钻修整砂轮时，要用固定的托架，湿磨的机床要用冷却液冲，干磨的机床要开启吸尘器。

（8）干磨的工件不准突然转为湿磨，防止砂轮碎裂。湿磨工作冷却液中断时，要立即停磨。工作完毕应将砂轮空转 5 min，将砂轮上的切削液甩掉。

（9）平面磨床一次磨多件时，加工件要靠紧垫妥，防止工件飞出或砂轮爆裂伤人。

（10）外圆磨用两顶针加工的工件，应注意顶针是否良好。用卡盘加工的工件要夹紧。

（11）内圆磨床磨削内孔时，用塞规或仪表测量，应将砂轮退到安全位置上，待砂轮停转后方能进行。

（12）工具磨床在磨削各种刀具、花键、键槽等有断续表面工件时，不能使用自动进给，进刀量不宜过大。

（13）万能磨床应注意油压系统的压力，不得低于规定值。油缸内有空气时，可移动工作台于两端，排除空气，以防液压系统失灵造成事故。

（14）不是专门用的端面砂轮，不准磨削较宽的平面，防止碎裂伤人。

（15）经常调换冷却液，防止污染环境。

四、冲压机械安全知识与安全要求

1. 冲压机械的工作原理和特点

冲压机械可以完成金属切削机械不能胜任的工作，是工矿企业常用的设备之一，特别是机械制造、电子器件等行业的主要设备。

冲压机械的工作原理是：冲压机械工作时，其机械传动系统（包括飞轮、齿轮、曲轴等）做旋转运动，通过曲柄-连杆机构带动滑块作直线往复运动，利用分别安装在滑块和工作台上的模具，使板料产生分离或变形。它是一种无切削加工，广泛用于汽车、拖拉机、电机、仪器仪表等制造部门。

冲压加工的特点是速度快、生产效率高、操作工序简单、劳动量大，操作多用人工，易发生失误动作，造成人身或设备事故。

2. 冲压加工经常发生伤害事故与事故原因

由于在操纵冲压机械时，需要作业人员用手将加工的原料送入冲头、冲模和压套下，或从中取出，而冲压的时间很短（一般冲压机工作时间仅 0.3 s），冲压力量很大（一般在 10 t 以上），冲压频率较高，故作业人员稍有不慎，就会冲断手而发生工伤事故，造成终身残疾。

在冲压作业中，由于周而复始的枯燥的工作条件，人很容易做出失误动作，因而在冲压生产中往往发生断指伤害事故。发生事故的主要原因有：

（1）手工送料或取件时，由于频繁的简单劳动容易引起操作者精神和体力的疲劳而发生误操作。特别是采用脚踏开关的情况下，手脚难以协调，更易做出失误动作。操作失误还与时间有关系，如在接近下班时，操作者体力已消耗很大，身体十分疲劳，这时又急于完成工作，或精力不集中，更易做出失误动作而酿成事故。

（2）由于室温不适、噪声过大、旁人打扰或操作条件不舒适等劳动环境的因素，导致操作者观察错误而误操作。

（3）多人操作时，由于缺乏严密的统一指挥，操作动作互相不协调而发生事故。

（4）手在上下模具之间工作时，因设备故障而发生意外动作。如离合器失灵而发生连冲，调整模具时滑块自动下滑，传动系统防护罩意外脱落，敞开式脚踏开关被误踏等故障，均易造成意外事故。

（5）违反操作规程、冒险作业或由于定额过高、加班操作等生产组织上的原因，而造成事故的发生。

3. 冲压作业各道工序中存在不安全因素

冲压作业包括送料、定料、操纵设备完成冲压、出件、清理废料、工作点的布置等操作动作。这些动作常常互相联系，不但对制件的质量、作业的效率有直接影响，操作不正确还会危害人身安全。

（1）送料。将坯料送入模内的操作称为送料。送料操作是在滑块即将进入危险区之前进行的，所以必须注意操作的安全。如操作者不需用手在模区内操作，这时是安全的。但当进行尾件加工或手持坯件入模进料时，手要进入模区，一旦发生失误，具有较大的危险性，因此要特别注意。

（2）定料。将坯料限制在某一固定位置上的操作称为定料。定料操作是在送料操作完成后进行的，它处在滑块即将下行的时刻，因此比送料操作更具有危险性。由于定料的方便程度直接影响到作业的安全，所以决定定料方式时要考虑其安全程度。

（3）操纵是指操纵者控制冲压设备动作的方式。常用的操纵方式有两种，按钮开关和脚踏开关。当单人操作按钮开关时一般不易发生危险，但多人操作时，会因注意力不够或配合不当，造成伤害事故，因此多人作业时，必须采取相应的安全措施。脚踏开关虽然容易操作，但也容易引起手脚配合失调，发生失误，造成事故。

（4）出件是指从冲模内取出制件的操作。出件是在滑块回程期间完成的。对行程次数少的压机来说，滑块处在安全区内，不易直接伤手；对行程次数较多的开式压机，则仍具有较大危险。

（5）清除废料指清除模区内的冲压废料。废料是分离工序中不可避免的。如果在操作过程中不能及时清理，就会影响作业正常进行，甚至会出现复冲和叠冲，有时也会发生废料、模片飞弹伤人的现象。

4. 安装和拆卸冲模时应注意的安全问题

在冲压压力机上安装冲模是一件很重要的工作，冲模安装调整不好，轻则造成冲压件报废，重则将威胁人身和设备的安全。

为了确保冲模安装的安全，首先要做下列准备工作：

（1）熟悉生产工艺，全面了解该工序所用冲模的结构特点及使用条件，熟悉制件结构性能、作用和技术条件，冲压材料和工艺性能及该工序的工艺要求。

（2）检查压力机的刹车、离合器及操纵机构是否正常，只有在确认压力机的技术状态良好，各项安全措施齐全、完备的情况下，才能按照冲模安装操作规程进行冲模的安装工作。

（3）检查压力机的打料装置，应将其暂时调整到最高位置，以免调整压力机闭合高度时折弯。

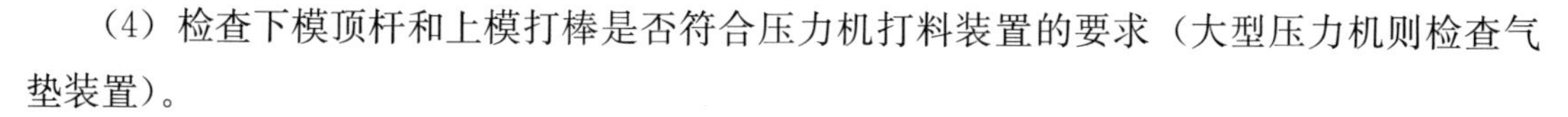

（4）检查下模顶杆和上模打棒是否符合压力机打料装置的要求（大型压力机则检查气垫装置）。

（5）检查压力机和冲模的闭合高度，压力机的闭合高度应略大于冲模的闭合高度，防止发生事故。

（6）将上下模板及滑块底面的油污擦拭干净，并检查有无遗物，防止影响正确安装和发生意外事故。

安装时，应断开或切断动力和锁住开关，安装次序是按先装上模后装下模的顺序安装。上下模安好后，用手扳动飞轮，使滑块走完半个行程，检查上下模对正位置是否正确，经检查安装无误后，可升空车试冲几次，直至符合要求，将螺杆锁紧并调整好打料位置，重新安上全部安全装置，并检查、调整和运行。

在拆卸模具时，上下模之间应垫上木块，使卸料弹簧处于不受力状态。在滑块上升前，应用锤子敲打上模板，以免滑块上升后模板随其重新脱下，损坏冲模刀口及发生伤害事故。在拆卸过程中，必须切断电源，注意操作安全，以防发生事故。

5. 冲压机械的安全装置应具有的功能

冲压机械的安全装置的功能有下列四种类型：

（1）在滑块运行期间（或滑块下行程期间），人体的某一部分应不会进入危险区，如固定栅栏式、活动栅栏式等安全装置。

（2）当操作者的双手脱离启动离合器的操纵按钮或操纵手柄后，伸进危险区之前，滑块应能停止下行程或已超过下死点，如双手按钮式、双手柄式等安全装置。

（3）在滑块下行程期间，当人体的某一部分进入危险区之前，滑块应能停止或已超过下死点，如光线式、感应式、刻板式等安全装置。

（4）在滑块下行程期间，能够把进入危险区的人体某一部分推出来，或能够把进入危险区的操作者手臂拉出来，如推手式、拉手式等安全装置。

6. 冲压机械常用的安全防护装置与功能特点

冲压机械目前常用的安全防护装置有安全启动装置、机械防护装置和自动保护装置，不同的安全防护装置具有不同的功能特点。

（1）安全启动装置。其功能特点是当操作者的肢体进入危险区时，冲压机的离合器不能合上，或者滑块不能下行，只有当操作者的肢体完全退出危险区后，冲压机才能被启动工作。这种装置包括双手柄结合装置和双按钮结合装置。这种设施的原理是，在操作时，操作者必须用双手同时启动开关，冲压机才能接通电源开始工作，从而保证了安全。

（2）机械防护装置。其功能特点是在滑块下行时，设法将危险区与操作者的手隔开，或用强制的方法将操作者的手拉出危险区，以保证安全生产。这类防护装置包括防护板、推手式保护装置、拉手安全装置。机械式防护装置结构简单、制造方便，但对作业干扰影响大。

（3）自动保护装置。其功能特点是在冲模危险区周围设置光束、气流、电场等，一旦手进入危险区，通过光、电、气控制，使压力机自动停止工作。目前常用的自动保护装置是光电式保护装置。其原理是在危险区设置发光器和受光器，形成一束或多束光线。当操作者的手误入危险区时，光束受阻，使光信号通过光电管转换成电信号，电信号放大后与启动控制线路闭锁，使冲压机滑块立即停止工作，从而起到保护作用。

7. 在冲压机械操作中停机检查修理的安全要求

在冲压作业时，发生下列情况要停机检查修理：

（1）听到设备有不正常的敲击声。

（2）在单次行程操作时，发现有连冲现象。

（3）坯料卡死在冲模上，或发现废品。

（4）照明熄灭。

（5）安全防护装置不正常。

8. 冲压工序常用手工具使用时注意的问题

在中小型压力机上，如不能采用机械化送、退料装置时，则可用工具送料、取件，使冲压工双手完全不接触危险区。目前常使用的工具按其特点大致归纳为以下五类：

（1）弹性夹钳。弹性夹钳体积小、重量轻、通用性强、劳动强度小、操作简单灵活，适用于钳夹各种轻型的薄料加工零件。

（2）专用夹钳（卡钳）。专用夹钳是根据制件的不同形状而设计制造的，其操作简单方便，劳动强度不大，适用于钳夹表面积较大的各种冲压制件。

（3）磁性吸盘。磁性吸盘有永磁吸盘与电磁吸盘两种，主要适用于吸取各种薄片型平整的钢质冲制零件。

（4）真空吸盘。真空吸盘适用于吸取各种钢制、铜质、铝质和胶木制成的片状平整冲制零件。

（5）气动夹钳。气动夹钳适用于夹持形状复杂的大型制件。

为了防止工具被意外压入模具，造成模具和设备的损坏，工具应用适宜的材料制成，应尽量用软金属和非金属材料。工具的形状、大小应便于操作者掌握，冲压工在使用工具前后应对其进行认真检查。

9. 冲压机械操作工安全注意事项

冲压机械操作工在冲压设备上进行操作时，应注意以下事项：

（1）开始操作前，必须认真检查防护装置是否完好，离合器制动装置是否灵活和安全可靠。应把工作台上的一切不必要物件清理干净，以防工作时震落到脚踏开关上，造成冲床突然启动而发生事故。

（2）冲小工件时，不得用手递送，应该用专用工具，最好安装自动送料装置。

（3）操作者对脚踏开关的控制必须小心谨慎，装卸工件时，脚应离开脚踏开关。严禁外人在脚踏开关的周围停留。

（4）如果工件卡在模子里，应用专用工具取出，不准用手拿，并应将脚从脚踏板上移开。

10. 冲压机械操作工的安全操作要求

要消除冲压机械操作造成的事故，就要尽量使操作人员的手不与冲头、冲模、压套等接触。虽然现在已经有防护挡板、手动进料器、钩式进料器、转盘式进料器等防止冲断手的保护装置，但由于情况的不同，有些设备还只能靠操作人员严格遵守安全操作规程来避免恶性事故的发生。

冲压机械操作工在安全操作方面应做到以下几点：

（1）开车前应把工作台上的一切不必要的物件清理干净，以防工作时震落到脚踏开关上，造成冲压机械突然启动而发生事故。必须认真检查安全防护装置，冲模连接螺钉、脱料板、推料器、模具的安装是否完好可靠，脚踏开关弹簧是否正常，各部分螺钉是否旋紧，离合器刹车装置是否灵活和安全可靠。

（2）在冲压工件时，不准将手伸入冲压模中。碰到小料，应用专用工具或自动送料装置。条料冲压到端部时应掉头再冲压。

（3）操作时须全神贯注，不与旁人闲谈，以免精力分散造成操作失误，发生事故。

（4）对脚踏开关的控制必须小心谨慎。装卸工件时，脚应离开开关。严禁无关人员在脚踏开关周围停留。

（5）如果坯料放歪斜或卡在模子里，应用专用工具取出，不准用手去拿，同时应将脚从脚踏开关上移开。

（6）冲压有尖刺或红热的坯料，要戴好工作手套，防止烫伤或刺伤手指。

第三节　铸造与锻造生产危害与预防措施

铸造是人类掌握比较早的一种金属热加工工艺，已有6 000年的历史。锻造是一种对金属坯料施加压力，使其产生塑性变形的加工方法，也有悠久的历史。被铸物质多为原本为固态但加热至液态的金属（如铜、铁、铝、锡、铅等），而铸模的材料可以是砂、金属甚至陶瓷。随着科技的进步与铸造业的蓬勃发展，不同的铸造方法有不同的铸型准备内容。在工业化铸造生产中，由于其工艺特点，比较容易发生人员烫伤事故，同时也比较容易导致职业病危害。在锻造生产中，比较容易发生人员砸伤事故。

一、铸造生产特点与常见事故

1. 铸造生产主要特点

铸造生产是指将液态金属（合金）浇注到铸型中，经过凝固、冷却得到铸件的生产过程。现有的铸造方法可分为砂型铸造和特种铸造，其中砂型铸造生产的铸件占铸件总产量的90%以上。砂型铸造的生产过程包括造型材料准备、造型、造芯、熔化、浇注、落砂和清理等。

从安全和劳动保护的角度分析，铸造生产有以下特点：工序多，起重运输工作量大，生产过程中散发出各种有害粉尘、气体、烟雾，一些环节还产生噪声和高温等。由此可见，铸造生产的作业环境和劳动条件是十分恶劣的。

2. 在铸造生产过程中发生的常见事故

从铸造生产的特点可以看出，铸造生产的作业环境和劳动条件较差，如不采取措施，很容易产生职业病及人身安全事故。据统计，在机械制造厂内，铸造作业发生的安全事故占总事故的30%～40%，铸造车间易发生的事故类别见表4—1。

表4—1　　　　铸造安全事故的类别

序号	安全事故类别	易发生的工序或场合
1	火灾	熔炼、焊补与气割
2	爆炸	熔炼、浇注、气割
3	工业中毒	熔炼、精密铸造

续表

序号	安全事故类别	易发生的工序或场合
4	空气污染	熔炼、物料输送、砂处理、清理
5	水质污染	水爆清砂、水力清砂
6	眼障碍	熔炼、浇注、热处理
7	放射线	含有放射性合金的熔炼和使用、射线探伤
8	热辐射	熔炼、浇注、热处理
9	烫伤	熔炼、混注、热处理
10	噪声	机械设备、风动工具、风机
11	喷溅伤	高压设备、落砂、清理、射砂造型、抛砂造型
12	砸碰伤	物料运输和破碎
13	坍塌	仓库、造型砂箱
14	触电	电接触

3. 铸造车间的作业环境要满足的安全要求

合理布置工作场所，创造良好的工作环境是安全、优质、高效生产的基础。杂乱的环境将使事故增加。良好的铸造车间作业环境应是工作场地布置合理、空气清新、照明充足、通道畅通的。

（1）工作场地布置要求。工作场地的布置应使人流和物流合理，留有足够的通道并保证畅通，通道要平整、不打滑、无积水、无障碍物。

（2）材料存放要求。铸造车间往往存放相当多的材料，因此要配备装材料的专用料斗和废料斗，以保持工作场所整洁有序。各种材料的存放应符合安全要求，防止倒塌。

（3）通风要求。室内工作区域应有良好的自然通风。在生产过程中产生对身体有害的烟气、蒸气、其他气体或灰尘的地方，如果依靠空气的自然循环不能带走，必须装设通风机、风扇或其他有足够通风能力的设备，并应注意对设备进行维护和保养。

（4）照明要求。铸造车间照明应符合 TJ34—1979《工业企业照明设计标准》的要求。但由于作业性质和所使用的吊灯往往都高于桥式吊车，因此，铸造车间很难达到良好的照明，只能采用安全电压的局部照明。

4. 混砂机应装设的安全防护装置

混砂机是铸造生产中的主要设备。目前使用的混砂机主要是碾轮式混砂机，碾轮式混砂机的主要危险是操作者在混砂机运转时试图伸手取出砂样或铲出沙子，结果造成手被打伤或被拖进混砂机。

为避免上述危险的发生，一般要装下列防护装置：

（1）在混砂机的加料口装设筛网加以封闭。

（2）设有卸料口，在其上装设联锁装置，在敞口时混砂机不能开动。

（3）取砂样要用专设的取样器。

（4）当检修混砂机时，为防止电机突然开动造成事故，在混砂机罩壳检修门上装联锁开关，当门打开时，混砂机主电源便切断。有时也可将混砂机开关闸箱用只有一把钥匙的锁锁上，检修混砂机时，由维修者携带钥匙开关。

5. 带式输送机上应设置的安全防护装置

带式输送机主要用于造型材料准备作业中，带式输送机应设置的安全防护装置有：

（1）带式输送机工作速度一般控制在 0.8～1.2 m/min，当输送机下有工作区或通道时，下部应有隔板或防护网。隔板或防护网应能承受最大物料重量的冲击而不损坏。输送机在地面通过过道时，应架设过桥。

（2）超过 40 m 长的输送机，每隔 30～40 m 设一紧急开关。

（3）当多台设备串联工作时，应有联锁保护。机器设备启动与停止顺序应符合规定。

（4）在带式输送机下料口、混砂机上部，都应安设防尘罩。

（5）过载保护装置。电子转速开关是用于带式输送机的过载保护的一种继电器，当由于故障使运输机的转速降到正常转速范围以下时，继电器断开并切断主电路，使设备停止运转。

（6）整个输送系统的传动部分、运动零件和落料点，都必须有防护装置。

6. 造型（芯）机上应设置的安全防护装置

造型机、造芯机是铸造生产的重要设备，目前很多造型机、造芯机都是以压缩空气为动力源。为保证安全，机器设备上应设有相应的安全防护装置。

（1）限位装置。如在振压式造型机上，为防止振击、压实操作时活塞在升降过程中发生转动，工作台上装有防转向的导向杆。导向杆下装有止程螺母，防止控制阀失灵时活塞冲出汽缸造成事故。

（2）顺序动作与联锁装置。如在振压式造型机气路系统设置顺序动作与联锁装置，既可以实现按照造型工艺需要的顺序操纵，以保证造型机正常安全地工作，又可以实现当转臂机在压实时，转臂梁不产生位移，以实现联锁控制，确保安全。

（3）风动启动装置的保险机构。为了防止偶然碰撞启动手柄，造成机器动作而发生事故，应设保险装置。如在手柄上加设止动销，要想转动手柄，必须先将止动销从固定孔中拔出。

（4）采用减振降噪装置。如设弹簧减振装置，在震击式造型机震击缸和砧座之间装消声垫等。

（5）为防止射芯机喷砂，应密封各结合部位。

（6）双手控制操纵器。射芯机须设双手控制的操纵器，防止操作者将手放入芯盒顶部与射砂头之间而被夹伤。为了在移动芯盒时不会将手放在芯盒上面而造成伤害，芯盒都要装设手柄。

（7）为保证安全，可实行造型自动化。

（8）抛砂机抛头拼板与叶片的间隙应调整为 0.5～4 mm，不允许有摩擦现象；罩壳应完好，开口应向下，不允许砂流向前方射出；抛头轮及叶片必须经过动平衡试验。叶片不允许有裂纹或缺损。抛头只有一个叶片时，对称位置应有平衡配重；抛头有两个叶片时，应对称安装，其重量差不得大于设计允许值和叶片正常磨损量。

（9）为保证过载时的安全，轴流式抛砂机可装自动卸荷销。过载时卸荷销断裂，抛头不再工作。

（10）抛砂机使用的型砂要经过筛选、松砂、磁选等工序，以防止铁块等硬物进入抛砂头而造成设备、模具损伤及人身伤害。

7. 砂箱在使用时要具备的安全要求

砂箱一般由壁体、箱带、箱肋、箱轴、箱耳和把手组成。它们几乎都与安全有关，这是因为它在运输、造型、浇注、落砂等工序中要多次反复起吊和翻转，甚至受到锤击和振击。为保证砂箱在使用过程中的安全，砂箱应满足以下几个方面的要求：

（1）砂箱尺寸选择要保证铸型有足够的吃砂量，防止浇注时金属液体喷射。

（2）箱壁、箱带应有足够的厚度，以保证砂箱强度和刚度。箱带间距应合理，保证既能在运输、翻转和合箱时不脱落铸型，又能方便造型和落砂。

（3）箱轴和把手可以与箱壁本体同时铸出，也可用元钢铸入。箱轴把手平直，其端部应制出凸缘，使运输、翻转时不致滑脱。

（4）平时应加强检查，发现箱壁、箱带开裂，箱带间距过大，箱轴、把手弯曲不平等，使用前均应修正。未经修复或无法修复的砂箱，切不可使用，否则会酿成大祸。

8. 在吊运和翻转大砂箱时的安全注意事项

在吊运和翻转大砂箱、大铸型时，要注意以下安全事项：

（1）吊运和翻转大砂箱、大铸型时，为保证砂箱、铸型不会脱落造成事故，在采用横梁-吊环（或钢丝绳、链条）附件时，要使两边吊环或钢丝绳保持平行。

（2）为保证安全和省力，应用手动杠杆、滑轮、动力箱、起重机作为翻转动力。

（3）翻转大的砂箱、铸型时，操作人员严禁站在吊起的砂箱、铸型的上面、下面或正面，也不允许在吊起的铸型或型芯下面修型。

（4）合箱时严禁伸手或探头到砂箱中修理、观察，以免砂箱落下伤人。

（5）砂箱耳轴的端法兰应不小于耳轴直径的两倍，以减少吊钩滑出或跳离。

（6）耳轴用螺钉安装在砂箱上时，螺母必须在砂箱内侧，如果在外面凸出，吊索很可能挂在它上面，猛一拉就会滑掉，使吊索和耳轴遭受严重损伤。

（7）单独的耳轴铸件必须是钢件，耳轴的安全系数不小于 10，固定耳轴的螺钉也要有足够的强度。

9. 手工造型、造芯与合箱作业中要遵守的安全操作要求

手工造型、造芯与合箱作业中的安全操作要点有：

（1）手工造砂造型、造芯时要穿好安全防护鞋，注意砂箱、芯盒的搬运方式，防止砂箱、芯盒落地砸脚和手被砂箱挤伤；用筛分或磁选分离出砂中的钉子、金属碎片，以防划伤手脚等。

（2）车间运送型砂的小手推车，应设安全把手，保护手部不被撞击、擦伤。

（3）造型用砂箱堆垛要防止倒塌砸伤人，宜用交叉堆垛方式，堆垛总高度一般不要超过 2 m。

（4）手工造型捣紧时，要防止捣砂锤头接近模型，以免因型砂被捣得过紧在铸型表面形成局部“硬点”，在浇入金属液后硬点处易“炝火”，造成烫伤。

（5）手工制造大铸件铸型时，由于模型大而重，宜采用起重机或其他提升机构起模，并要防止起模时发生起模钩与模型分离伤人的事故。

（6）造型、造芯、合箱时，一定要注意铸型排气通畅，切不可将未烘干的型芯装配到铸型中，否则易发生“炝火”伤人。

（7）在合箱时，要注意将大的型芯放稳，以防倒塌伤人。

（8）地坑造型时，一定要考虑地下水位。要求地下水最高水平面与砂型底部最低处的距离不小于 1.5 m，以防浇注时发生爆炸。

（9）用流态砂、自硬砂造型时，应加强通风，并要加强个人防护，避免型砂中的有害物质危害身体。

10. 使用机器造型、造芯时要遵守的安全操作规程

使用机器造型、造芯时，要遵守的安全操作规程要点有：

（1）使用机器造型、造芯时，一定要熟悉机器的性能及安全操作规程。

（2）抛砂造型时，操作者之间要合理分工，密切配合。

（3）抛砂机悬臂的作业范围内，不能堆放砂箱等物品，如有应将它们搬离工作区，以免被抛砂机悬臂刮倒，造成人员和设备损害。

（4）中断工作时，悬臂应紧固，不能游动。

（5）打开抛砂头、检修输送带前，必须切断电源。

（6）抛砂机应可靠接地。

11. 砂型烘干过程中的安全注意事项

目前铸造生产中常用的砂型为湿型和干型两种。随着科学技术的不断发展，湿型被广泛采用，但因砂型强度较低、发气量较大等原因，使铸件容易产生气孔、砂眼、粘砂和夹砂等缺陷，尤其对厚大件难以保证质量。为此对厚大件及质量要求高的铸件，经常采用干型浇注。特别是混芯，需烘干后使用。

在烘干过程中，为了避免事故的发生，应做好以下工作：

（1）在装、卸炉时，要有专人负责指挥，在装卸砂型（芯）时应均衡装、卸，不能单边调装，以免引起翻车。

（2）在装炉时，应确保装车平稳，砂箱装叠应下大上小，依次排列。上、下砂箱之间四角应用铁片塞好，防止倾斜和晃动。

（3）砂型（芯）起吊时应注意起吊重量，不得超过行车负荷，每次起吊的砂型要求规格大小统一，不能大小混吊。

（4）炉门附近禁止堆放易燃物、易爆品。

（5）炉门附近及轨道周围严禁堆放障碍物，以保证行车工进出畅通。

（6）在加煤或扒渣时应戴好防热面罩，以防火焰及热气灼伤脸部。

（7）烘炉操作采用人工加煤时，燃料应少加勤加，做到薄而散开，使其充分燃烧。这样可以避免因燃烧不充分而浓烟外溢，造成环境污染。

12. 冲天炉应设置的安全防护装置

冲天炉应设置的安全防护装置有：

（1）冲天炉加料平台上应设栏杆。当采用机械化加料时，加料机下面的地区必须装设栏杆围起来，以防炉料落下伤人。

（2）冲天炉应设火花捕集器及消烟除尘装置，以防止火灾事故及对大气的污染。

（3）为了防止熔渣或液体金属溢入风口，在下排风口下要有一保险槽，内填易熔金属，当液体金属或熔渣到达这个高度时，将易熔金属熔化而流出炉外，不流入风口。

（4）自动保险阀。在冲天炉熔化过程中，如突然停风，炉煤气可能进入送风管，当送风恢复时，炉煤气（CO）同空气混合，可能发生爆炸。因此，应设置自动保险阀。当停风时，下部盘形阀自动开启与大气相通；当送风管内压力高于正常压力时，上部盘形阀门升起与大气相通；只有当风管内压力保持正常时，上、下阀门自动关闭，向炉内正常送风。

（5）水冷冲天炉冷却水自动报警装置。当断水时，自动报警装置能发出断水警报信号。

（6）冲天炉出铁时，对固定式前炉，最好采用堵眼机堵塞出铁口，以防人工堵塞出铁口时铁水喷溅伤人。

（7）出渣口必须设置挡板或防护装置，防止熔渣喷到工人身上。

（8）采用汽、液缸开闭炉底，这样可以实现远距离操纵，以防剩余的铁水、炉渣和高温的炉料从炉底冲出时飞溅，烫伤人体。

（9）修理冲天炉炉膛时，要设安全装置，防止下落物砸伤人。

（10）在新耐火砖与炉壳之间应留有足够的空隙（不小于 20 mm），其中填以干砂，当耐火砖受热膨胀时起缓冲的作用，不会将炉壳撑裂，同时也起隔热的作用。

13. 电弧炉应设置的安全防护装置

为保证安全，电弧炉应设置下述安全防护装置：

（1）为保证安全，电弧炉出钢、出渣和修补时，倾斜角度不得超过允许角度，为此需安装倾斜度限制器。倾炉用蜗轮-蜗杆传动机构应能自动刹车。传动机构上均应设防护罩，并确保动作自如。

（2）电弧炉炼钢要产生大量的烟气，每炼 1 t 钢产生 8～14 kg 粉尘，因此应设排烟除尘装置，防止空气污染，保障人体健康。

（3）高压电气部分应与车间隔开，安放在单独的房间内。变压器应加强维护和冷却，注意温升不得超过规定值，以防变压器烧毁。

（4）炉框架、电极座均须装有水冷循环装置，并使出水温度不超过 80℃，进水压力不小于 0.96 MPa。

14. 浇注包作业安全注意事项

浇注包是装液体金属进行浇注的容器，装铁水的包称为铁水包，装钢水的包称为钢水包（也称盛钢桶）。浇注包应符合以下安全要求：

（1）浇注包的结构应合理、牢固、可靠，装满液态金属后的重心应比旋转轴心至少低200 mm，以防浇注包意外倾倒，造成重大事故。新制浇注包要进行静力学试验，试验负荷为浇注时最大负荷的 150%，试验保持 30 min。吊耳的安全系数不小于 10，容量大于 5 t的浇注包，在使用前要进行负荷实验。浇注包外壳不允许有油垢、裂纹等缺陷，使用中的浇注包要定期（1～2 年）检查，凡变形及磨损超出规定值的浇注包，禁止使用。

（2）用起重机吊运的浇注包的倾转机构，一般均采用能自锁的蜗轮-蜗杆机构，以防止浇注包翻转，造成重大事故。

（3）浇注包包壳上必须设有适当数量的排气孔。

（4）浇注包包衬厚度应满足安全要求，否则寿命低，易产生烧穿事故。

15. 冲天炉熔炼作业过程中的安全注意事项

冲天炉是应用最广泛的熔炼铸铁的熔炉，其主要操作过程为修炉、生火、装料、送风、出铁、出渣、打炉等，要注意以下安全问题：

（1）在冲天炉加料台上要防止煤气中毒和防止意外掉进冲天炉中。

（2）冲天炉在熔化过程产生占炉气5%～21%的一氧化碳（CO），如进入风箱和风管就有爆炸的危险。因此，在关掉风机后要立即打开所有风口。

（3）手工堵塞出铁口时，要有两人轮流连续堵塞，以确保堵住。

（4）冲天炉应按规定的时间出渣，不可使渣漫至风口，以免发生事故。

（5）打炉前应检查炉底下面及附近地面是否有水，如有水应立即用干砂铺垫后方可打炉；打炉前停风后打开风口，并放尽铁水及炉渣；打炉前还必须与有关方面联络好，并发出信号，使所有的人都离开危险区后再打炉；打炉后必须迅速将红热的铁、焦用水喷灭。

如果炉底门打不开或炉内剩余炉料、棚料，不允许工人进入危险区去强制打开或解除棚料。棚料可用鼓风产生的振动来解除，也可将机械振动器贴在炉底上以产生振动来解除。另一种方法是从加料口投入重铁球来砸碎。如果这些方法都失败，必须用切割枪对炉底进行火焰切割，这只能在冲天炉冷却到安全温度后进行。

（6）打炉后不准用喷水法对炉衬施行强制冷却。

（7）对停炉更换炉衬的冲天炉，要检查炉壳和焊缝（或铆钉）是否有裂纹而需要修补。

16. 电弧炉炼钢时的安全注意事项

在进行电弧炉炼钢时，需要注意以下安全事项：

（1）加料时的安全事项。加料时人应尽量站在侧面，不能站在炉门及出钢槽的正前方，以防加料时被溅出的钢渣烫伤，炉料全熔后，不得再加入湿料，以防爆炸。炉料中也不得混有爆炸物，以免造成爆炸事故。要防止碰断电极；还原期加碳粉、硅粉、硅钙粉或铝粉时，人不要太靠近炉体，以免从炉门口向外喷出火焰伤人；加矿石时要慢，以防造成突然的剧烈沸腾，向炉门外喷渣、喷钢；加料时不得开动操作台平车。

冶炼中途用天车从炉盖加料孔加渣料时应注意：加渣料时若有可能碰到电极，应停止配电，切断电源；加入渣料后炉门口易有大量火焰喷出，炉前人员须注意避开。

（2）供电安全事项。在供电时人体要避免直接接触供电线路；要严格遵守操作安全规程；在炉前取样、搅拌时，由于电炉的炉壳接地，只要工具不离开架在炉门框上的铁棒，人体就不会受到电击。此外，炉前操作人员要和配电工密切配合，切实执行停送电制度，避免误操作。

接电极时应注意：切断电源，把炉体摇平；接头铁螺钉必须拧牢，确保电极不会掉落时才能起吊；操作人员拧接电极时要相互联系，协同动作；防止手套或工作服被设备挂住。

（3）吹氧熔炼安全事项。采用吹氧助熔和吹氧氧化时，应经常检查供氧系统是否漏气；吹氧管要长些，以防回火发生烧伤；吹氧时，先开小些，确定吹氧管畅通后再开大，吹氧压力不能太大，否则飞溅严重；吹氧管不可贴近金属液，以免喷溅严重，更不能用吹氧管捅料，否则易将吹氧管堵死，造成回火，发生事故；停止吹氧时应先关闭氧气，然后再把吹氧管从炉内取出；如发生氧气管回火，应立即关闭阀门，停止供氧；如漏气严重，可将橡皮管对折，以彻底切断供氧。

（4）出钢时的安全操作。在开启出钢口时，应摇平电炉或倾斜至合适位置；操作人员后面不要站人，以防误伤；炉前应尽量避免加碳粉等脱氧剂，以防火焰突然从出钢口喷出烫伤人；新炉子因沥青焦油尚未完全焦化，因此打开出钢口时要防止喷火伤人。

在摇动炉体前应先检查炉体左右两处保险是否关好，还要检查一下机械传动部分是否有人在检修或维护，摇动炉体时，要检查出钢槽的平板是否与出钢槽相碰，炉前平板车是否和炉体相碰，摇时要缓慢，以免流出钢水，并防止烫伤事故。

（5）防止水冷系统漏水。必须使用质量好，并经水压检验合格的电极水冷圈；电极下降时，应注意电极夹头不要和水冷圈相碰；水压不能太低，水流不能过小。

（6）电炉前后炉坑和两旁机械坑都必须确保干燥，否则在跑钢或漏钢时会引起爆炸；炉坑和机械坑有电源的地方要定期检查，防止漏电。

（7）防止电炉漏钢。要补好炉，造渣时防止炉渣过稀，供电时防止后期用大电压，防止脱碳时大沸腾等。发生漏钢后，首先要冷静迅速地判断情况，然后根据漏钢的部位做出相应处理。

17. 浇注作业过程的安全注意事项

浇注是将由冲天炉熔化出的铁水浇注到砂型中，冷却后形成铸件。浇注铁水极易发生烫伤或烧伤事故。因此要注意浇注过程中的安全问题。

（1）浇注工应穿好工作服，戴防护镜。

（2）在浇注前应认真检查浇注包、吊环和横梁有无裂纹；检查机械传动装置和定位锁紧装置是否灵活、平衡、可靠；包衬是否牢固、干燥；漏底包塞杆操纵是否灵活，塞头和塞套密封是否完好；检查吊装设备及运送设备是否完好。

（3）浇注通道应畅通，平坦，无障碍物，以防绊倒。手工抬包架大小要合适，使浇注包装满金属液后重心在套环下部，以防浇注包倾覆出抬包架。

（4）准备好处理浇注金属液的场地与锭模（砂床或铁模）。

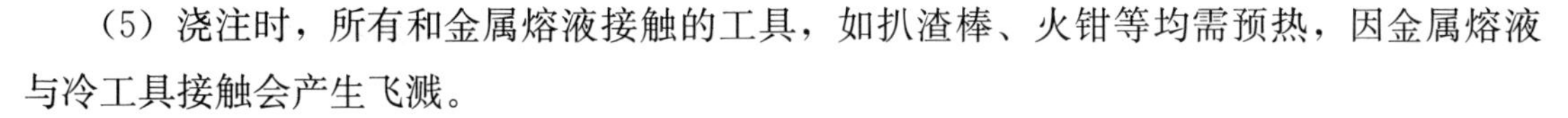

（5）浇注时，所有和金属熔液接触的工具，如扒渣棒、火钳等均需预热，因金属熔液与冷工具接触会产生飞溅。

（6）起吊装满铁（钢）水的浇包时，注意不要碰坏出铁（钢）槽和引起铁（钢）水倾倒与飞溅事故。

（7）铸型的上下箱要锁紧或加上足够重量的压铁，以防浇注时抬箱、“跑火”。

（8）在浇注中，当铸型中金属液达到一定高度时，要及时引气（点火），排出铸型中可燃与不可燃气体。

（9）浇注时若发生严重“炝火”，应立即停浇，以免金属喷溅造成烫伤与火灾。

（10）浇注会产生有害气体的铸型（如水玻璃流态砂、石灰石砂、树脂砂铸型）时，应特别注意通风，防止中毒。

18. 铸件落砂及清理工作特点与注意事项

落砂就是从铸型中取出铸件的操作。手工操作是将铸型吊起，然后用锤敲打砂箱壁，振落铸件，这种方法劳动强度大、粉尘浓度大。现在多采用落砂机进行落砂。清理工作实际包括清砂和修整。铸件清砂是清除落砂后铸件上残留的沙子以及芯砂并取出芯铁；铸件修整是去除铸件上的披缝、毛刺、浇冒口痕迹等。去除浇冒口有时在落砂时进行，有时在铸件修整前进行。在铸件修整的过程中，经常使用砂轮进行打磨。铸件落砂清理工作中，粉尘大、噪声大、劳动强度大，又热又脏，必须加强整个工作场地的通风除尘，做好设备防护和保养维修，操作人员穿戴好防护用具，做好安全生产。

落砂及清理操作过程中要注意的安全事项有：

（1）落砂清理工一定要做好个人防护，熟悉各种落砂清理设备的安全操作规程。

（2）从铸件堆上取铸件时，应自上而下取，以免铸件倒塌伤人。清理后应堆放整齐。重大铸件的翻动要用起重机。往起重机上吊挂铸件或用手翻倒铸件时，要防止吊索或铸件挤压手。要了解被吊运铸件的重量，不使吊具（钢丝绳、链条等）超负荷工作。吊索要挂在铸件的适当部位上，特别不应挂在浇冒口上，因为浇冒口易折断。

（3）使用风铲应注意将风铲的压缩空气软管与风管和风铲连接牢固、可靠；风铲应放在将要清理的铸件边上后再开动；停用时，关闭风管上的阀门，以停止对风铲供气，并应将风铲垂直地插入地里；风铲不要对着人铲削，以免飞屑伤人。

（4）清理打磨镁合金铸件时，必须防止镁尘沉积在工作台、地板、窗台、架空梁和管道以及其他设备上，不应用吸尘器收集镁尘，应将镁尘扫除并放入有明显标记的有盖铸铁容器中，然后及时与细干砂等混合埋掉；在打磨镁合金铸件的设备上不允许打磨其他金属铸件，否则由于产生火花易引起镁尘燃烧；清理打磨镁合金铸件的设备必须接地，否则会因摩擦而起火。在工作场地附近应禁止吸烟并放置石墨粉、石灰石粉或白云石粉灭火剂。

操作者应穿皮革或表面光滑的工作服，并且要经常刷去粉尘，一定要戴防护眼镜和长的皮革防护手套。

二、锻造生产特点与伤害事故因素

1. 锻造生产特点与常见事故

锻造生产是利用外力，通过工具或模具使金属坯料产生塑性变形，从而获得具有一定形状、尺寸和内在质量毛坯、零件的加工方法。锻造的主要设备有锻锤、压力机、加热炉等。

锻造生产由于高温、震动、噪声和烟尘等因素，工作环境恶劣，劳动强度大，容易发生烧伤、烫伤、触电及机械损伤，或由机器、工具、工件直接造成的刮伤、碰伤、砸伤、击伤等事故，而且一旦发生，后果可能非常严重。为保证锻造生产和劳动者的安全与健康，除要求工作人员精力集中外，还必须制定必要且严格的安全生产规章制度和操作规程，同时，采取切实措施改善劳动条件。

2. 锻造生产中造成伤害事故的主要因素

锻造生产中造成伤害事故的因素主要有：

（1）锻造车间加热设备、炽热的锻坯与锻件的热辐射，均易造成人员灼伤，并使车间温度升高，特别是炎热的夏季，操作者易因出汗过多而造成虚脱和中暑；另外，火焰加热炉排出的烟尘和有害气体，还会污染环境，甚至造成煤气中毒等；倘若加热温度控制不当，导致坯料过烧，一经锻打而破裂，易飞出伤人。

（2）锻锤、机械压力机在工作中震动大、噪声大，操作者在高分贝的噪声中工作，容易引起疲劳和耳聋。另外，体力劳动多，如锻坯加热中的进出炉，自由锻过程中锻坯的翻转、移动等，也易造成操作者疲劳。

（3）操作者操作不当或锻造过程中模具、工具突然破裂，锻件、料头等飞出，均会造成人身被击伤或烧伤。

（4）工作场所布置混乱，最易导致事故发生，如设备间距离、安放位置，设备附件、锻模、锻件及原材料的堆放，工序间运输方式，车间内各种通道尺寸与畅通情况等选择不当，均会造成砸伤、烫伤、碰伤、摔伤等事故。

3. 锻造生产管理要遵守的安全原则

锻造生产管理要遵守以下安全原则：

（1）合理地组织生产，制定行之有效的安全操作规程，并切实执行。

（2）加强设备的维护与检修，尤其是受冲击部位有无损伤、松动或裂纹等，发现问题及时解决，严禁违章、带病作业；必要的安全防护装置必须配备齐全，并确保坚固可靠。

（3）车间内设备间距应以设备类型、动力大小、锻件尺寸、工序间的运输方式等因素确定。锻造设备的布置应考虑尽量减少坯料或锻件的往返交叉运输，采用顺跨双排布置时，应尽量考虑锻件或料头飞出的主要方向对着车间侧墙，若确有困难，应设置挡板，以避免伤人。

（4）车间内应留有设备附件、锻模、锻件、原材料等的存放地，对易滚落的圆坯料或锻件，尽可能放在V形箱槽中，堆放高度一般不应超过1 m。

（5）生产现场要注意通风、透光、照明，冬季要注意保温，要对设备有关部分、工具、模具进行预热，防止断裂；高温季节，要采取防暑降温措施。

（6）为保证安全，车间内应设置尺寸符合安全要求的通道，并保证畅通。

4. 锻造中使用火焰加热炉时的安全注意事项

各种火焰加热炉在工作时，不仅是高温热辐射的主要来源，而且排出的烟尘和废气污染环境，故对其安全操作有如下要求：

（1）新砌成或大修后的炉子，在使用前必须经过烘烤和加热，使炉壁中的水分缓慢蒸发掉。烘烤时严格控制升温速度，不可太快，以免炉体开裂，影响使用寿命。烟囱和烟道也要一并烘烤。

（2）固体燃料炉一般用木材引火，然后逐渐开风升温，及时添煤和清渣，每次停炉应将燃烧室灰渣清除干净。煤气或重油炉点火前必须打开炉门及烟道闸门，用鼓风机吹出残留在炉中的废气，点火时要用长柄点火物，先缓慢开启煤气或重油阀门，后开空气阀门，严禁在点火物还没有伸到点火孔之前就开启煤气或重油阀门，以免发生爆炸；操作者要注意避开点火孔，无关人员也应离开炉门；喷嘴须由上而下、由里而外地逐个点燃和调节，以防火焰喷出烧伤人；若点火未着或点火后又突然熄灭，应立即关闭煤气或重油阀门及空气阀门，待查明原因、消除故障后，重新点火。

（3）加热过程中，对固体燃料炉要随时观察燃料燃烧情况，切实保证均匀完全燃烧，避免产生烟雾。煤气或重油加热炉使用过程中，随时检查煤气压力、油压与油温，以及鼓风机或抽烟机运转情况，如发现煤气压力、油压过低，空气突然停止供应或回火现象，均应迅速关闭气阀及油阀，并认真查明原因。

（4）在煤气设备、煤气或重油管路上检查试漏时，严禁使用明火，可用肥皂水试漏。

（5）一般燃油、燃气的锻造加热炉，其油、气燃烧产物多与加热坯料处在同一面积上循环，为避免喷嘴的火焰与加热坯料相接触，喷嘴的安装高度要比坯料高出250 mm。

（6）自动控温仪表应安放在少尘、防震、环境温度在0～60℃的地方。

5. 锻造中使用电加热炉时的安全注意事项

电加热炉的安全操作要注意下述问题：

（1）使用前必须对炉子的安全接地线、电热体、炉壁和炉底等进行全面检查，发现问题及时解决。

（2）操作时注意防止工具、坯料碰坏耐火砖和电热体，并应使用套有绝缘胶管手柄的工具，站立在胶皮垫子上，以免发生触电事故。

（3）装料和取料（锻造操作中钩料除外）时必须关闭电源，坯料与发热元件应保持一定距离。

（4）控温仪表及控制盘应经常检查，以免因“跑温”而烧坏电热体。当炉温或功率不符合要求时，应与有关人员联系，不得擅自进行调整和修理。

（5）炉子停止使用时，应关闭炉门，禁止用冷空气来降低炉温，以延长加热元件的使用寿命。

6. 减少加热炉对操作人员造成热辐射危害的主要措施

加热炉在工作过程中，以炉子火焰及高温锻件为热源，散发出大量辐射热，距离过近会灼伤人体表皮，过高的热辐射也会使人难以忍受，所以应尽力减小热辐射对操作人员的危害。通常采取以下措施：

（1）加热炉炉体的砌筑要符合隔热要求，炉墙要有足够的厚度，外层要采用绝热性较好的保温砖，炉壳与保温砖之间要铺上石棉板，以减少金属炉壳向外部散发的热辐射。

（2）加热炉的炉壳、炉墙、炉门等要经常检查维修，以防止因损坏或变形而损失大量的热量以及散发过量的辐射热。

（3）在加热炉炉门装设水炉门、水幕或隔热板等，降低热辐射，可以取得较好的效果。

（4）控制好炉温的同时要保持好炉内的气压正常，炉门是散发热辐射的主要部位，所以，提高炉门的密封性和提高炉门的开关速，是减少热辐射的一项主要措施。

（5）提高装、取炉料的机械化水平，以减少操作人员在高温炉口的操作时间。

（6）改善车间的自然通风条件，加强机械送风及局部强力吹风是减少热辐射，改善劳动环境的有效方法，特别是在夏季更应采取措施，以达到防暑降温的目的。

（7）做好卫生保健和个人防护措施。

7. 空气锤和蒸汽-空气自由锻锤在使用时的常见事故

空气锤和蒸汽-空气自由锻锤在使用时常见的工伤事故主要有：

（1）下料时发生的事故。如毛坯位置放置不当，或者是由于打击轻重不适宜可能出现材料在切割时飞出伤人；在切长料时，由于毛坯放置不平，锤击时产生震动，可能将锻工手腕震伤。

（2）拔长时发生的事故。通过拔长使坯料横截面积减小而长度增加。拔长时很容易出现轴向弯曲现象，在锻打中，如不小心，就容易把手震伤。

（3）镦粗时发生的事故。坯料镦粗时，随着坯料截面积的增大呈鼓形，使钳子不容易钳住，尤其是在镦粗后进行滚圆时，工件易滑落，造成工伤事故。

（4）冲孔时发生的事故。冲孔时，为了便于冲头从孔中取出，冲孔前常在冲孔的位置上放一些煤屑，如果冲头取出不及时，煤屑燃烧时产生的气体可能造成冲头的突然爆出和未燃尽的煤屑飞溅伤及周围人员。

（5）弯曲时发生的事故。弯曲是将坯料弯成所需的形状。常发生的事故是坯料弯曲变形的速度很快，将操作者碰伤。

（6）使用胎模时发生的事故。胎模温度很高，容易把手烫伤；如果胎模受热不均在锻造中易破裂伤人。

（7）崩伤人事故。加热好的金属表面总有一层氧化铁皮，在锻打中，这些氧化铁皮极易飞出伤人。

（8）锤杆断裂伤人事故。偏心锻造是锤杆断裂的主要原因。

8. 锻锤应设置的安全防护装置

锻锤的安全防护装置主要有以下几类：

（1）防止汽缸盖被打碎的安全防护装置。在锻造过程中，如果锤头提升太快，汽缸内的活塞急速上升，可能将汽缸盖冲坏，飞出伤人。为防止活塞上升时撞击汽缸盖，可在汽缸顶部设缓冲装置来防护。常用的有压缩空气缓冲装置、弹簧缓冲装置和蒸气缓冲装置。

（2）防止锤头下滑的安全防护装置。在锤头暂停工作或进行局部检修等情况下，往往需要将锤头悬空。若未支撑好锤头，突然下落，会造成设备的损伤或正在锤头下进行操作或检修的人员的人身伤亡事故，所以要有防止锤头下滑的安全防护装置，如连杆式防止锤头下滑装置和支架式支撑锤头装置。

（3）防止锤杆断裂的结构。偏心锻造、空击或重击温度较低、较薄的坯料是造成锤杆断裂的主要原因。锤杆和锤头接触不良，造成锤击时在接触处受力过大而易折断。要改善接触不良，可让锤杆下部带有一定的锥度，再套上紫铜套。由于紫铜套塑性好，经锤击后，锤杆与锤头接触就很紧密，使锤杆不易被折断，避免事故。

（4）防护挡板、安全盖板。在进行模锻或用压缩空气吹净锻模模膛时，炽热的氧化铁皮以较高速度飞出，易烫伤人，应设防护挡板。对锻锤的工作位置，必要时也应设防护挡板，防止锤上飞出物造成伤害，同时，也防止其他人、物的意外碰撞而误开锻锤。

锻锤的启动装置必须能迅速进行开、关，并保证设备正常运行及停止的安全。开关要设安全外罩或挡板，防止无意中被手、脚或身体其他部位以及落下物、飞起物触及而启动，造成意外事故。对采用脚踏启动的锻锤，可在其上加一安全盖板，防止因操作者不慎、其他人员误踏或落下物触及而启动。

此外，对锻造中操作人员易触及的转动部分要加防护罩，防护罩要固定在机架不动的部分上。

（5）减震隔震装置。锻锤在锻击坯料时会产生较大的震动，对操作者、工作环境及周围建筑物都会产生极大的不良影响。为了消除这种不良影响，应采用减震隔离装置，例如砧下直接隔震装置、悬吊-反压式板簧橡胶隔震装置。

9. 自由锻锤的安全操作注意事项

自由锻锤的安全操作要注意以下问题：

（1）锻锤启动前应仔细检查各紧固连接部分的螺栓、螺母、销子等有无松动或断裂，砧块、锤头、锤杆、斜楔等结合情况以及是否有裂纹，发现问题及时解决，并检查润滑给油情况。

（2）空气锤的操纵手柄应放在空行位置，并将定位销插入，然后才能开动，并要空转3～5 min。蒸汽-空气自由锻锤在开动前应排除汽缸内冷凝水，工作前还要把排气阀全打开，再稍微打开进气阀，让蒸汽通过气管系统使气阀预热后再把进气阀缓慢地打开，并使活塞上下空走几次。

（3）冬季要对锤杆、锤头与砧块进行预热，预热温度为100～150℃。

（4）锻锤开动后，要集中精力，按照钳工的指令，按规定的要求操作，并随时注意观察。如发现不规则噪声或缸盖漏气等不正常现象，应立即停机进行检修。

（5）操作中避免偏心锻造、空击或重击温度较低、较薄的坯料，随时清除下砧上的氧化皮，以免溅出伤人或损坏砧面。

（6）使用脚踏操纵机构，在测量工件尺寸或更换工具时，操作者应将脚离开脚踏板，以防误踏。

（7）工作完毕，应平稳放下锤头，关闭进、排气阀和电源，做好交接班工作。

10. 模锻锤操作安全注意事项

模锻锤在操作时应注意以下事项：

（1）工作前检查各部分螺钉、销子等紧固件，发现松动及时拧紧。在拧紧密封压紧盖的各个螺钉时，用力应均匀，防止产生偏斜。

（2）锻模、锤头及锤杆下部要预热，尤其是冬季，不允许锻打低于终锻温度的锻件，严禁锻打冷料或空击模具。

（3）工作前要先提起锤头进行溜锤，判明操纵系统是否正常。如操作不灵活或连击，不易控制应及时维修。

（4）在进行操作时，应注意检查模座的位置，发现偏斜应予以纠正，严禁用手伸入锤头下方取放锻件，也不得用手清除模膛内的氧化皮等。

（5）锻锤开动前，工作完毕或操作者暂时离开操作岗位时，应把锤头降到最低位置，并关闭蒸汽。打开进气阀后，不准操作者离开操作岗位；操作者还要随时注意检查蒸汽或压缩空气的压力。

（6）检查设备或锻件时，应先停车，将气门关闭，采用专门的垫块来支撑锤头，并锁住启动手柄。

（7）装卸模具时不得猛击、振动，上模楔铁靠操作者方向，不得露出锤头燕尾 100 mm 以外，以防锻打时折断伤人。

（8）工作中要始终保持工作场地整洁。工作结束后，在下模上放入平整垫铁，缓慢落下锤头，使上、下模之间保持一定空间，以便烘烤模具，做好交接班。

（9）同设备操作者必须相互配合一致，听从统一指挥。

11. 剪床操作时应注意的安全事项

锻造生产中所用的原材料种类繁多，有各种牌号的钢材和多种非铁金属，有不同的截面形状、尺寸规格、化学成分和物化性质，因而下料的方法也是多种多样的。其中剪床下料是一种普遍采用的方法。

在剪床上工作时，金属料（尤其是棒料）的输送常会发生工伤事故，其原因多是送料时动作不协调或操作不正确。最严重的是当剪切棒料时，棒料突然跳起碰伤人，起跳原因是在剪切过程中上、下刀片的作用力不在同一条直线上，产生使棒料转动的力矩。上、下刀片的间隙越大，这个力矩也就越大，从安全的观点出发，必须使刀刃间的间隙变小。另外，在剪切过程中，必须将棒料用夹具夹牢。

在超载的情况下使用剪床，也会带来严重的伤害事故，有可能诱发人身事故，因此，必须在允许载荷条件下使用剪床，才能保证安全。

由启动踏板操纵的剪床，常因踏板意外开动而引起工伤事故。踏板意外开动的原因有工人不小心踏动了踏板，其他人无意碰动，或重物掉下恰巧打在踏板上，所以必须将踏板的非工作面盖住。另一种办法是将脚踏板的踏力控制在一个参数上，过大过小都不能使机器开动。

12. 切边压力机操作时应注意的安全事项

为了确保安全，切边压力机操作时应注意以下安全事项：

（1）工作前仔细检查设备各部分及手动、脚踏开关，安全防护装置是否灵活完好，并给润滑系统加油。

（2）所用压缩空气压力不得小于 $3.922\,66\times10^{5}$ Pa；在安装模具时，模具的闭合高度必须与压力机的闭合高度相适应；检查切边冲头及凹模是否牢固，冲头与凹模的周边间隙是否分布均匀。装卸模具必须停车进行。

（3）压力机运转时不得进行润滑、调整及检修工作，更不得伸手到冲模内取放工件或清理毛边、连皮，而必须使用专门工具操作。

（4）在工件放入冲模及手、工具移开冲模后，才可踩脚踏板操作，每次冲切后脚要及时离开踏板，以防连冲。

（5）模具安装完毕，应试切一个带毛边的锻件，并进行自检，确认合格后方可投产。

（6）二人共同操作一台压力机时，要互相关照、协调配合。

（7）压力机工作台上不得放工件、工具及其他杂物，切边、冲孔后的锻件或毛边、连皮必须放在指定地点或料箱中。工作完毕后，关闭电源，擦净机床与模具，做好交接班。

第四节　焊工作业安全知识与事故防范

焊接是通过加热、加压、填充金属等手段，使两个或多个工件产生原子间结合以实现永久性的连接的加工工艺和连接方式。焊接应用广泛，主要有电焊、气焊等方式，既可用于金属，也可用于非金属。焊工属于特种作业人员，必须经过专业培训并考试合格取得操作证书后，才能上岗操作。在焊接作业中容易引发火灾事故，因此，企业应对不同的生产区域确定禁火区域和动火等级，并制定相应的动火管理制度。班组长必须严格遵守动火制度。因工作需要动火，动火人或动火单位应根据三级动火制度，向相应级别的主管动火部门提出动火申请，得到批准后方能动火。

一、焊工作业安全知识

1. 电焊的种类及设备

电焊是利用电流发热的作用，熔化两部分金属物体或在其中填充金属和施加压力，使其成为一体。

电焊按其发热原理和使用方式的不同，可分为许多种类。常用的有三类：电弧焊、电阻焊和电渣焊。其中电弧焊应用最为广泛，占焊接生产劳动总量的60％以上。

（1）电弧焊。这类焊接既可使用交流电，又可使用直流电。电焊机分为交流弧焊机和直流弧焊机，按作业的机械化程度，有手动电弧焊、半自动电弧焊及自动电弧焊三种。

（2）电阻焊。又名接触焊，常用交流电源。接触焊机含有高压（大于550 V）的控制板应完全密闭。其常用焊接方式为点焊、缝焊、对焊。

（3）电渣焊。广泛应用于厚件焊接，类似连续铸造操作，常用交流电。焊接方式有自动和手动两种。

2. 焊接方法主要类型

焊接方法有几十种，一般可归纳为以下三大类：

（1）熔化焊。利用某种热源，将焊件的连接处加热到熔化状态并加入填充金属，然后在自由状态下冷凝结晶，使之焊合在一起。气焊、电弧焊、电渣焊均属此类。从安全方面来讲，气焊时要注意防火、防爆炸、防烧伤、防产生自燃现象、防形成焊接缺陷等，电焊时要注意防弧光、防烟尘、防触电、防短路烧毁设备、防产生焊接缺陷等。

（2）压力焊。对焊件施加一定的压力，使接合面相互紧密接触并产生一定的塑性变形，有的加热，有的不加热，使焊件结合在一起。加热者如接触焊（又名电阻焊）、锻焊、摩擦焊等，不加热者如冷压焊等。从安全方面讲，接触焊时要注意防止绝缘损坏发生触电，要防止熔化金属溢出发生烧伤，锻焊时要注意防止飞溅的火星发生烫伤人的事故。各种焊接方法都要正确掌握工艺，保证质量，防止产生焊接缺陷，以保证焊缝的安全可靠，防止焊件在使用过程中发生事故。

（3）钎焊。将熔点低于焊件的焊料合金（称钎料），放在焊件的结合处，与焊件一起加热到钎料熔化并渗透填充到连接的缝隙中，通过熔化的钎料与未熔化的焊件表面间的相互熔解和扩散作用，从而使焊件凝结在一起。为了保证钎焊的质量，确保焊件的使用安全，必须选用对焊件有良好润湿性的钎料，钎料的熔点必须要比焊件基体金属的熔点低40～100℃，必须采取措施，保证钎焊后焊件具有足够的机械强度和必要的物理性能。

3. 气焊气割原理与应用

气焊与气割是工矿企业应用最为广泛的一种焊接与切割方法，在生产中占有相当重要的地位。

气焊就是利用可燃气体（主要是乙炔）以合适的比例在纯氧中燃烧，因激烈的化学反应产生3 000℃以上的高温，使金属焊条熔化，填入被加热的接头缝隙中，使焊接件凝结在一起。

气割是利用氧和乙炔或丙烷燃烧产生的高温，使金属在高温下熔融，再以高速喷射的氧气流吹去熔融金属而使金属断开。

气焊和气割的主要物质是高压氧气和可燃气体（乙炔和丙烷），这两种气体容易发生爆炸，因此气焊与气割时必须严格遵守安全规程。

4. 电焊作业焊炬和割炬使用注意事项

焊炬又名焊枪，它的作用是将可燃气体与氧气混合，形成具有一定能量的焊接火焰。割炬又名割刀、切割器，其作用是使氧气与乙炔按比例混合，形成预热火焰，将高压纯氧喷射到被切割的工件上，形成割缝。

在使用焊炬和割炬前，要注意下述安全事项：

（1）按照工件厚薄，选用一定大小的焊、割炬，然后按焊、割炬的喷嘴大小，配备氧气和乙炔的压力和气流量。

（2）喷嘴与金属板不能相碰。

（3）喷嘴发生堵塞时，应将喷嘴拆下，从内向外用捅针捅开。

（4）注意垫圈和各环节的阀门等是否漏气。

（5）使用前应将皮管内的空气排除，然后分别开启氧气和乙炔阀门，畅通后才能点火试焊。

（6）焊、割炬的各部分不得沾污油脂。

（7）如焊、割炬喷嘴的温度超过400℃，应用水冷却。

（8）点火时应先开乙炔阀门，点着后再开氧气。这样做的目的在于放出乙炔空气混合气，便于点火和检查乙炔是否畅通。

（9）乙炔和氧气阀如有漏气现象，应及时修理。

（10）使用前在乙炔管道上应装置岗位回火防止器。

（11）离开工作岗位时，禁止把点燃着的焊炬放在操作台上。

（12）交接班或停止焊接时，应关闭氧气和回火防止器阀门。

（13）皮管要专用，乙炔管和氧气管不能对调使用，皮管要有标记以便区别，乙炔皮管是绿色，氧气皮管耐压强度高，一般都是红色。

（14）发现皮管冻结时，应用温水或蒸汽解冻，禁止用火烤，更不允许用氧气去吹乙炔管道。

（15）氧气、乙炔用的皮管，不要随便乱放，管口不要贴住地面，以免进入泥土和杂质发生堵塞。

5. 焊割作业中的回火现象与防止措施

所谓回火，是指可燃混合气体在焊炬、割炬内发生燃烧，并以很快的燃烧速度向可燃气体导管里蔓延扩散的一种现象，其结果可以引起气焊和气割设备燃烧爆炸。

防止回火的主要原理是利用中介将倒回的火焰和可燃气体进行隔开，使火焰不能进一步蔓延。防止回火，在操作过程中应做到：焊（割）炬不要过分接近熔融金属；焊（割）嘴不能过热；焊（割）嘴不能被金属溶渣等杂物堵塞；焊（割）炬阀门必须严密，以防氧气倒回乙炔管道；乙炔发生器阀门不能开得太小，如果发生回火，要立即关闭乙炔发生器和氧气阀门，并将胶管从乙炔发生器或乙炔瓶上拔下。如乙炔瓶内部已燃烧（白漆皮变黄、起泡），要用自来水冲浇降温灭火。

6. 焊割生产中存在的火灾和爆炸危险性

焊割生产中存在的火灾和爆炸危险性主要有：

（1）气焊、气割所使用的乙炔、氢气等都是易燃易爆气体，一些使用设备、器具如乙炔发生器等本身受高压时就有较大危险，另有一些高温焊渣飞溅，容器内残留汽油，在焊接工地存放的可燃、易燃物品，种种原因都造成了易发生火灾的重大危险性。

（2）电石遇水、遇撞击或抵触性物质都易发生化学反应或爆炸，如果电石桶包装不严，电石中混有有害杂质，积存的电石粉没有及时清扫和处理，或者是仓库通风不良等也可能引起火灾或爆炸。

（3）在焊、割过程中经常会遇到回火，回火也能造成乙炔发生器发生强烈爆炸，存在着很大的火灾危险性。

（4）用电焊时，会产生电弧，电弧的热传导、热扩散也具有火灾危险性。

（5）在焊接中，如不了解内部结构，盲目焊接，易发生意外事故。对于大型油罐、燃烧液体容器、煤气柜等进行焊、割时处理不当，也会因不小心而引起燃烧和爆炸。对于临时进行焊接、切割的现场没有进行认真清理，也可能引起火灾。另外在稻草、软木等易燃物旁，一些焊接电路乱接或者是焊接后的火种没熄灭，都潜伏着极大的火灾危险。

7. 对旧容器进行焊补时应注意的安全事项

采用焊补方式对储存过汽油、煤油、松香、烧碱、硫黄、甲苯、香蕉水、酒精等的容器，以及冻结或封闭的管段或停用很久的乙炔发生器桶体等进行焊补作业，必须根据具体情况，严格遵守下列七点安全事项：

（1）被焊物必须经过反复多次清洗。

（2）将被焊物所有的孔盖打开。

（3）乙炔管道、回火防止器如果是安装在坑道里面、加盖的明沟下或者地坑的井沟内，由于这些部位都有滞留乙炔-空气混合气的可能性，所以在动火作业前，一定要切断气源，探明有无易燃、易爆混合气存在。作业中还必须考虑到操作工人的行动有无障碍，必须有人监护。当班动火未能完工，下一回或次日再动火时，必须从头重新探明，并采取安全措施。

（4）探查有无易爆混合气存在时，先用长棒头点上火焰试一下，试火人员应有所警惕和隐蔽，确定无危险时，再开始焊补。

（5）操作人员严禁站在动火容器的两端。

（6）焊补完后，在很热的情况下，也不能马虎大意。如果急着把易燃物装进去，就有着火爆炸的危险。

（7）为了保证安全，可以把被焊容器灌满水或充满氮气后点火焊补。

8. 气焊过程中发生事故时应采取的紧急处理措施

气焊过程中发生事故时应采取如下紧急处理措施：

（1）当焊、割炬的混合室内发出嗡嗡声时，立即关闭焊、割炬上的乙炔-氧气阀门，稍停后，开启氧气阀门，将枪内（混合室）的烟灰吹掉，恢复正常后再使用。

（2）乙炔皮管爆炸燃烧时，应立即关闭乙炔瓶或乙炔发生器的总阀门或回火防止器上的输出阀门，切断乙炔的供给。

（3）乙炔瓶的减压器爆炸燃烧时，应立即关闭乙炔瓶的总阀门。

（4）氧气皮管燃烧爆炸时，应立即关紧氧气瓶总阀门，同时，把氧气皮管从氧气减压器上取下。

（5）换电石时发气室发生的着火爆炸事故，处理办法如下：

中压乙炔发生器的发气室着了火，应立即用二氧化碳灭火器进行灭火，或者将加料口盖紧隔绝空气，火焰就会熄灭。

横向加料式乙炔发生器，在发气室着火爆炸且把加料口对面或上方的卸压膜冲破时，最好用二氧化碳灭火器灭火。如这种条件不具备，那就要想办法早点使电石离开水停止产气或把电石篮取出，使电石尽快脱离发气室，火焰很快就能熄灭。

（6）加料时在发气室中发生的着火爆炸事故，常常是由于电石含磷过多遇水着火或者因电石篮碰撞等产生的火花而引起的。事故发生后应立即使电石与水脱离接触停止产气。如果发气室已与大气连通，最好用二氧化碳灭火器灭火，然后再打开加料口门孔压盖取出电石篮。无此类灭火器材，又无法隔绝空气时，要等火熄灭或者火苗着得很小时，操作人员站在加料口的侧面慢慢去松动加料口压盖螺钉，随后再想办法把电石篮取出。

（7）当发现发气室的温度过高时，应立即使电石与水脱离接触停止产气，并应采取必要的措施把温度降下来，才能打开加料口压盖，否则，空气从加料口进去遇高温就会发生燃烧爆炸。

（8）如发生枪嘴堵塞又忘记关闭乙炔-氧气阀门，或因其他缘故使氧气倒入乙炔皮管和发生器内，都应立即关闭氧气阀门，并想法把乙炔皮管和乙炔发生器内的乙炔-氧气混合气体放净，才能进行点火，否则，就会发生爆炸。

（9）浮桶式乙炔发生器，如因浮桶漏气等原因在漏气处燃着火焰时，严禁拔浮桶，也不要去堵，一般处理办法是将浮桶蹬倒。

9. 使用乙炔发生器要遵守的安全规程

为了保证安全，使用乙炔发生器要遵守以下安全规程：

（1）操作人员必须经过培训，熟练地掌握乙炔发生器设备的操作规程、安全技术规程和防火知识，并经考试合格，取得安全操作合格证后，方可独立操作。

（2）禁止在超负荷或超过最高工作压力和供水不足的条件下使用乙炔发生器。

（3）乙炔发生器安放位置应与明火、散发火花点以及高压电源线的距离保持在 5 m 以上。

（4）乙炔发生器和回火防止器冬季使用时，如发生冻结，只允许用热水或蒸汽加热解冻，禁止用明火或者用烧红的铁去加热，更不准用容易产生火花的金属物体敲击。

（5）乙炔着火，宜采用干黄沙、二氧化碳灭火剂或干粉灭火器灭火，禁止用水、泡沫灭火器、四氯化碳灭火剂灭火。

（6）接于乙炔管路的焊（割）枪或一台乙炔发生器要配制两把以上焊（割）枪使用时，每把焊（割）枪都必须配置一只岗位回火防止器，禁止共同使用一只岗位回火防止器。使用时要检查，保证安全可靠。

（7）使用乙炔气时，当管路中压力下降过低时，应及时关闭焊（割）炬，严禁用氧气来抽吸乙炔气，以免造成负压导致乙炔发生器发生爆炸事故。

（8）乙炔发生器所使用的电石尺寸应符合标准，严禁将尺寸小于 2 mm 及大于 80 mm 的电石装入料斗。排水式（移动式的）乙炔发生器所使用电石尺寸应为 25～80 mm，滴水式乙炔发生器和大型投入式乙炔发生器所使用的尺寸应为 8～80 mm。

（9）乙炔发生器每次装电石后，使用前应将发生器内留存的混合气体（乙炔与空气）排出，使用时，装足规定的水量，及时排出发气室积存的灰渣。

10. 乙炔气瓶在使用、运输和储存过程中要注意的安全事项

乙炔气瓶在使用、运输和储存过程中要注意以下安全事项：

（1）乙炔气瓶在使用时应防止乙炔瓶内活性炭下沉，禁止敲击、碰撞和剧烈震动。另外要防止受高温影响，防止漏气，防止丙酮渗漏，防止接触有害杂质等。

（2）乙炔气瓶在运输时应严禁拖动、滚动，用小车运送，做到轻装轻卸。乙炔气瓶必须直放装车，严禁横向装运，并严禁暴晒、遇明火，禁止和互相抵触的物质混放。另外还要严禁与氧气瓶、氯气瓶等可燃、易燃物品同车运输。

(3) 乙炔气瓶储存时不准储存在地下室或半地下室等比较密闭的场所，不准与氧气瓶、氯气瓶等同库储存。储存量不得超过 5 瓶，超过 5 瓶时，应采用不燃材料或难燃材料隔成单独的储存间，超过 20 瓶时，应建造乙炔气瓶仓库，在仓库的醒目地方应设置警示标志。

11. 氧气瓶及氧气减压器的使用安全注意事项

氧气瓶及氧气减压器的使用要满足以下安全要求：

(1) 氧气钢瓶外表应涂成天蓝色，并标明“氧气”二字，不得与其他气瓶混放，不准将氧气瓶内的气体全部用光。在热天要防止暴晒，防止明火烘烤。氧气瓶与焊枪、割枪、炉子等距离不应小于 5 m，与暖气管、暖气片应保持不小于 1 m 的安全距离。氧气瓶不准沾染油脂，在使用时可垂直或卧放，但均要扣牢。氧气瓶使用后要关紧阀门，拆下氧气减压表，严防氧气用完后既没有关闭阀门，又未拆下减压表而造成乙炔倒灌进氧气瓶内。

(2) 氧气钢瓶的阀门应严禁加润滑油，严禁用户私自调换防爆片，运输、储存中必须戴上安全帽，并定期进行检查。

(3) 安装氧气减压器之前，要略打开氧气瓶阀门吹除污物，氧气瓶阀喷嘴不能朝向人体方向。在开启氧气瓶阀门前，先要检查调节螺钉是否松开，对于满瓶的氧气瓶阀门不能开得太大，以防止氧气进入高压室时产生压缩热，引燃阀内胶垫圈。减压器与氧气瓶阀处接头螺钉要吃牢 6 牙以上，并用扳手紧固。氧气减压器外表涂蓝色，乙炔减压器外表涂白色，两种减压器严禁相互换用，减压器内外均不准沾有油脂，调节螺钉不准加润滑油。

二、电焊作业安全注意事项

1. 电弧焊作业过程中的安全注意事项

电弧焊的原理是将电焊条、碳棒或钨棒作为一个电极，将工件作为另一个电极，先使两个电极作短暂的接触，通电后马上使之分离。这样在两个电极之间的气体介质中，便会产生强烈而持久的气体放电，形成电弧，产生非常高的温度。电弧中心部分温度可高达 6 000℃以上，作为阴极的一端，温度在 2 400～3 200℃范围内，作为阳极的一端，温度更高些，可达 4 000℃左右。在这样的高温下，电焊条和工件都会熔化，焊条上的金属液滴便会滴入工件之间的熔坑内，冷凝后就使工件焊接在一起。

为防止电弧焊作业过程中发生伤害事故，应注意以下几点：

(1) 为了防止触电事故，电焊所用的工具必须安全绝缘，所用设备必须有良好的接地装置，工人应穿绝缘胶鞋，戴绝缘手套。如要照明，应该使用 36 V 的安全照明灯。

(2) 为了防止焊接过程中发生火灾，电焊现场附近不能有易燃、易爆物品，如电焊和气焊在同一地点使用时，电焊设备和气焊设备、电缆和气焊胶管都应该分离开，相互间最好有 5 m 以上的安全距离。

(3) 为了防止电焊中的辐射伤人，操作工人都必须戴防护面罩、穿防护衣服。

(4) 为了防止有害气体和烟尘的危害，操作工人都应戴防护口罩，操作现场应加强通风。

2. 手工电弧焊接作业安全基本要求

手工电弧焊按焊接的位置不同可分为平焊、立焊、横焊和仰焊四大类。进行手工电弧焊接作业在安全技术方面有如下基本要求：

(1) 电焊机的外壳和工作台，必须有良好的接地。

(2) 电焊机空载电压应为 60～90 V。

(3) 电焊设备应使用带电保险的电源刀闸，并应装在密闭箱内。

(4) 焊机使用前必须仔细检查其一、二次导线绝缘是否完整，接线是否绝缘良好。

(5) 当焊接设备与电源网路接通后，人体不应接触带电部分。

(6) 在室内或露天现场施焊时，必须在周围设挡光屏，以防弧光伤害工作人员的眼睛。

(7) 焊工必须配备合适滤光板的面罩、干燥的帆布工作服、手套、橡胶绝缘和清渣防护白光眼镜等安全用具。

(8) 焊接绝缘软线不得少于 5 m，施焊时软线不得搭在身上，地线不得踩在脚下。

(9) 严禁在起吊部件的过程中边吊边焊。

(10) 施焊完毕后应及时拉开电源刀闸。

3. 电焊钳在使用中应注意的问题

电焊钳在使用中应注意的问题有：

(1) 电焊钳应保证在任何斜度下都能夹紧焊条，并能使焊工不必接触导电体部分即能迅速更换焊条。

(2) 焊钳手柄必须包有良好的绝缘隔热层，保持良好的绝缘性能和隔热能力，还应保持干燥。

(3) 焊钳应结构简易、轻便，质量不应超过 700 g。

(4) 橡套电缆与焊钳的连接应牢固，铜芯不得外露，以防触电和短路。焊钳上的弹簧失效时，应立即调换。

(5) 钳口要保持整洁。

(6) 操作间隙不准把焊钳直接放在操作台或焊件上，应挂放在比较安全的地方。

4. 在电弧焊接作业中焊接导线要满足的安全要求

在电弧焊接作业过程中，焊接导线要满足以下安全要求：

（1）焊接导线应采用紫铜芯线，并有良好的绝缘和保护外层，焊接导线应轻软，便于弯曲和扭转。

（2）导线要有足够的截面积，其与电弧焊机、焊钳的接头应用螺栓或螺母拧紧，导线中间不应有接头。

（3）严禁将金属屋架的厂房、管道、轨道或其他金属物体搭接成回路线，更不准将焊接导线或回路线搭在氧气瓶、乙炔瓶、乙炔发生器等易燃易爆器具上。

（4）电弧焊导线不准与氧-乙炔皮管混放在一起，不能把焊接导线盘在焊接处和焊件上，避免高温烧坏绝缘层。

5. 在高处或室内焊割作业时的安全要求

在高处或室内焊割作业时的安全要求是：

（1）登高焊、割的安全要求。高空焊割时除必须严格遵守登高作业劳动保护规程和注意人身安全外，还必须防止火花落下或飞散，如果风力很大时应停止高空作业。如果高空焊割作业下方有易燃、可燃物，应移开或者用水喷淋。如有可燃气体管道，应用湿麻袋、石棉板等隔热材料覆盖。禁止用盛装过易燃、易爆物质的容器作为登高垫脚物。对于焊接设备应远离动火点，并由专人看管。如在楼上进行作业，应防止火星沿一些孔洞和裂缝落到下面去。落下的熔热金属要妥善处理。电焊机与高处焊补作业点的距离要大于 10 m，焊机应有专人看管，以备紧急时立即拉闸断电。

（2）室内焊割的安全要求。在室内作业时，必须对作业场所内外情况调查清楚，乙炔发生器、氧气瓶、电焊机均不准放在动火焊、割的室内。进行焊割作业时，场所必须干燥，严格检查绝缘防护装备是否符合安全要求，并禁止把氧气通入室内用作调节操作场所的空气。凡在易燃、易爆车间动火焊补，或者采用带压不置换动火法，在容器管道裂缝大、气体泄漏量大的室内焊补时，必须分析动火点周围不同部位滞留的可燃物含量，确保安全可靠才能施焊。特别需要注意的是，在焊接时应打开门窗进行自然通风，必要时采用机械通风，降低可燃气体浓度，防止形成可燃性混合气体。

6. 焊工在焊接时应注意的安全事项

焊工在焊接时应注意的安全事项有：

（1）防止飞溅金属造成灼伤和火灾。

（2）防止电弧光辐射对人体的危害。

（3）防止某些有害气体中毒。

（4）在焊接压力容器时，要防止发生爆炸。

（5）高空作业时，要系安全带和戴安全帽。

（6）注意避免发生触电事故。

7. 焊工应遵守的“十不焊割”规定

焊工应遵守的“十不焊割”的规定是：

（1）焊工未经安全技术培训考试合格，领取操作证，不能焊割。

（2）在重点要害部门和重要场所，未采取措施，未经单位有关领导、车间、安全、保卫部门批准和办理动火证手续，不能焊割。

（3）在容器内工作，没有12V低压照明和通风不良及无人在场监护，不能焊割。

（4）未经领导同意，车间、部门擅自拿来的物件，在不了解其使用情况和构造情况下，不能焊割。

（5）盛装过易燃、易爆气体（固体）的容器管道，未经用碱水等彻底清洗和处理消除火灾爆炸危险的，不能焊割。

（6）用可燃材料充作保温层、隔热、隔音设备的部位，未采取切实可靠的安全措施，不能焊割。

（7）有压力的管道或密闭容器，如空气压缩机、高压气瓶、高压管道、带气锅炉等，不能焊割。

（8）焊接场所附近有易燃物品，未作清除或未采取安全措施，不能焊割。

（9）在禁火区内（防爆车间、危险品仓库附近）未采取严格隔离等安全措施，不能焊割。

（10）在一定距离内，有与焊割明火操作相抵触的工种（如汽油擦洗、喷漆、灌装汽油等工作会排出大量易燃气体），不能焊割。

8. 焊接作业的个人防护措施

焊接作业的个人防护措施主要是对头、面、眼睛、耳、呼吸道、手、身躯等方面的人身防护，主要有防尘、防毒、防噪声、防高温辐射、防放射性、防机械外伤和脏污等。焊接作业除穿戴一般防护用品（如工作服、手套、眼镜、口罩等）外，针对特殊作业场合，还可以佩戴空气呼吸器（用于密闭容器和不易解决通风的特殊作业场所的焊接作业），防止烟尘危害。

对于剧毒场所紧急情况下的抢修焊接作业等，可佩戴隔绝式氧气呼吸器，防止急性职业中毒事故的发生。

为保护焊工眼睛不受弧光伤害，焊接时必须使用镶有特别防护镜片的面罩，并按照焊接电流的强度不同来选用不同型号的滤光镜片。同时，也要考虑焊工视力情况和焊接作业环境的亮度。

为防止焊工皮肤受电弧的伤害，焊工宜穿浅色或白色帆布工作服。同时，工作服袖口应扎紧，扣好领口，皮肤不外露。

对于焊接辅助工和焊接地点附近的其他工作人员受弧光伤害问题，工作时要注意相互配合，辅助工要戴颜色深浅适中的滤光镜。在多人作业或交叉作业场所从事电焊作业，要采取保护措施，设防护遮板，以防止电弧光刺伤焊工及其他作业人员的眼睛。

此外，接触钍钨棒后应用流动水和肥皂洗手，并注意经常清洗工作服及手套等。戴隔音耳罩或防音耳塞，防护噪声危害，这些都是有效的个人防护措施。

9. 焊接（切割）作业完成后应进行的安全检查

焊接（切割）作业容易引发火灾爆炸事故，有些事故往往发生在焊接（切割）作业结束后，原因在于作业结束后，留下的火种没有熄灭造成的。因此，认真抓好焊接（切割）作业后的安全检查，是焊接（切割）作业防火防爆不可缺少的重要组成部分。

焊接（切割）作业后的安全检查，应做好以下几项工作：

（1）坚持防火防爆措施不松懈。特别要注意焊、割作业已经结束，安全设施已经撤离，结果发现某一部位还需要进行一些很微小工作量的焊、割时，绝不能麻痹大意，安全措施不落实，绝不动火焊、割。

（2）各种设备、容器进行焊接后，要及时检查焊接质量是否达到要求，对漏焊、假焊等毛病应立即修补好，不要待使用时再发现上述质量问题。焊接过的受压设备、容器管道要经过水压或气压试验合格后，才能使用。凡是经过焊、割或加热后的容器，要待完全冷却后才能进料。

（3）焊、割作业结束后，必须及时彻底清理现场，清除遗留下来的火种。关闭电源、气源，把焊、割炬安放在安全的地方，拿出乙炔发生器内未使用完的电石，存放进电石铁桶内，排除电石污染，并把乙炔发生器冲洗干净，加好清水，待下一次使用。

（4）焊、割作业场所，往往留下不容易发现的火种，因此除了作业后要进行认真检查外，下班时要主动向保卫人员或下一班人员交代，以便加强巡逻检查。

（5）焊工所穿的衣服下班后也要彻底检查，看是否有阴燃的情况；有一些火灾往往是由焊工穿过的衣服挂在更衣室内，经几小时阴燃后而起火的。

10. 电弧焊触电事故发生的原因和预防

焊工在使用电弧焊作业时，容易发生触电事故。发生触电事故的原因各有不同，都需要有针对性采取措施加以防范。

（1）电击、电伤事故产生的原因

1）焊机受潮、绝缘老化损坏、电线破损，使初级电压直接加在次级上，人体接触次级而触电。

2）设备保护接地，保护接零（中线）系统不牢（把电气设备的金属外壳接地或接到电路系统的中性点上叫保护接地或保护接零）。

3）接线错误。

4）人体某部位碰到焊条或夹钳的导体，同时脚或其他部位对地面或金属结构之间没有绝缘物而触电。这类事故常发生在金属容器内、船舱内、锅炉内或潮湿的地方。

（2）防止触电事故的安全措施

1）隔离防护。电焊设备应有良好的隔离装置，避免人与带电导体接触。焊机的接线端应在防护罩内，电源线一般不应超过 3 m，并应设置在靠墙壁不易接触处。临时需要使用较长的电源线，应架空（高 2.5 m 以上）。电焊机与设备间、墙壁间应留 1 m 宽的通道。

2）绝缘良好。为防止电焊机绝缘破坏，应做到电焊机在规定的电压下使用，供电线路上都接有符合规定的熔断保险装置，防止电焊机受潮，电焊机工作电流不得超过相应暂载率规定的许用电流。

3）安装自动断电装置。使电焊机引弧时电源开关自动合闸，停止焊接时电源开关自动跳开，以避免电焊工在更换电焊条时触电。

4）穿戴好劳动防护用品，如绝缘手套、鞋等。

5）对电焊设备采取保护接地、接零措施。

11. 电弧焊火灾爆炸事故产生的原因和预防

（1）电弧焊接是高温明火作业，操作防护不当，容易发生火灾或爆炸事故。其原因有以下几种：

1）飞溅的熔融金属、火花与熔渣颗粒，燃着焊接处附近的易燃物及可燃气体而产生火灾。

2）电焊机的软线或本身绝缘破坏发生短路而产生火灾。

3）焊接未清洗过的油罐、油桶、带有压力的锅炉、储气筒及带压附件等，在有易燃气体的房间内焊接。

（2）为防止火灾、爆炸事故的发生，作业时必须严格执行以下安全防范措施：

1）焊接处 10 m 以内不得有可燃、易燃物，工作点通道宽度大于 1 m。高处作业应注意火花的飞向。

2）应把乙炔发生器（瓶）和氧气瓶安置在焊接处 10 m 以外。

3）储放易燃易爆物的容器未经清洗严禁焊接。

4）焊接管子、容器时，必须把全部孔盖、阀门打开。

5）焊接设备等绝缘应保持完好。

6）严禁将易燃易爆管道作焊接回路使用。

7）使用二氧化碳气瓶及氩气瓶时，应遵守《气瓶安全监察规程》。

三、焊接与切割作业安全基本要求

1. 作业前准备工作安全基本要求

（1）明确工艺要求和焊接与切割安全卫生注意事项。

（2）正确使用个人防护用品。

（3）检查设备、工具及附件，确认正常后方可使用。

（4）仔细观察、检查作业部位和周围环境，确保焊接与切割作业安全。

（5）常用检查方法是“问、看、听、测”。

问：向生产组织管理者及现场有关人员询问作业现场的情况。

看：对作业地点、周围环境及设施的安全状况进行查看，查看设备、防护用品是否完好，绝缘是否良好。

听：听焊机及其附属设备声音是否正常。

测：对作业场所易燃、易爆、有毒气体进行测定，确认无火灾、爆炸、中毒或窒息的危险后方可作业。

2. 作业中安全基本要求

（1）焊工应遵守的“十不焊割”规定

1）焊工未经安全技术培训考试合格，领取操作证，不能焊割。

2）在重点要害部门和重要场所，未采取措施，未经单位有关领导、车间、安全、保卫部门批准和办理动火证手续，不能焊割。

3）在容器内工作无人在场监护，没有 12 V 低压照明和通风不良，不能焊割。

4）未经领导同意，车间、部门擅自拿来的物件，在不了解其使用情况和构造情况下，不能焊割。

5）盛装过易燃、易爆气体（固体）的容器管道，未经用碱水等彻底清洗和处理消除火灾爆炸危险的，不能焊割。

6）用可燃材料充作保温层、隔热、隔音设备的部位，未采取切实可靠的安全措施，不能焊割。

7）有压力的管道或密闭容器，如空气压缩机、高压气瓶、高压管道等，不能焊割。

8）焊接场所附近有易燃物品，未作清除或未采取安全措施，不能焊割。

9）在禁火区内（防爆车间、危险品仓库附近）未采取严格隔离等安全措施，不能焊割。

10）在一定距离内，有与焊割明火操作相抵触的工种（如汽油擦洗、喷漆、灌装汽油等工作会排出大量易燃气体），不能焊割。

（2）凡在禁火区域用火，应按规定办理审批手续，并采取安全可靠的防护措施。

（3）在受限空间内作业，应加强通风，严格执行监护制度。

（4）严禁用氧气通风、降温和吹扫。

（5）焊、割炬及氧气胶管、乙炔胶管应随人进出狭小空间、容器、管道、舱室。在平台上作业时，不准将焊、割炬插在平台孔内。

（6）在有吊装作业时，要选择正确的站位并注意吊物运行方向。

（7）为防止乙炔气体聚集发生爆炸，平台底部应保持通风，并经常清除平台的熔渣物。

（8）暂停工作或作业后，应可靠地切断电源和气源。

3. 焊接与切割作业人员安全职责

焊接与切割作业人员应认真履行以下安全职责：

（1）自觉做到持证上岗，严禁无证操作。

（2）个人防护用品穿戴齐全，并符合要求。

（3）严格遵守安全操作规程，遵守安全管理制度，执行安全技术措施。

（4）做到互相帮助、互相监护、互相监督及“三不伤害”（不伤害自己、不伤害他人以及不被他人伤害）。

（5）在遇有违章指挥或可能发生事故的情况时，应拒绝违章指挥，采取紧急有效措施，并按规定及时向有关部门报告。

（6）焊接与切割时精心操作，保证质量。

（7）爱护和正确使用焊接与切割设备、工器具和安全卫生防护设施。

（8）发生事故应立即报告，并如实反映情况。

4. 气焊（割）工安全操作基本要求

（1）工作前，必须检查焊接场地是否配有消防器材；照明和通风是否良好；距焊接作业点 10 m 以内，禁止存放易燃易爆物品。

（2）在禁火作业场所和有可能发生火灾、爆炸的场所作业时，必须事先履行危险作业审批程序，并寻求消防支持。

（3）对受压、密闭容器，各种油桶、管道或沾有可燃物的工件进行操作时，必须事先进行检查，并经过冲洗，通风除掉有毒、有害、易燃、易爆物质，解除容器及管道压力，消除容器密闭状态（敞开口，旋开盖，打开道门），然后进行工作。

（4）在容器内焊接，必须有良好的通风，外面设专人监护，照明电压采用 12 V。严禁在刚进行油漆或喷涂过塑料的容器内焊接。

（5）高空作业时，必须系安全带，严禁将气管缠在身上，地面必须有人监护。

5. 气焊（割）工安全操作规程

（1）点燃焊（割）炬时，应先开乙炔阀点火，然后开氧气阀调整火焰；关闭时应先关闭乙炔阀，再关氧气阀。

（2）点火时，焊炬口不得对着人，不得将正在燃烧的焊炬放在工件或地面上。焊炬带有乙炔气和氧气时，不得放在金属容器内。

（3）作业中发现气路或气阀漏气时，必须立即停止作业。

（4）作业中若氧气管着火应立即关闭氧气阀门，不得折弯胶管断气；若乙炔管着火，应先关熄炬火，可用弯折前面一段软管的办法止火。

（5）高处作业时，氧气瓶、乙炔瓶、液化气瓶不得放在作业区域正下方，应与作业点正下方保持在 10 m 以上的距离。必须清除作业区域下方的易燃物。

（6）不得将橡胶软管背在背上操作。

（7）作业后应卸下减压器，拧紧气瓶安全帽，将软管盘起捆好，挂在室内干燥处；检查操作场地，确认无着火危险后方可离开。

（8）冬天露天作业时，如减压阀软管和流量计冻结，应使用热水（热水袋）、蒸气或暖气设备化冻，严禁用火烘烤。

（9）使用氧气瓶应遵守下列规定：

1）氧气瓶应与其他易燃气瓶、油脂和易燃、易爆物品分开存放。

2）存储高压气瓶时应旋紧瓶帽，放置整齐，留有通道，加以固定。

3）气瓶库房应与高温、明火地点保持 10 m 以上的距离。

4）氧气瓶在运输时应平放，并加以固定，其高度不得超过车厢槽帮。

5）严禁用自行车、叉车或起重设备吊运高压钢瓶。

6）氧气瓶应设有防震圈和安全帽，搬运和使用时严禁撞击。

7）氧气瓶阀不得沾有油脂、灰土。不得用带油脂的工具、手套或工作服接触氧气瓶阀。

8）氧气瓶不得在强烈日光下暴晒，夏季露天工作时，应搭设防晒罩、棚。

9）氧气瓶与焊炬、割炬、炉子和其他明火的距离应不小于 10 m，与乙炔瓶的距离不得小于 5 m。

10）开启氧气瓶阀门时，操作人员不得面对减压器，应用专用工具。开启动作要缓慢，压力表指针应灵敏、正常。氧气瓶中的氧气不得全部用尽，必须保持不小于 49 kPa 的压强。

11）严禁使用无减压器的氧气瓶作业。

12）安装减压器时，应首先检查氧气瓶阀门，接头不得有油脂，并略开阀门清除油垢，然后安装减压器。作业人员不得正对氧气瓶阀门出气口。关闭氧气阀门时，必须先松开减压器的活门螺丝。

13）作业中，如发现氧气瓶阀门失灵或损坏不能关闭时，应待瓶内的氧气自动逸尽后，再拆卸修理。

14）检查瓶口是否漏气时，应使用肥皂水涂在瓶口上观察，不得用明火试。冬季阀门被冻结时，可用温水或蒸汽加热，严禁用火烤。

6. 手工电弧焊工安全操作规程

（1）电焊工属于特种作业人员，必须经专业安全技术培训，考试合格，获得特种作业操作证后方准上岗独立操作。非电焊工严禁进行电焊作业。

（2）操作时应穿电焊工作服、绝缘鞋和戴电焊手套、防护面罩等安全防护用品，高处作业时系安全带。

（3）电焊作业现场周围 10 m 范围内不得堆放易燃易爆物品。

（4）雨、雪、风力六级以上（含六级）天气不得露天作业。雨、雪后应清除积水、积雪后方可作业。

（5）操作前应首先检查焊机和工具，如焊钳和焊接电缆的绝缘、焊机外壳保护接地和焊机的各接线点等，确认安全合格方可作业。

（6）严禁在易燃易爆气体或液体扩散区域内、运行中的压力管道和装有易燃易爆物品的容器内以及受力构件上焊接和切割。

（7）焊接曾储存易燃、易爆物品的容器时，应根据介质进行多次置换及清洗，并打开所有孔口，经检测确认安全后方可施焊。

（8）在密封容器内施焊时，应采取通风措施。间歇作业时焊工应到外面休息。容器内照明电压不得超过 12 V，焊工身体应用绝缘材料与焊件隔离。焊接时必须设专人监护，监护人应熟知焊接操作规程和抢救方法。

（9）焊接铜、铝、铅、锌合金金属时，必须穿戴防护用品，在通风良好的地方作业。在有害介质场所进行焊接时，应采取防毒措施，必要时进行强制通风。

（10）施焊地点潮湿或焊工身体出汗后而使衣服潮湿时，严禁靠在带电钢板或工件上，焊工应在干燥的绝缘板或胶垫上作业，配合人员应穿绝缘鞋或站在绝缘板上。

（11）焊接时临时接地线头严禁浮搭，必须固定、压紧，用胶布包严。

（12）操作时遇下列情况必须切断电源：

1）改变电焊机接头时。

2）更换焊件需要改接二次回路时。

3）转移工作地点搬动焊机时。

4）焊机发生故障需要进行检修时。

5）更换保险装置时。

6）工作完毕或临时离开操作现场时。

（13）高处作业必须遵守下列规定：

1）必须使用标准的防火安全带，并系在可靠的构架上。

2）必须在作业点正下方 5 m 外设置护栏，并设专人监护。必须清除作业点下方区域易燃、易爆物品。

3）必须戴盔式面罩。焊接电缆应绑紧在固定处，严禁绕在身上或搭在背上作业。

4）焊工必须站在稳固的操作平台上作业，焊机必须放置平稳、牢固，设有良好的接地保护装置。

（14）操作时严禁将焊钳夹在腋下去搬被焊工件或将焊接电缆挂在脖颈上。

（15）焊接时二次线必须双线到位，严禁借用金属管道、金属脚手架、轨道及结构钢筋作回路地线。焊把线无破损，绝缘良好。焊把线必须加装电焊机触电保护器。

（16）焊接电缆通过道路时，必须架高或采取其他保护措施。

（17）焊把线不得放在电弧附近或炽热的焊缝旁，不得碾轧焊把线，应采取防止焊把线被尖利器物损伤的措施。

（18）清除焊渣时应佩戴防护眼镜或面罩。焊条头应集中堆放。

（19）下班后必须拉闸断电，必须将地线与焊把线分开，并确认火已熄灭方可离开现场。

7. 电焊设备维护使用安全要求

（1）电焊机必须安放在通风良好、干燥、无腐蚀介质、远离高温高湿和多粉尘的地方。露天使用的焊机应搭设防雨棚，焊机应用绝缘物垫起，垫起高度不得小于 20 cm，按规定配备消防器材。

（2）电焊机使用前，必须检查绝缘及接线情况，接线部分必须使用绝缘胶布缠严，不得腐蚀、受潮及松动。

（3）电焊机必须设单独的电源开关、自动断电装置。一次侧电源线长度应不大于 5 m，二次线焊把线长度应不大于 30 m。两侧接线应压接牢固，必须安装可靠防护罩。

（4）电焊机的外壳必须设可靠的接零或接地保护。

（5）电焊机焊接电缆线必须使用多股细铜线电缆，其截面应根据电焊机使用规定选用。电缆外皮应完好、柔软，其绝缘电阻不小于 1 MΩ。

（6）电焊机内部应保持清洁。定期吹净尘土。清扫时必须切断电源。

（7）电焊机启动后，必须空载运行一段时间。调节焊接电流及极性开关应在空载下进行。直流焊机空载电压不得超过 90 V，交流焊机空载电压不得超过 80 V。

（8）使用交流电焊机作业应遵守下列规定：

1）多台焊机接线时三相负载应平衡，初级线上必须有开关及熔断保护器。

2）电焊机应绝缘良好。焊接变压器的一次线圈绕组与二次线圈绕组之间、绕组与外壳之间的绝缘电阻不得小于 1 MΩ。

3）电焊机的工作负荷应依照设计规定，不得超载运行。作业中应经常检查电焊机的温升，超过 A 级 60℃、B 级 80℃时必须停止运转。

（9）使用硅整流电焊机作业应遵守下列规定：

1）使用硅整流电焊机时，必须开启风扇，运转中应无异响，电压表指示值应正常。

2）应经常清洁硅整流器及各部件，清洁工作必须在停机断电后进行。

（10）使用氩弧焊机作业应遵守下列规定：

1）工作前应检查管路，气管、水管不得受压、泄漏。

2）氩气减压阀、管接头不得沾有油脂。安装后应试验，管路应无障碍、不漏气。

3）水冷型焊机冷却水应保持清洁，焊接中水流量应正常，严禁断水施焊。

4）高频氩弧焊机，必须保证高频防护装置良好，不得发生短路。

5）更换钨极时，必须切断电源。磨削钨极必须戴手套和口罩。磨削下来的粉尘应及时清除。钍、铈钨极必须放置在密闭的铅盒内保存，不得随身携带。

6）氩气瓶内氩气不得用完，应保留 98～226 kPa。氩气瓶应直立、固定放置，不得倒放。

7）作业后切断电源，关闭水源和气源。焊接人员必须及时脱去工作服，清洗手、脸和外露的皮肤。

（11）使用二氧化碳气体保护焊机作业应遵守下列规定：

1）作业前预热 15 min，开气时，操作人员必须站在瓶嘴的侧面。

2）二氧化碳气体预热器端的电压不得高于 36 V。

3）二氧化碳气瓶应放在阴凉处，不得靠近热源。最高温度不得超过 30℃，并应放置牢靠。

4）作业前应进行检查，焊丝的进给机构、电源的连接部分、二氧化碳气体的供应系统以及冷却水循环系统均应符合要求。

（12）使用埋弧自动、半自动焊机作业应遵守下列规定：

1）作业前应进行检查，送丝滚轮的沟槽及齿纹应完好，滚轮、导电嘴（块）必须接触良好，减速箱油槽中的润滑油应充量合格。

2）软管式送丝机构的软管槽孔应保持清洁，定期吹洗。

（13）焊钳和焊接电缆应符合下列规定：

1）焊钳应保证任何斜度都能夹紧焊条，且便于更换焊条。

2）焊钳必须具有良好的绝缘、隔热能力。手柄绝热性能应良好。

3）焊钳与电缆的连接应简便可靠，导体不得外露。

4）焊钳弹簧失效，应立即更换。钳口处应经常保持清洁。

5）焊接电缆应具有良好的导电能力和绝缘外层。

6）焊接电缆的选择应根据焊接电流的大小和电缆长度，按规定选用较大的截面积。

7）焊接电缆接头应采用铜导体，且接触良好，安装牢固可靠。

第五章 特种设备安全知识

特种设备是指涉及生命安全、危险性较大的锅炉、压力容器、压力管道、电梯、起重机械、客运索道、大型游乐设施、场（厂）内车辆等设备。这些设备的共同特点是具有潜在危险性，易发生爆炸、有毒介质泄漏、失稳、失效、倒塌等事故，造成人员伤亡甚至群死群伤。在特种设备中，锅炉、压力容器、压力管道、电梯、起重机械都是企业必需的设备，如何保证特种设备操作和运行安全，是企业安全管理的重要内容。

第一节 特种设备使用相关法规要求

特种设备与人民群众的生命财产安全息息相关。近年来，随着我国经济的快速发展，特种设备数量也在迅速增加。特种设备本身所具有的危险性，与迅猛增长的数量因素双重叠加，使得特种设备安全形势更加复杂。为了确保特种设备在使用过程中的安全，国家先后制定了一系列法律法规，对特种设备的生产制造、操作使用、定期检测、事故调查等事项作了规定。

一、《特种设备安全监察条例》相关要点

2009 年 1 月 24 日，国务院公布《国务院关于修改〈特种设备安全监察条例〉的决定》（国务院令第 549 号），自 2009 年 5 月 1 日起施行。

新修订的《特种设备安全监察条例》分为八章一百零三条，各章内容为：第一章总则，第二章特种设备的生产，第三章特种设备的使用，第四章检验检测，第五章监督检查，第六章事故预防和调查处理，第七章法律责任，第八章附则。制定本条例的目的，是加强特种设备的安全监察，防止和减少事故，保障人民群众生命和财产安全，促进经济发展。

1. 总则中的有关规定

在第一章总则中，对特种设备安全监察的一些原则问题做了明确规定。

◆特种设备的生产（含设计、制造、安装、改造、维修，下同）、使用、检验检测及其监督检查，应当遵守本条例，但本条例另有规定的除外。

◆国务院特种设备安全监督管理部门负责全国特种设备的安全监察工作，县以上地方

负责特种设备安全监督管理的部门对本行政区域内特种设备实施安全监察（以下统称特种设备安全监督管理部门）。

◆特种设备生产、使用单位应当建立健全特种设备安全、节能管理制度和岗位安全、节能责任制度。

特种设备生产、使用单位的主要负责人应当对本单位特种设备的安全和节能全面负责。

特种设备生产、使用单位和特种设备检验检测机构，应当接受特种设备安全监督管理部门依法进行的特种设备安全监察。

◆任何单位和个人对违反本条例规定的行为，有权向特种设备安全监督管理部门和行政监察等有关部门举报。特种设备安全监督管理部门和行政监察等有关部门应当为举报人保密，并按照国家有关规定给予奖励。

2. 特种设备生产的有关规定

在第二章特种设备的生产中，对特种设备生产作了明确规定。

◆特种设备生产单位，应当依照本条例规定以及国务院特种设备安全监督管理部门制订并公布的安全技术规范（以下简称安全技术规范）的要求，进行生产活动。

特种设备生产单位对其生产的特种设备的安全性能和能效指标负责，不得生产不符合安全性能要求和能效指标的特种设备，不得生产国家产业政策明令淘汰的特种设备。

◆特种设备出厂时，应当附有安全技术规范要求的设计文件、产品质量合格证明、安装及使用维修说明、监督检验证明等文件。

◆锅炉、压力容器、电梯、起重机械、客运索道、大型游乐设施、场（厂）内专用机动车辆的维修单位，应当有与特种设备维修相适应的专业技术人员和技术工人以及必要的检测手段，并经省、自治区、直辖市特种设备安全监督管理部门许可，方可从事相应的维修活动。

◆锅炉、压力容器、起重机械、客运索道、大型游乐设施的安装、改造、维修以及场（厂）内专用机动车辆的改造、维修，必须由依照本条例取得许可的单位进行。

特种设备安装、改造、维修的施工单位应当在施工前将拟进行的特种设备安装、改造、维修情况书面告知直辖市或者设区的市的特种设备安全监督管理部门，告知后即可施工。

◆锅炉、压力容器、电梯、起重机械、客运索道、大型游乐设施的安装、改造、维修以及场（厂）内专用机动车辆的改造、维修竣工后，安装、改造、维修的施工单位应当在验收后30日内将有关技术资料移交使用单位，高耗能特种设备还应当按照安全技术规范的要求提交能效测试报告。使用单位应当将其存入该特种设备的安全技术档案。

◆锅炉、压力容器、压力管道元件、起重机械、大型游乐设施的制造过程和锅炉、压力容器、电梯、起重机械、客运索道、大型游乐设施的安装、改造、重大维修过程，必须经国务院特种设备安全监督管理部门核准的检验检测机构按照安全技术规范的要求进行监督检验；未经监督检验合格的不得出厂或者交付使用。

◆移动式压力容器、气瓶充装单位应当经省、自治区、直辖市的特种设备安全监督管理部门许可，方可从事充装活动。

充装单位应当具备下列条件：

（1）有与充装和管理相适应的管理人员和技术人员。

（2）有与充装和管理相适应的充装设备、检测手段、场地厂房、器具、安全设施。

（3）有健全的充装管理制度、责任制度、紧急处理措施。

气瓶充装单位应当向气体使用者提供符合安全技术规范要求的气瓶，对使用者进行气瓶安全使用指导，并按照安全技术规范的要求办理气瓶使用登记，提出气瓶的定期检验要求。

3. 特种设备使用的有关规定

在第三章特种设备的使用中，对特种设备使用作了规定。

◆特种设备使用单位，应当严格执行本条例和有关安全生产的法律、行政法规的规定，保证特种设备的安全使用。

◆特种设备在投入使用前或者投入使用后30日内，特种设备使用单位应当向直辖市或者设区的市的特种设备安全监督管理部门登记。登记标志应当置于或者附着于该特种设备的显著位置。

◆特种设备使用单位应当建立特种设备安全技术档案。安全技术档案应当包括以下内容：

（1）特种设备的设计文件、制造单位、产品质量合格证明、使用维护说明等文件以及安装技术文件和资料。

（2）特种设备的定期检验和定期自行检查的记录。

（3）特种设备的日常使用状况记录。

（4）特种设备及其安全附件、安全保护装置、测量调控装置及有关附属仪器仪表的日常维护保养记录。

（5）特种设备运行故障和事故记录。

（6）高耗能特种设备的能效测试报告、能耗状况记录以及节能改造技术资料。

◆特种设备使用单位应当对在用特种设备进行经常性日常维护保养，并定期自行检查。

特种设备使用单位对在用特种设备应当至少每月进行一次自行检查，并做出记录。特种设备使用单位在对在用特种设备进行自行检查和日常维护保养时发现异常情况的，应当及时处理。

◆特种设备存在严重事故隐患，无改造、维修价值，或者超过安全技术规范规定使用年限，特种设备使用单位应当及时予以报废，并应当向原登记的特种设备安全监督管理部门办理注销。

◆电梯的日常维护保养必须由依照本条例取得许可的安装、改造、维修单位或者电梯制造单位进行。电梯应当至少每15日进行一次清洁、润滑、调整和检查。

◆电梯的日常维护保养单位应当在维护保养中严格执行国家安全技术规范的要求，保证其维护保养的电梯的安全技术性能，并负责落实现场安全防护措施，保证施工安全。

电梯的日常维护保养单位，应当对其维护保养的电梯的安全性能负责。接到故障通知后，应当立即赶赴现场，并采取必要的应急救援措施。

◆电梯、客运索道、大型游乐设施等为公众提供服务的特种设备运营使用单位，应当设置特种设备安全管理机构或者配备专职的安全管理人员；其他特种设备使用单位，应当根据情况设置特种设备安全管理机构或者配备专职、兼职的安全管理人员。

特种设备的安全管理人员应当对特种设备使用状况进行经常性检查，发现问题的应当立即处理；情况紧急时，可以决定停止使用特种设备并及时报告本单位有关负责人。

◆电梯、客运索道、大型游乐设施的运营使用单位应当将电梯、客运索道、大型游乐设施的安全注意事项和警示标志置于易于为乘客注意的显著位置。

◆电梯、客运索道、大型游乐设施的乘客应当遵守使用安全注意事项的要求，服从有关工作人员的指挥。

◆锅炉、压力容器、电梯、起重机械、客运索道、大型游乐设施、场（厂）内专用机动车辆的作业人员及其相关管理人员（以下统称特种设备作业人员），应当按照国家有关规定经特种设备安全监督管理部门考核合格，取得国家统一格式的特种作业人员证书，方可从事相应的作业或者管理工作。

◆特种设备使用单位应当对特种设备作业人员进行特种设备安全、节能教育和培训，保证特种设备作业人员具备必要的特种设备安全、节能知识。

特种设备作业人员在作业中应当严格执行特种设备的操作规程和有关的安全规章制度。

◆特种设备作业人员在作业过程中发现事故隐患或者其他不安全因素，应当立即向现场安全管理人员和单位有关负责人报告。

4. 事故预防和调查处理的有关规定

在第六章事故预防和调查处理中，对相关事项作了规定。

◆特种设备安全监督管理部门应当制定特种设备应急预案。特种设备使用单位应当制定事故应急专项预案，并定期进行事故应急演练。

压力容器、压力管道发生爆炸或泄漏，在抢险救援时应当区分介质特性，严格按照相关预案规定程序处理，防止二次爆炸。

◆特种设备事故发生后，事故发生单位应当立即启动事故应急预案，组织抢救，防止事故扩大，减少人员伤亡和财产损失，并及时向事故发生地县以上特种设备安全监督管理部门和有关部门报告。

二、《起重机械安全监察规定》相关要点

1. 制定《起重机械安全监察规定》的目的

2006 年 12 月 29 日，国家质量监督检验检疫总局公布《起重机械安全监察规定》（国家质量监督检验检疫总局令第 92 号），自 2007 年 6 月 1 日起施行。

《起重机械安全监察规定》分为七章四十六条，各章内容为：第一章总则，第二章起重机械制造，第三章起重机械安装改造维修，第四章起重机械使用，第五章监督检查，第六章法律责任，第七章附则。

制定《起重机械安全监察规定》的目的，是根据《特种设备安全监察条例》，加强起重机械安全监察工作，防止和减少起重机械事故，保障人身和财产安全。

起重机械的制造、安装、改造、维修、使用、检验检测及其监督检查，应当遵守本规定。

房屋建筑工地和市政工程工地用起重机械的安装、使用的监督管理按照有关法律、法规的规定执行。

2.《起重机械安全监察规定》的有关内容

◆国家质量监督检验检疫总局（以下简称国家质检总局）负责全国起重机械安全监察工作，县以上地方质量技术监督部门负责本行政区域内起重机械的安全监察工作。

◆制造单位应当依法取得起重机械制造许可，方可从事相应的制造活动。

起重机械制造许可实施分级管理，制造单位取得制造许可应当具备相应条件，具体要求按照有关安全技术规范等规定执行。

◆起重机械安装、改造、维修单位应当依法取得安装、改造、维修许可，方可从事相应的活动。

起重机械安装、改造、维修许可实施分级管理，安装、改造、维修单位取得安装、改造、维修许可应当具备相应条件，具体要求按照有关安全技术规范等规定执行。

从事起重机械改造活动，应当具有相应类型和级别的起重机械制造能力。

◆起重机械在投入使用前或者投入使用后 30 日内，使用单位应当按照规定到登记部门办理使用登记。

流动作业的起重机械，使用单位应当到产权单位所在地的登记部门办理使用登记。

◆起重机械报废的，使用单位应当到登记部门办理使用登记注销。

◆起重机械使用单位应当履行下列义务：

（1）使用具有相应许可资质的单位制造并经监督检验合格的起重机械。

（2）建立健全相应的起重机械使用安全管理制度。

（3）设置起重机械安全管理机构或者配备专（兼）职安全管理人员从事起重机械安全管理工作。

（4）对起重机械作业人员进行安全技术培训，保证其掌握操作技能和预防事故的知识，增强安全意识。

（5）对起重机械的主要受力结构件、安全附件、安全保护装置、运行机构、控制系统等进行日常维护保养，并做出记录。

（6）配备符合安全要求的索具、吊具，加强日常安全检查和维护保养，保证索具、吊具安全使用。

（7）制定起重机械事故应急救援预案，根据需要建立应急救援队伍，并且定期演练。

◆使用单位应当建立起重机械安全技术档案。起重机械安全技术档案应当包括以下内容：

（1）设计文件、产品质量合格证明、监督检验证明、安装技术文件和资料、使用和维护说明。

（2）安全保护装置的型式试验合格证明。

（3）定期检验报告和定期自行检查的记录。

（4）日常使用状况记录。

（5）日常维护保养记录。

（6）运行故障和事故记录。

（7）使用登记证明。

◆起重机械定期检验周期最长不超过2年，不同类别的起重机械检验周期按照相应安全技术规范执行。使用单位应当在定期检验有效期届满1个月前，向检验检测机构提出定期检验申请。

流动作业的起重机械异地使用的，使用单位应当按照检验周期等要求向使用所在地检验检测机构申请定期检验，使用单位应当将检验结果报登记部门。

◆起重机械的拆卸应当由具有相应安装许可资质的单位实施。

起重机械拆卸施工前，应当制定周密的拆卸作业指导书，按照拆卸作业指导书的要求进行施工，保证起重机械拆卸过程的安全。

◆起重机械具有下列情形之一的，使用单位应当及时予以报废并采取解体等销毁措施：

（1）存在严重事故隐患，无改造、维修价值的。

（2）达到安全技术规范等规定的设计使用年限或者报废条件的。

◆起重机械出现故障或者发生异常情况，使用单位应当停止使用，对其全面检查，消除故障和事故隐患后，方可重新投入使用。

◆发生起重机械事故，使用单位必须按照有关规定要求，及时向所在地的质量技术监督部门和相关部门报告。

三、《特种设备作业人员监督管理办法》相关要点

2011年5月3日，国家质量监督检验检疫总局公布《关于修改〈特种设备作业人员监督管理办法〉的决定》（国家质量监督检验检疫总局令第140号），自2011年7月1日起施行。

《特种设备作业人员监督管理办法》分为五章四十一条，各章内容为：第一章总则，第二章考试和审核发证程序，第三章证书使用及监督管理，第四章罚则，第五章附则。制定本办法的目的，是加强特种设备作业人员监督管理工作，规范作业人员考核发证程序，保障特种设备安全运行。

1. 总则中有关的原则性规定

在第一章总则中，对有关原则性事项作了规定。

◆锅炉、压力容器（含气瓶）、压力管道、电梯、起重机械、客运索道、大型游乐设施、场（厂）内专用机动车辆等特种设备的作业人员及其相关管理人员统称特种设备作业人员。从事特种设备作业的人员应当按照本办法的规定，经考核合格取得《特种设备作业人员证》，方可从事相应的作业或者管理工作。

◆国家质量监督检验检疫总局（以下简称国家质检总局）负责全国特种设备作业人员的监督管理，县以上质量技术监督部门负责本辖区内的特种设备作业人员的监督管理。

◆申请《特种设备作业人员证》的人员，应当首先向省级质量技术监督部门指定的特种设备作业人员考试机构（以下简称考试机构）报名参加考试。对特种设备作业人员数量较少不需要在各省、自治区、直辖市设立考试机构的，由国家质检总局指定考试机构。

◆特种设备生产、使用单位（以下统称用人单位）应当聘（雇）用取得《特种设备作业人员证》的人员从事相关管理和作业工作，并对作业人员进行严格管理。特种设备作业人员应当持证上岗，按章操作，发现隐患及时处置或者报告。

2. 对考试和审核发证程序相关规定

在第二章考试和审核发证程序中，对相关事项作了规定。

◆特种设备作业人员考试和审核发证程序包括：考试报名、考试、领证申请、受理、审核、发证。

◆发证部门和考试机构应当在办公处所公布本办法、考试和审核发证程序、考试作业人员种类、报考具体条件、收费依据和标准、考试机构名称及地点、考试计划等事项。其中，考试报名时间、考试科目、考试地点、考试时间等具体考试计划事项，应当在举行考试之日 2 个月前公布。有条件的应当在有关网站、新闻媒体上公布。

◆申请“特种设备作业人员证”的人员应当符合下列条件：

（1）年龄在 18 周岁以上。

（2）身体健康并满足申请从事的作业种类对身体的特殊要求。

（3）有与申请作业种类相适应的文化程度。

（4）具有相应的安全技术知识与技能。

（5）符合安全技术规范规定的其他要求。

作业人员的具体条件应当按照相关安全技术规范的规定执行。

◆用人单位应当对作业人员进行安全教育和培训，保证特种设备作业人员具备必要的特种设备安全作业知识、作业技能和及时进行知识更新。作业人员未能参加用人单位培训的，可以选择专业培训机构进行培训。作业人员培训的内容按照国家质检总局制定的相关作业人员培训考核大纲等安全技术规范执行。

◆符合条件的申请人员应当向考试机构提交有关证明材料，报名参加考试。

◆考试机构应当制订和认真落实特种设备作业人员的考试组织工作的各项规章制度，严格按照公开、公正、公平的原则，组织实施特种设备作业人员的考试，确保考试工作质量。考试结束后，考试机构应当在 20 个工作日内将考试结果告知申请人，并公布考试成绩。

考试合格的人员，凭考试结果通知单和其他相关证明材料，向发证部门申请办理“特种设备作业人员证”。

发证部门应当在 5 个工作日内对报送材料进行审查，或者告知申请人补正申请材料，并做出是否受理的决定。能够当场审查的，应当当场办理。

◆对同意受理的申请，发证部门应当在 20 个工作日内完成审核批准手续。准予发证的，在 10 个工作日内向申请人颁发“特种设备作业人员证”；不予发证的，应当书面说明理由。

◆特种设备作业人员考核发证工作遵循便民、公开、高效的原则。为方便申请人办理考核发证事项，发证部门可以将受理和发放证书的地点设在考试报名地点，并在报名考试时委托考试机构对申请人是否符合报考条件进行审查，考试合格后发证部门可以直接办理受理手续和审核、发证事项。

3. 对证书使用及监督管理的相关规定

在第三章证书使用及监督管理中，对相关事项作了规定。

◆持有“特种设备作业人员证”的人员，必须经用人单位的法定代表人（负责人）或者其授权人雇（聘）用后，方可在许可的项目范围内作业。

◆用人单位应当加强对特种设备作业现场和作业人员的管理，履行下列义务：

（1）制订特种设备操作规程和有关安全管理制度。

（2）聘用持证作业人员，并建立特种设备作业人员管理档案。

（3）对作业人员进行安全教育和培训。

（4）确保持证上岗和按章操作。

（5）提供必要的安全作业条件。

（6）其他规定的义务。

用人单位可以指定一名本单位管理人员作为特种设备安全管理负责人，具体负责前款规定的相关工作。

◆特种设备作业人员应当遵守以下规定：

（1）作业时随身携带证件，并自觉接受用人单位的安全管理和质量技术监督部门的监督检查。

（2）积极参加特种设备安全教育和安全技术培训。

（3）严格执行特种设备操作规程和有关安全规章制度。

（4）拒绝违章指挥。

（5）发现事故隐患或者不安全因素应当立即向现场管理人员和单位有关负责人报告。

（6）其他有关规定。

◆“特种设备作业人员证”每4年复审一次。持证人员应当在复审期届满3个月前，向发证部门提出复审申请。对持证人员在4年内符合有关安全技术规范规定的不间断作业要求和安全、节能教育培训要求，且无违章操作或者管理等不良记录、未造成事故的，发证部门应当按照有关安全技术规范的规定准予复审合格，并在证书正本上加盖发证部门复审合格章。复审不合格、逾期未复审的，其“特种设备作业人员证”予以注销。

◆有下列情形之一的，应当撤销“特种设备作业人员证”：

（1）持证作业人员以考试作弊或者以其他欺骗方式取得“特种设备作业人员证”的。

（2）持证作业人员违反特种设备的操作规程和有关的安全规章制度操作，情节严重的。

（3）持证作业人员在作业过程中发现事故隐患或者其他不安全因素未立即报告，情节严重的。

（4）考试机构或者发证部门工作人员滥用职权、玩忽职守、违反法定程序或者超越发证范围考核发证的。

(5) 依法可以撤销的其他情形。

◆"特种设备作业人员证"遗失或者损毁的，持证人应当及时报告发证部门，并在当地媒体予以公告。查证属实的，由发证部门补办证书。

◆任何单位和个人不得非法印制、伪造、涂改、倒卖、出租或者出借"特种设备作业人员证"。

4. 对有关罚则的规定

在第四章罚则中，对相关事项作了规定。

◆申请人隐瞒有关情况或者提供虚假材料申请"特种设备作业人员证"的，不予受理或者不予批准发证，并在1年内不得再次申请"特种设备作业人员证"。

◆有下列情形之一的，责令用人单位改正，并处1 000元以上3万元以下罚款：

(1) 违章指挥特种设备作业的。

(2) 作业人员违反特种设备的操作规程和有关的安全规章制度操作，或者在作业过程中发现事故隐患或者其他不安全因素未立即向现场管理人员和单位有关负责人报告，用人单位未给予批评教育或者处分的。

◆非法印制、伪造、涂改、倒卖、出租、出借"特种设备作业人员证"，或者使用非法印制、伪造、涂改、倒卖、出租、出借"特种设备作业人员证"的，处1 000元以下罚款；构成犯罪的，依法追究刑事责任。

◆特种设备作业人员未取得"特种设备作业人员证"上岗作业，或者用人单位未对特种设备作业人员进行安全教育和培训的，按照《特种设备安全监察条例》相关规定对用人单位予以处罚。

第二节　特种设备安全技术相关知识

特种设备通常在高压、高温、高空、高速条件下运行，若管理不善，易导致爆炸、坠落等生产和公共事故，严重危害人身和财产安全。随着我国经济快速发展，特种设备数量迅猛增长，据统计，截至2012年底，全国特种设备总数达到822万台。对于特种设备，操作和使用得当是生产作业的好帮手，如果缺乏相关知识，不遵守安全操作规程，操作和使用不当，就会导致事故的发生，对自己和他人造成伤害。

一、锅炉安全技术相关知识

1. 锅炉设备的特点

锅炉是一种能量转换设备，它将燃料的化学能、高温烟气的热能以及电能等转换成由蒸汽、高温水或者有机热载体携带的热能，并向外输出蒸汽、高温水或者有机热载体。在工业生产和人们生活中，主要用蒸汽作为加热介质，用热水和有机热载体采暖。

锅炉作为一种受热、承压、有可能发生爆炸危险的特种设备，广泛使用于各类工业企业和人们日常生活之中。锅炉具有与一般机械设备不同的特点，这些特点主要是：

（1）具有爆炸危险而且破坏性极大。锅炉是一种密闭的容器，在受热、受压的条件下运行，因此具有爆炸的危险性。锅炉发生爆炸的原因很多，归纳起来不外乎两种情况：一种是锅炉内压力升高，超过允许工作压力，而安全附件失灵，未能及时报警和排气降压，致使锅炉内压力继续升高，在大于某一受压元件所能承受的极限压力时，发生爆炸；另一种是在正常工作压力时，由于受压元件结构本身有缺陷，使用后造成损坏，或钢材不能承受原来允许的工作压力时，就可能突然破裂爆炸。锅炉在爆炸时，锅内压力骤降，高温饱和水靠自身的潜热汽化，体积成百倍的膨胀形成冲击波，冲垮建筑物，造成严重的破坏和伤亡。

（2）具有易损坏的恶劣工作环境。由于锅炉在较高温度和承受一定压力的条件下运行，它的工作条件要比一般机械设备恶劣。如受热面内外广泛接触烟、火、灰、水、气、水垢等，它们在一定的条件下对锅炉受压元件起腐蚀作用；锅炉各受压元件上承受不同的内外压力而产生相应的应力，同时由于各元件工作温度差异、热胀冷缩程度不同而产生相应应力也不同，随着负荷和燃烧的变化，这种应力也发生变化，部分承受集中应力的受压元件疲劳损坏；依靠锅内流动循环的水汽冷却的受热面因缺水、结水垢或水循环被破坏使传热发生障碍，都可能使高温区的受热面烧损、鼓包、开裂；另外，飞灰造成磨损、渗漏引起腐蚀等。所以，锅炉设备工作条件恶劣，要比一般机械设备容易损坏。

（3）使用广泛并要求连续运行。锅炉的用途十分广泛，是火力发电厂以及化工、纺织、轻工行业中的关键性设备，在日常生活中的食品加工、医疗消毒、洗澡取暖等都离不开它，遍及城乡各地、各行各业。而锅炉一般还要求连续运行，不同于一般设备可以随时停车检修，运行中的锅炉如果突然停炉，会影响到一条生产线、一个工厂甚至一个地区的生产和生活。

（4）锅炉的主要危险。锅炉的主要危险在于易出现介质失控，表现形式有爆炸、泄漏、缺水、满水、超温等。另外，燃料为油、天然气和煤粉的锅炉，还会出现燃烧失控的问题，表现形式为燃爆。锅炉事故造成人员伤亡的因素主要有爆炸、爆燃、灼烫等。此外，检修时人员进入锅炉内部，还易出现缺氧窒息；运行操作时出现机械伤害、触电等。

2. 锅炉运行中存在的危险因素

锅炉的附件与仪表，是确保锅炉安全和经济运行必不可少的组成部分，它们分布在锅炉和锅炉房各个重要部位，对锅炉的运行状况起着监控的作用。安全附件包括安全阀、压力表、水位表、高低水位报警器、温度计、排污和放水装置以及自动控制与保护装置等。随着机械化和自动化程度的提高，锅炉的机械化操作和自动控制的仪表也越来越多，使操作更加简化，能源的利用率越来越高，安全保护设施更加完善，进而提高了锅炉的利用率和效率。

锅炉附属设备是指燃料的供给与制备系统，主要包括上煤、磨粉、燃煤、燃油和燃气装置及鼓风机、引风机、除渣、清灰、空气预热、除尘等装置。

锅炉在运行中工作条件恶劣，影响因素复杂，存在的危险因素主要有：

（1）承受温度压力。锅炉的汽水系统由密闭的容器、管道组成，在工作中承受一定的温度和压力，属于受火加热的压力容器，比常温下的压力容器更易损坏。

（2）接触腐蚀性的介质。锅炉金属表面一侧要接触烟气、灰尘；另一侧要接触水或蒸汽，有腐蚀、磨损及沾污堵塞的可能，使锅炉设备比其他机械设备更容易损坏。

（3）维持连续运转。无论电站锅炉还是工业锅炉，一旦投入运行，就要维持连续运转，不能任意停炉，如果发生事故被迫停炉，就会影响正常的生产和生活，造成很大的损失，因而锅炉常有带“病”运行并把小“病”拖成大“病”的可能。

（4）复杂系统的协同动作。一台锅炉是一个复杂的系统，锅炉本体一般包括很多部件、零件，此外还有很多辅机、附件，锅炉的运转需要整个系统的协调动作，其中任何环节发生故障，都会影响锅炉的安全运行。

（5）锅炉爆炸是灾难性的。锅炉受压元件的损坏，特别是锅炉的受压元件破裂爆炸和燃烧系统的燃气爆炸，具有巨大的破坏力，不仅毁坏设备本身，而且损坏周围的设备建筑，并常常造成人员伤亡，后果严重。

锅炉应用普遍，容易损坏，损坏后果严重。因此，对锅炉安全绝不能等闲视之，需要加强对锅炉的安全管理，预防各种事故的发生。

3. 锅炉三大安全附件的作用

锅炉的三大安全附件是安全阀、压力表和水位表。

（1）安全阀的作用是当锅炉内蒸汽压力超过允许值时，安全阀自动开放，向外排汽，当压力降到规定值时自动关闭，防止锅炉因超压而发生爆炸事故。

（2）压力表是用来测量锅炉内蒸汽压力大小的仪表，锅炉工人通过它来监视锅炉内蒸汽压力的变化。

（3）水位表是用以反映锅炉内水位状况的直读仪表，司炉工人通过它来监视锅炉内水位的变化。

4. 对锅炉水位的监控与调节

锅炉运行中，运行人员应不间断地通过水位表监督锅内的水位。锅炉水位应经常保持在正常水位线处，并允许在正常水位线上下 50 mm 之内波动。

小型锅炉通常是间断供水的，中大型锅炉则是连续供水。当锅炉负荷稳定时，如果给水量与锅炉的蒸发量（及排污量）相等，则锅炉水位就会比较稳定；如果给水量与锅炉的蒸发量不相等，水位就要变化。间断上水的小型锅炉，由于给水与蒸发量不相适应，水位总在变化，最易造成各种水位事故，更需加强运行监督和调节。

对负荷经常变动的锅炉来说，水位的变动主要是由负荷变动引起的。负荷变动引起蒸发量的变动，蒸发量的变动造成给水量与蒸发量的差异，造成水位升降。例如，负荷增加，蒸发量相应加大，如果给水量不随蒸发量增加或增加较少，水位就会下降。因而，水位的变化在很大程度上取决于给水量、蒸发量、负荷三者之间的关系。

当负荷突然变化时，由于蒸发量一时难以跟上负荷的变化，锅炉压力会突然变化，这种压力的突然变化也会引起水位改变。例如，负荷骤然增大，锅炉压力会突然下降，饱和温度随之下降并导致部分饱和水突然汽化，由于水面以下气体容积的突然增加而造成水位的瞬时上升，形成所谓“虚假水位”（因实际水位会很快下降）。运行调节中应该考虑到虚假水位出现的可能，在负荷突然增加之前适当降低水位，在负荷突然降低之前适当提高水位，但不应把虚假水位当作真实水位，不能根据虚假水位调节给水量。

为了使水位保持正常，锅炉在低负荷运行时，水位应稍高于正常水位。以防负荷增加时水位降得过低；锅炉在高负荷运行时，水位应稍低于正常水位，以免负荷降低时水位升得过高。

为对水位进行可靠的监督，在锅炉运行中要定期冲洗水位表，一般要求每班 2～3 次。冲洗时要注意阀门开关次序，不要同时关闭进水及进汽阀门，否则会使水位表玻璃温度和压力升降过于剧烈，造成破裂事故。

当水位表出现异常不能显示水位时，应立即采取措施，判断锅炉是“缺水”还是“满水”，然后酌情处理。在未判清锅炉是缺水还是满水的情况下，严禁上水。

由于水位的变化与负荷、蒸发量和汽压的变化密切相关，水位的调节常常不是孤立进行的，而是与汽压、蒸发量的调整联系在一起。

5. 对锅炉蒸汽压力的监控与调节

锅炉运行中，蒸汽压力应保持稳定，蒸汽压力允许波动的范围一般是±0.05 MPa。

锅炉蒸汽压力变动通常是由负荷变动引起的。当锅炉蒸发量与负荷不相等时，蒸汽压力就要变动：负荷小于蒸发量，蒸汽压力就上升；负荷大于蒸发量，蒸汽压力就下降。所以调节锅炉的蒸汽压力也就是调节其蒸发量。而蒸发量的调节是通过燃烧调节和给水调节来实现的。运行人员根据负荷变化，相应增减锅炉的燃料量、风量、给水量，来改变锅炉蒸发量，使蒸汽压力相对保持稳定。例如，当锅炉负荷降低使蒸汽压力升高时，如果此时水位较低，可先适当加大进水使蒸汽压力不再上升，然后酌情减少燃料量和风量，减弱燃烧，降低蒸发量，使蒸汽压力保持正常；如果蒸汽压力高时水位也高，应先减少燃料量和风量，减弱燃烧，同时适当减少给水量，待蒸汽压力、水位正常后，再根据负荷调节燃烧和给水。当锅炉负荷增加使蒸汽压力下降时，如果此时水位较高，可适当控制进水量，观察燃烧和蒸发量的情况，如燃烧正常，蒸发量未达到额定值，则可增加燃料量和风量，强化燃烧，加大蒸发量，使蒸汽压力恢复复正常；如果蒸汽压力低时水位也低，则可先调节燃烧，同时相应调节给水，使蒸汽压力水位恢复正常。

对于间断上水的锅炉，为了保持蒸汽压力稳定，要注意上水均匀，上水间隔的时间不宜过长，一次上水不宜过多；在燃烧减弱时不宜上水；手烧炉在投煤、扒渣时也不宜上水。

6. 对过热蒸汽温度的监控与调节

对生产过热蒸汽的锅炉来说，锅炉负荷、燃烧、给水温度改变，都会造成过热汽温的改变。过热器本身的传热特性不同，上述因素改变时，汽温变化的规律也各不相同。小型锅炉的过热器都是对流型过热器，调节汽温的手段有：

（1）吹灰。对炉膛中的水冷壁吹灰，可以增加炉膛蒸发受热面的吸热量，降低炉膛出口烟温及过热器传热温压，从而降低过热汽温；对过热器管吹灰，则可提高过热器吸热能力，提高过热汽温。

（2）改变给水温度。当负荷不变时，增加给水温度，势必减弱燃烧不使蒸发量增加，燃烧的减弱使烟气量和烟气流速减小，使过热器的对流吸热量降低，从而使过热汽温下降；相反地，如果给水温度降低，过热汽温反而升高。

（3）增加风量，改变火焰中心位置。适当增加引风和鼓风，使炉膛火焰中心上移，使进入过热器的烟气量和烟温上升，可使过热汽温增高。

（4）喷汽降温。在过热器出口，适当喷入饱和蒸汽，可降低过热汽温。

7. 对锅炉燃烧的监控与调节

锅炉燃烧监控与调节的任务是：

（1）使燃料燃烧放热适应负荷的要求，维持蒸汽压力稳定。

（2）使燃烧完好正常，维持一定的过量空气系数，尽量减少未完全燃烧损失，减轻金属腐蚀和大气污染。

（3）对负压燃烧锅炉，维持引风和鼓风的均衡，保持炉膛一定的负压，以保证操作安全和减少排烟损失。

锅炉正常燃烧时，炉膛火焰应呈现金黄色。如果火焰发白发亮，则表明风量过大；如果火焰发暗，则表示风量过小。

火焰在炉膛中的分布应尽量均匀。负荷变动需要调整燃烧时，应该注意风与燃料增减的先后次序，风与燃料的协调及引风与鼓风的协调。对层燃炉，燃料量的调节应主要通过变更加煤间隔时间、改变链条转速、改变炉排振动频率等手段，而不要轻易改变煤层的厚度。在增加风量的时候，应先增引风，后增鼓风；在减小风量的时候，应先减鼓风，后减引风，以使炉膛保持在负压下运行。对室燃炉，当负荷增加时，应先增引风，再增鼓风，最后增加燃料；当负荷减小时，应先减燃料，其次减小鼓风，最后降低引风。这样可防止在炉膛及烟道中积存燃料，避免浪费和爆炸事故，同时也保证负压运行。

不同燃烧方式，不同燃烧设备，燃烧调节的具体内容、次序及要求各不相同，在此不作详细介绍。

8. 对锅炉排污与吹灰的要求

在锅炉运行中，对锅炉排污与吹灰有以下要求：

（1）排污。锅炉运行中，为了保证受热面内部清洁，避免锅水发生汽水共腾及蒸汽品质恶化，除了对给水进行必要而有效的处理外，还必须坚持排污。

定期排污至少每班进行一次，应在低负荷时进行。定期排污前，锅炉水位应稍高于正常水位。进行定期排污，必须同时严密监视水位。每一水循环回路的排污持续时间，当排污阀全开时不宜超过半分钟，以防排污过分干扰水循环而导致事故。同一台锅炉不准同时开两个或更多的排污管路排污。

排污时，快慢排污阀的先后开启顺序应当固定。排污应缓慢进行，防止水冲击。如果管道发生严重振动，应停止排污，消除故障之后再进行排污。

排污后应进行全面检查，确实把各排污阀关闭严密。如两台或多台锅炉使用同一排污母管，而锅炉排污管上又无逆止阀时，禁止两台锅炉同时排污。

（2）吹灰。锅炉烟气中，含有许多飞灰微粒，在烟气流经蒸发受热面、过热器、省煤器及空气预热器时，一部分烟灰就沉积到受热面上，不及时吹扫清理往往越积越多。由于烟灰的导热能力很差，受热面上积灰会严重影响锅炉传热，降低锅炉效率，影响锅炉运行工况特别是蒸汽温度，对锅炉安全也造成不良影响。

清除受热面积灰最常用的办法就是吹灰，即用具有一定压力的蒸汽或压缩空气，定期吹扫受热面，清除其上的灰尘。水管锅炉通常每班至少吹灰一次，锅壳锅炉每周至少清除火管内积灰一次。

吹灰应在锅炉低负荷时进行。吹灰前应增加引风，使炉膛负压适当增大，操作者应在吹灰装置侧面操作，以免喷火伤人。吹灰应按烟气流动的方向依次进行。锅炉两侧装有吹灰器时，应分别依次吹灰，不应同时使用两台或更多的吹灰器。

使用蒸汽吹灰时，蒸汽压力为0.3～0.5 MPa，吹灰前应首先疏水和暖管，以避免吹灰管路损坏并避免把水吹入炉膛或烟道。吹灰后应关闭蒸汽阀并打开疏水阀，防止吹灰蒸汽经常定位冲刷受热面而把受热面损坏。

用压缩空气吹灰时，空气压力应为0.4～0.6 MPa。

吹灰过程中，如锅炉发生事故或吹灰装置损坏，应立即停止吹灰。

9. 锅炉事故分类

凡锅炉任何部分损坏或运行失常，使锅炉整套设备停止运行或少供汽量的，均称为锅炉事故。锅炉在高温及承压的恶劣环境中运行，设备本身的缺陷、维护保养和运行操作不当，均可造成事故。锅炉事故的发生，将会带来设备、厂房损坏和人身伤亡等恶性事故，并造成较大的经济损失，因此，锅炉管理人员和操作人员，应认真学习锅炉安全法规及有关技术知识，不断提高操作管理技术水平，同时应熟悉各类事故发生的现象、原因及处理方法，一旦发现事故苗头，迅速正确处理，防止事故的发生或扩大。

按锅炉设备的损坏程度，锅炉事故可分为爆炸事故、重大事故和一般事故三类。

（1）爆炸事故。受压部件损坏，不能承受锅炉内的工作压力，并从损坏处爆裂，使锅炉压力瞬间从工作压力降到大气压力的事故。

（2）重大事故。锅炉受压部件严重过热变形、鼓包、破裂、炉膛倒塌、钢架烧红或变形等，造成锅炉被迫停炉进行修理的事故。

（3）一般事故。锅炉设备发生故障或损坏，使锅炉被迫停炉或中断供汽，但能在短时间内恢复运行的事故。

锅炉事故按其性质来分，有破坏性事故和责任事故。破坏性事故是有意犯罪，责任事故是指锅炉设计、制造、安装修理及运行操作过程中没有认真执行法规和未尽职尽责造成的事故。

锅炉事故按照事故的发生原因及现象分类，可分为缺水事故、满水事故、超压事故、爆管事故等。

10. 锅炉运行中的常见事故

锅炉运行中的常见事故主要有：

（1）锅炉缺水。锅炉严重缺水，会造成受压元件变形甚至发生炉管爆炸，如果处理不当可能会发生锅炉爆炸事故。发现锅炉缺水时，应严禁进水，并采取紧急停炉措施。造成锅炉缺水事故的原因大多与运行人员松懈麻痹和误操作有关，或是与水位表因无冲洗措施而发生堵塞故障有关。

（2）汽水共腾。汽水共腾的特点是水位表水位剧烈波动，锅水起泡，蒸汽中大量带水，蒸汽温度下降，严重时管道内发生水冲击。产生这种情况的主要原因是水质不良，含盐太高或锅炉负荷增加过急等。发现汽水共腾时，必须加强水质处理和加大连续排污。

（3）锅炉超压。锅炉超压运行，轻则引起元件变形，连接处损坏；严重时会引起爆炸事故。发生锅炉超压主要是由司炉人员盲目提高工作压力或撤离工作岗位造成的。有时，由于压力表和安全阀同时失灵也会引起锅炉超压。因此，必须加强司炉工岗位责任制和对安全附件的检查。

（4）炉管爆炸。炉管爆破时，有显著的爆破声、喷汽声，同时，水位和气压明显下降。发现这种情况时，必须采取紧急停炉处理措施。发生这种情况的一般原因是水质不良引起炉管结垢或腐蚀；缺水和爆管也可能互为因果；此外，由于设计缺陷、材料强度不足和焊接质量不好，均可能引起爆管事故。

11. 锅炉运行的安全管理

由于锅炉是受热承压设备，系统复杂，环节多，又需要维持连续运行，因此，要使锅炉在运行过程中既安全又经济，圆满地实现各种运行指标，除了要求运行人员从技术上了解和掌握锅炉的有关知识、性能、操作要求、持证上岗外，还应认真加强运行管理，要求运行人员具有高度的责任心，认真贯彻执行各种规章制度。

锅炉运行中，操作人员必须严格地按照各项规章制度进行锅炉运行操作管理。由于运行情况是复杂的，有时会因难以作出判断而贻误操作，运行人员必须时时刻刻密切注意锅炉各种测量仪表，特别是安全附件，不断巡回检查受压部件、转动机械、燃烧系统及其他环节的运行情况，遇到异常情况时，在充分掌握情况的前提下，迅速作出判断，并依据有关规程进行处理。即必须把责任心、业务知识和规章制度有机地结合起来，才能管好用好锅炉。

二、压力容器与气瓶安全技术相关知识

1. 压力容器的特点

压力容器（含气瓶）是在一定温度和压力下进行工作且介质复杂的特种设备，在石油化工、轻工、纺织、医药、军事及科研等领域被广泛使用。随着生产的发展和技术的进步，其操作工艺条件向高温、高压及低温发展，工作介质种类繁多，且具有易燃、易爆、剧毒、

腐蚀等特征，危险性更为显著，一旦发生爆炸事故，就会危及人身安全、造成财产损失，带来灾难性恶果。

压力容器不管其形状、用途、结构如何，一般都是由筒体、封头（端盖）、管板、球壳板、法兰、接管、人（手）孔、支座等部分组成。其中筒体是压力容器的重要部件，与封头或管板共同构成承压壳体，为物料的储存和完成介质的物理、化学反应及其他工艺用途提供所必需的空间。

压力容器可提供一个能够承装介质并且承受其压力的密闭空间（单腔或者多腔）。固定式压力容器的主要作用可分为4种，一是用于完成介质的物理、化学反应；二是用于完成介质的热量交换；三是用于完成介质的流体压力平衡缓冲和气体的净化分离；四是用于储存、盛装气体、液体、液化气体等介质。移动式压力容器和气瓶主要用于盛装气体、液体、液化气体等介质。

由于压力容器是承压设备，是在各种介质和十分苛刻的环境下运行，所以按操作规程操作显得尤为重要。压力容器工艺参数范围较大，其操作压力有的高达250MPa（如高压法聚乙烯），温度可达上千度，还有的是在－196℃（如乙烯）下运行。内部盛装的介质有的易燃、易爆，有的毒性程度为高度危害、极度危害，有的腐蚀性强。因此，对压力容器最主要、最基本的要求必须最大限度地保证工艺生产有效、安全地实施。换句话说，压力容器必须具有工艺要求的特定使用性能，安全可靠；制造安装简单，结构先进，维修方便和经济合理等方面的特点。

2. 压力容器的危险性

压力容器广泛用于化工、石化、能源、冶金、制药、纺织、造纸、医疗、军工、建材、机械制造、民用等领域。固定式压力容器、移动式压力容器和气瓶的主要危险在于其易失去密封介质的能力，表现形式分为爆炸和泄漏两大类。压力容器盛装的介质比较复杂，如果是可燃介质逸出，可造成气体爆炸、火灾；如果是有毒介质溢出，可造成中毒以及环境污染。尤其是压力容器介质盛装量较大的时候，发生事故的后果会更为严重。氧舱的主要危险是易发生火灾。压力容器事故造成人员伤亡的因素主要有爆炸、爆燃、中毒、火灾、灼烫等。此外，检修时进入压力容器内部，还易出现缺氧窒息和中毒事故。

压力容器常见事故有爆炸、泄漏、爆燃、火灾、中毒以及设备损坏等类型。压力容器发生爆炸事故的主要原因，一是存在较严重的先天性缺陷，即设计结构不合理、选材不当、强度不足、粗制滥造；二是使用管理不善，即操作失误、超温、超压、超负荷运行、失检、失修、安全装置失灵等。因此，压力容器安全涉及容器设计、制造、安装、管理、检验、修理、改造等各个方面。

3. 压力容器的安全使用

压力容器的安全装置和附件需齐全、灵敏、安全、可靠。装载易燃介质的移动式槽车需装设可靠的静电接地装置。乙炔气瓶需装设专用的减压器、回火防止器（阻止器）、安全附件并定期检验，如发现失效，应及时更换。

压力容器及各类钢瓶充装时，任何情况下均不得超装超压。

氧气瓶的瓶体与瓶阀不得粘有油脂、易燃品和带有油污的物品。

所装介质相互接触后能引起燃烧、爆炸的气瓶，不得同车运输、同室储存。易起聚合反应的气体钢瓶，需规定储存期限。

日常生产作业过程中，应加强对压力容器的使用保养。容器在运行使用中应处于完好状态，要定期检验和进行安全检查，及时发现并处理容器存在的缺陷。要经常监视和记录容器的使用压力及温度、安全附件和指示仪表的工作情况，以及容器外部的腐蚀情况。对容器或气瓶壁严重腐蚀或因伤痕而变薄部位，应进行强度核算，以确定是否符合强度要求。

压力容器操作人员需经专业培训，考核合格取得特种设备作业人员证书后方可上岗。操作中要严格遵守安全操作规程和岗位责任制。操作要平稳，杜绝压力频繁或大幅度波动以及温度梯度过大。

容器运行中严禁超载、超温、超压，其运行压力和温度如有异常，应立即按操作规程调整到正常参数。

压力容器是承压的特种设备，一旦发生事故，其后果极为严重。因此，必须认真贯彻《特种设备安全监察条例》，严格执行规程和标准，以保证压力容器的安全。

4. 工业气瓶安全基本要求

（1）检验周期应符合：

1）盛装腐蚀性气体的气瓶应每两年检验一次。

2）盛装一般气体的气瓶应每三年检验一次。

3）盛装惰性气体的气瓶应每五年检验一次。

4）低温绝热气瓶应每三年检验一次。

（2）气瓶本体

1）瓶体漆色、字样应清晰，且符合国家标准的规定。

2）瓶体外观应无缺陷，无机械性损伤，无严重腐蚀、灼痕。

3）瓶帽、瓶阀、防震圈、爆破片、易熔合金塞等安全附件应齐全、完好。

（3）气瓶储存

1）气瓶应储存于专用库房内，并有足够的自然通风或机械通风。

2）存放可燃气体气瓶和助燃气体气瓶的库房耐火等级应不低于二级，其门窗的开向以及电气线路应符合防爆要求；库房外应设置禁火标志；消防器材的配备应符合国家标准的规定。

3）可燃气体气瓶和助燃气体气瓶不允许同库存放。

4）空、实瓶应分开存放，在用气瓶和备用气瓶应分开存放，并设置防倾倒措施。

5）应采取隔热、防晒、防火等措施。

（4）气瓶使用

1）溶解气体气瓶不允许卧放使用。

2）气瓶内气体不得耗尽，应留有不小于 0.05 MPa 的余压。

3）工作现场的气瓶，同一地点存放量不得超过 20 瓶；超过 20 瓶则应建二级气瓶库。

4）气瓶不得靠近热源和明火，应保证气瓶瓶体干燥。盛装易起聚合反应或分解反应的气体的气瓶应避开放射性源。

5）不得采用超过 40℃的热源对气瓶加热。

6）气瓶减压器的压力表应定期校验，乙炔瓶工作时应安装回火防止器。

5. 气瓶的安全装置

气瓶是移动式容器，它在充装、使用，特别是在搬运过程中，常常会因滚动或震动而相互撞击或与其他硬物碰撞，这不但会使气瓶瓶壁产生伤痕或变形，而且会因此而引起气瓶脆裂，这是高压气瓶发生破裂爆炸事故常见原因之一。为了避免气瓶因碰撞而发生破裂事故，在瓶体上最好装有防止撞击的保护装置——防震圈。

瓶帽是为了防止气瓶瓶阀被破坏的一种保护装置。装在气瓶顶部的瓶阀，如果没有保护装置，常会在气瓶的搬运过程中被撞击而损坏，有时甚至会因为瓶阀被撞断而使气瓶内气体高速喷出，以至于气瓶向气流的相反方向飞动，造成人身伤亡事故，所以每个气瓶的顶部都应装有瓶帽。瓶帽一般用螺纹与瓶颈连接，瓶帽上应开有小孔，一旦瓶阀漏气，漏出的气体可以从小孔排除，以免瓶帽打飞伤人。

6. 气体的充装

气瓶在充装时，如充装过量或助燃、可燃气体混装，便很可能会发生爆炸事故。特别在夏天，充装温度一般都比室温低很多，如果计量不准确，就可能充装过量，充装过量的气瓶受周围环境温度的影响，或在烈日下暴晒，瓶内液体温度升高，体积膨胀，瓶内空间很快被饱和气体所充满，并产生很大的压力，结果造成气瓶破裂爆炸。

气瓶在充装时，要严防可燃与助燃气体混装，即原来充装可燃气体的气瓶，未经置换、清洗等处理，并且瓶内还有余气，又来充装氧气（反之亦然）。结果瓶内的可燃气体与氧气发生化学反应，产生大量的热，造成瓶内压力剧烈升高，气瓶破裂爆炸，且这种爆炸由于反应速度快容易炸成很多碎片。

7. 气瓶的使用与维护

一般气瓶所装的气体按化学性质大致可以分为 4 类，即易燃类，如乙炔、氢、一氧化碳；助燃类，如氧；有毒类，如氯、氨、硫化氢；不燃无毒类，如氮、二氧化碳。由于气瓶充装和流动性大，如不加强使用与管理，一旦发生泄漏，往往发生爆炸、火灾或人员中毒事故。

（1）正确操作，合理使用。开启气瓶阀门时要慢慢开启，防止附件升压过速产生高温。对充装可燃气体的气瓶尤应注意，以免因静电作用引起气体燃烧。开阀时不能用扳手等敲击瓶阀，以防产生火花；氧气瓶的瓶阀及其他附件都禁止沾染油脂，手或手套上沾有油脂时，不要操作氧气瓶；每种气体要有专用的减压器，氧气和可燃气体的减压阀不能互用；瓶阀或减压阀泄漏时不得继续使用；气瓶使用到最后时应留有余气，以防混入其他气体或杂质，造成事故。

（2）防止气瓶受热。为了避免瓶内气体温度升高，气瓶不应放在高温下暴晒；也不能靠近高温热源；更不能用高压蒸汽直接吹喷气瓶；瓶阀冻结时应把气瓶移到较暖的地方，用温水解冻，禁止用明火烘烤。

（3）加强气瓶的维护。气瓶外壁上的油漆既是防护层，又可以保护瓶体免受腐蚀，也是识别标记，它表明瓶内所装气体的类别，可以防止误用和混装。因此必须保持油漆完好。油漆脱落或模糊不清时应按规定重新漆包。瓶内混入水分常会加速气体对气瓶内壁的腐蚀，尤其是在进行水压试验后，氧气瓶内混入水分（氧气中带水），也是气瓶腐蚀的常见原因。很多氧气瓶都是在内壁下部腐蚀严重，原因就是气瓶中长期积水，在水与氧的交接面腐蚀加剧所致。已经使用过的气瓶，一般不要换装别的气体。

8. 运输和装卸气瓶应遵守的安全规定

运输和装卸气瓶应遵守下列规定：

（1）运输工具上应有明显的安全标志。

（2）气瓶必须戴好瓶帽，轻装轻卸，严禁抛、滑、滚、撞。

（3）吊装时，严禁使用电磁起重机和链绳。

（4）瓶内气体相互接触能引起燃烧、爆炸、产生毒物的气瓶，不得同车运输；易燃、易爆、腐蚀性物品或与瓶内气体起化学反应的物品，不得与气瓶一起运输。

（5）气瓶装在车上应妥善固定。横放时，头部朝向应一致，垛高不得超过车厢高度，且不得超过 5 层；立放时，车厢高度应在瓶高的 2/3 以上。

（6）夏季运输应有遮阳设施，避免暴晒；城市繁华地段应避免白天运输。

（7）严禁烟火。运输可燃气体气瓶时，车上应备有灭火器材。

（8）装有液化石油气的气瓶，不应长途运输。运输气瓶过程中，司机与押运人员不得同时离开运输工具。

9. 储存气瓶应符合的安全规定

储存气瓶应符合下列规定：

（1）应置于专用仓库储存。

（2）仓库内不得有地沟、暗道，严禁明火和其他热源；仓库内应通风、干燥、避免阳光直射。

（3）盛装易聚合反应或分解反应气体的气瓶，必须规定储存周期，并避免接触放射性射线源。

（4）空瓶、实瓶分开放置，标志应明显；毒性气体气瓶和瓶内气体相互接触引起燃烧、爆炸、产生毒物的气瓶，应分室存放；仓库附近设置防毒用具和灭火器材。

（5）旋紧瓶帽，放置整齐，留有通道，妥善固定。气瓶卧放，头部统一朝向一方，垛高不得超过5层。

三、起重机械安全技术相关知识

1. 起重机械的特点与危险性

起重机械是一种搬运设备，主要作用是吊起重物，在空间移动后，在指定地点放下重物，即通过在空间的移动完成重物位移。起重机械主要用于工业企业、港口码头、铁路车站、仓库、电站、房屋建筑、工程建设、设备制造及安装、维修等场所。

起重机械的主要危险在于易出现设备失控和起吊物失控。设备失控可导致起重机倾覆、折臂、过卷扬、碰撞等；起吊物失控可导致吊物坠落、碰撞，当起吊物为盛装液体介质的容器如钢水包时，起吊物失控还会造成钢水的溅出或溢出。另外，起重机械还会导致触电、机械伤害等。

起重机械对人的伤害包括各种起重作业（包括起重机安装、检修、试验）中发生的挤压、坠落（吊具、吊重）、物体打击和触电。起重机械常见事故类型有吊物坠落、挤压碰撞、触电和机体倾翻和设备损坏等。

2. 起重机械的分类

起重机械是机械、冶金、化工、矿山、林业等企业，以及在人类生活、生产活动中以间歇、重复的工作方式，通过吊钩或其他吊具起升、搬运物料的一种危险因素较大的特种机械设备。起重运输形式多样，种类繁多，按其结构和用途可分为起重机具（简单起重机械）和起重机两大类。

起重机械具有以下几类：

（1）千斤顶。分为齿条千斤顶、螺旋千斤顶、液压千斤顶和气压千斤顶等。

（2）葫芦。分为手动葫芦、电动葫芦和气动葫芦等。

（3）卷扬机。分为手动卷扬机、电动卷扬机等。

（4）升降机。分为电梯、货用电梯和建筑升降机等。

（5）扒杆。分为独脚扒杆、人字扒杆和龙门扒杆等。

起重机还可以根据产品的结构、用途和国内生产管理上的习惯分为两大类：

（1）桥式类型。分为桥式起重机、龙门起重机、装卸桥、缆索起重机和桥式缆索起重机。

（2）旋转式类型。分为塔式起重机、门座式起重机、浮船式起重机、桅杆式起重机和自行式起重机等。

3. 起重机安全操作的一般要求

起重机安全操作的一般要求是：

（1）司机接班时，应对制动器、吊钩、钢丝绳和安全装置进行检查。发现性能异常时，应在操作前排除。

（2）开车前，必须鸣铃或报警。操作中接近人时，亦应给以断续铃声或报警。

（3）操作应按指挥信号进行。对紧急停车信号，不论何人发出，都应立即执行。

（4）当确认起重机上或其周围无人时，才可以闭合主电源。当电源电路装置上加锁或有标牌时，应由有关人员除掉后才可闭合主电源。

（5）闭合主电源前，应使所有的控制器手柄置于零位。

（6）工作中突然断电时，应将所有的控制器手柄扳回零位。在重新工作前，应检查起重机工作是否都正常。

（7）在轨道上露天作业的起重机，当工作结束时，应将起重机锚定住，当风力大于 6 级时，一般应停止工作，并将起重机锚定住。对于在沿海工作的起重机，当风力大于 7 级时，应停止工作，并将起重机锚定住。

（8）司机进行维护保养时，应切断主电源并挂上标志牌或加锁，如存在未消除的故障，应通知接班司机。

4. 起重机械安全基本要求

（1）安全管理和资料应满足以下要求：

1）制造、安装、改造、维修应由具备资质的单位承担，选用的产品应与工况、环境相适应。

2）产品合格证书、自检报告、安装资料等应齐全。

3）应注册登记，并按周期进行检验。

4）日常点检、定期自检和日常维护保养等记录齐全。

（2）金属结构件和轨道

1）主要受力构件（如主梁、主支撑腿、主副吊臂、标准节、吊具横梁等）无明显变形。

2）金属结构件的连接焊缝无明显焊接缺陷，螺栓和销轴等连接处无松动、无缺件、无损伤。

3）大车、小车轨道无松动。

（3）钢丝绳的断丝数、腐蚀（磨损）量、变形量、使用长度和固定状态应符合 GB/T 5972—2009《起重机　钢丝绳　保养、维护、安装、检验和报废》的规定。

（4）滑轮应转动灵活，其防护罩应完好；滑轮直径与钢丝绳的直径应匹配，其轮槽不均匀磨损不得大于 3 mm，轮槽壁厚磨损不得大于原壁厚的 20%，轮槽底部直径磨损不得大于钢丝绳直径的 50%，并不得有裂纹。

（5）吊钩等取物装置

1）无裂纹。

2）危险断面磨损量不得大于原尺寸的 10%。

3）开口度不得超过原尺寸的 15%。

4）扭转变形不得超过 10°。

5）危险断面或吊钩颈部不得产生塑性变形。

6）应设置防脱钩装置，且有效。

7）吊钩（含直柄吊钩尾部的退刀槽）、液态金属吊钩横梁的吊耳和板钩心轴、盛钢（铁）液体的吊包耳轴（含焊缝）、集装箱吊具转轴及搭钩等应定期进行无损探伤，探伤检查周期一般为 6～12 个月。

（6）制动器

1）运行可靠，制动力矩调整合适。

2）液压制动器不得漏油。

3）吊运炽热金属液体、易燃易爆危险品或发生溜钩可造成重大损失的起重机械，起升（下降）机构应装设两套制动器。

（7）各类行程限位、重量限制器开关、联锁保护装置及其他保护装置应完好、可靠。1 t 及以上起重机械应加装重量限制器，1 t 以下起重机械应加装防止电动葫芦脱轨的装置。

（8）急停装置、缓冲器和终端止挡器等停车保护装置完好、可靠。急停装置不得自动复位，且装设在司机操作方便的部位。

（9）便携式（含地面操作、遥控）按钮盘的控制电源应采用安全电压，且功能齐全、有效。无线遥控装置应由专人保管，非操作人员不得启动按钮。便携式地面操作按钮盘的按钮自动复位（急停开关除外），控制电缆支承绳应完整有效。

（10）各种信号装置与照明设施应完好有效。

（11）PE线应连接可靠，线径截面及安装方式应符合相关规定要求。电气装置应配备完好；防爆起重机上的安全保护装置、电气元件、照明器材等应符合防爆要求。

（12）各类防护罩、盖完整可靠；工业梯台应符合相关规定要求。

（13）露天作业的起重机械防雨罩、夹轨器或锚定装置应安全可靠；起升高度大于50 m且露天作业的起重机械应安装风速仪。

（14）安全标志与消防器材

1）明显部位应标注额定起重量、检验合格证和设备编号等标识。

2）危险部位标志应齐全、清晰，并符合GB 2894—2008《安全标志及其使用导则》的规定。

3）运动部件与建筑物、设施、输电线的安全距离符合相关标准，室外高于30 m的起重机械顶端或者两臂端应设置红色障碍灯。

4）司机室应确保视野清晰，并配有灭火器和绝缘地板，各操作装置标识完好、醒目。

5）司机室的固定连接应牢固可靠；露天作业的司机室应设置防风、防雨、防晒等装置，高温、铸造作业的司机室应密封并加装空调。

（15）吊索具

1）自制吊索具的设计、制作、检验等技术资料均应符合相关标准要求，且有质量保证措施，并报本企业主管部门审批。

2）购置吊具与索具应是具备安全认可资质厂家的合格产品。

3）使用单位应对吊具与索具进行日常保养、维修、检查和检验，吊具与索具应定置摆放，且有明显的载荷标识；所有资料应存档。

（16）铁路起重机、高空作业车、升降机等专项安全保护和防护装置齐全、有效。有轨巷道堆垛起重机的限速防坠、过载保护、松绳保护、货叉伸缩行程限位器等专项安全保护和防护装置应符合JB 5319.2—1991《有轨巷道堆垛起重机　安全规范》的相关规定。

5. 起重机司机在操作时应遵守的安全技术要求

司机在操作时应遵守下述要求：

（1）不得利用极限位置限制器停车。

(2) 不得在有载荷的情况下，调整起升、变幅机构的制动器。

(3) 吊运时，不得从人的上空通过，吊臂下不得有人。

(4) 起重机工作时，不得进行检查和维修。

(5) 所吊重物接近或达到额定起重能力时，吊运前应检查制动器，并用小高度、短行程试吊后，再平稳地吊运。

(6) 无下降极限位置限制器的起重机，吊钩在最低工作位置时，卷筒上的钢丝绳必须保持设计规定的安全圈数。

(7) 起重机工作时，臂架、吊具、辅具、钢丝绳、缆风绳及重物等，与输电线的最小距离不应小于表5—1中所示的规定。

表5—1　与输电线的最小距离

输电线路电压 U (kV)	<1	1～35	≥60
最小距离 (m)	1.5	3	0.01 (U−50) +3

(8) 流动式起重机，工作前应按说明书的要求平整停机场地，牢固可靠地打好支腿。

(9) 对无反接制动性能的起重机，除特殊紧急情况外，不得利用打反车进行制动。

6. 起重机司机在工作中应遵守的“十不吊”

所谓“十不吊”，是指起重机司机在工作中遇到以下十种情况时不能进行起吊作业：

(1) 超载或被吊物重量不清。

(2) 指挥信号不明确。

(3) 捆绑、吊挂不牢或不平衡可能引起吊物滑动。

(4) 被吊物上有人或浮置物。

(5) 结构或零部件有影响安全工作的缺陷或损伤。

(6) 遇有拉力不清的埋置物件。

(7) 工作场地光线暗淡，无法看清场地、被吊物情况和指挥信号。

(8) 重物棱角处与捆绑钢丝绳之间未加垫。

(9) 歪拉斜吊重物。

(10) 易燃易爆物品。

7. 起重机司机在作业中的严禁事项

起重机的严禁事项主要有以下几项：

(1) 不准用升降机构起升或移运人员。

(2) 不准吊运易燃、易爆物品及酸。

（3）不准超负荷起吊。

（4）不准用一台车撞另一台车。

（5）不准从起重机上向下扔重物。

（6）不准非司机（无操作证人员）操作起重机。

8. 卷扬机的种类、用途与使用安全要求

卷扬机又名绞车，在起重安装工作中使用较广泛，根据其驱动方式可分为手动与电动两种。手动卷扬机由机架、摇柄、卷筒及齿轮传动系统组成，其起重量一般在 0.5～10 t 之间，常用在某些临时性的建筑安装、拆卸、检修及其他拖拉工作中。电动卷扬机主要是由机架、变速箱、卷筒、电动机、凸缘盘、制动器、联轴节、电气开关箱、防护罩等组成，较手动卷扬机的起重量大、速度高、操作方便，常用在建筑安装及其他装卸或拖运工作方面，也可用作起重机和升降机的驱动装置。

对卷扬机的使用规定如下：

（1）卷扬机与支承面的安装定位应平整牢固。

（2）卷扬机卷筒与导向滑轮轴心线应对正。卷筒轴心线与导向滑轮轴心线的距离：光卷筒不应小于卷筒长的 20 倍；有槽卷筒不应小于卷筒长的 15 倍。

（3）钢丝绳应从卷筒下方卷入。

（4）卷扬机工作前，应检查钢丝绳、离合器、制动器、棘轮棘爪等，可靠无异常，方可开始吊运。

（5）重物长时间悬吊时，应用棘爪支住。

（6）吊运中突然停电时，应立即断开总电源，手柄扳回零位，并将重物放下，对无离合器手控制动能力的，应监护现场，防止意外事故。

9. 手拉葫芦的特点与使用中要注意的问题

手拉葫芦又称倒链。按结构可分为齿轮传动及蜗轮蜗杆传动两种。后者因工作效率及工作速度较低，目前很少采用。齿轮传动式手拉葫芦有结构紧凑、重量轻、便于携带、容易操纵等优点。尤其对露天、无电源及流动性场合更有重要的功用，被广泛应用于安装和修理工作中。

手拉葫芦在使用时要注意以下问题：

（1）操作前必须详细检查各个部件和零件，包括链条的每个链环，各传动部件的润滑，情况良好时方可使用。

（2）悬挂支撑点应牢固，悬挂支撑点的承载能力应与该葫芦的承重能力相适应。

（3）使用时应先将牵引链条反拉，使起动主链条倒松，使之有最大的起重距离。

(4) 在使用时，应先把起重链条缓慢倒紧，等链条吃劲后，应检查葫芦的各部分有无变化，安装是否妥当，在各部分确实安全良好后，才能继续工作。

(5) 在倾斜或水平方向使用时，拉链方向应与链轮方向一致，应注意不使钩子翻转，防止链条脱槽。

(6) 起重量不得超过手拉葫芦的起重能力，在重物接近额定负荷时，要特别注意。使用时用力要均匀，不得强拉猛拉。

(7) 接近泥沙工作的葫芦必须采用垫高措施，避免泥沙带进转动轴承内，影响其使用寿命与安全。

(8) 使用三个月以上的葫芦，应进行拆卸、清洗、检查和注油。对于缺件、失灵和结构损坏等情况，需经修复后才能使用。

(9) 使用三脚架时，三脚必须保持相对间距，两脚间应用绳索联系，当联系绳索置于地面时，要注意防止将作业人员绊倒。

(10) 起重高度不得超过标准值，以防链条拉断销子，造成事故。

10. 电动葫芦的特点与使用中要注意的问题

电动葫芦是一种把电动机、钢绳卷筒、减速器、制动器及运行小车合为一体的小型轻巧的起重设备。它具有结构简单、制造和检修方便、互换性好、轻巧灵活、操作容易、成本低等优点，广泛用于中、小型物品的起重运输。其悬挂方式可用螺栓固定，也可用吊钩、托架悬挂在梁上。葫芦可以是固定的，也可以通过小车和桥架组成电动单梁、简易桥式双梁和简易龙门起重机等。

为保证电动葫芦的使用安全，操作人员除按规定培训并持证操作外，还必须要注意以下问题：

(1) 开动前应认真检查设备的机械、电气、钢丝绳、吊钩、限位器等是否完好可靠。

(2) 不得超负荷起吊。起吊时，手不准握在绳索与物件之间。吊物上升时严防撞顶。

(3) 起吊物件时，必须遵守挂钩起重工安全操作规程。捆扎时应牢固，在物体的尖角缺口处应设衬垫保护。

(4) 使用拖挂线电气开关起动，绝缘必须良好。正确按动电钮，操作时注意站立的位置。

(5) 单轨电动葫芦在轨道转弯处或接近轨道尽头时，必须减速运行。

(6) 凡有操作室的电动葫芦必须有专人操作，严格遵守行车工有关安全操作规程。

11. 千斤顶的特点与使用中的安全要求

千斤顶不同于其他的起重设备，它在工作时被置于重物之下，因此不需使用系物绳索或链条等其他辅助装置。它能保证准确的起升高度，无冲击无振动，并且构造简单轻便，维护简易，已被广泛用于安装和检修工作中。

使用千斤顶要注意以下事项：

(1) 千斤顶应放平整，并在上下端垫以坚韧木料，但不能使用沾有油污的木料或铁板做衬垫，以防止千斤顶受力时打滑。应有足够的承压面积，并使受力通过承压中心。

(2) 千斤顶安装好以后，要先将重物稍微顶起，经试验无异常变化时，再继续起升重物。在顶重过程中，要随时注意千斤顶的平整直立，不得歪斜，严防倾倒，不得任意加长手柄或操作过猛。

(3) 起重时应注意上升高度不超过额定高度。当需将重物起升超过千斤顶的额定高度时，必须在重物下面垫好枕木，卸下千斤顶，垫高其底座，然后重复顶升。

(4) 起升重物时，应在重物下面随起随垫枕木垛，下放时，应逐步外抽。保险枕木垛和重物的高度差一般不得大于一块枕木厚度，以防意外。

(5) 同时使用两台或两台以上千斤顶时，应注意使每台千斤顶负荷平衡，不得超过额定负荷，要统一指挥，同起同落，使重物升降平稳，以防发生倾倒。

(6) 千斤顶的构造，应保证在最大起升高度时，齿条、螺杆、柱塞不能从底座的筒体中脱出。

(7) 千斤顶在使用前，应认真进行检查、试验和润滑。油压千斤顶按规定定期拆开检查、清洗和换油，螺旋千斤顶和齿条千斤顶的螺纹磨损后，应降低负荷使用，磨损超过20%则应报废。

(8) 保持储油池的清洁，防止沙子、灰尘等进入储油池内，以免堵塞油路。

(9) 使用千斤顶时要时刻注意密封部分与管接头部分，必须保证其安全可靠。

(10) 千斤顶不适用于有酸、碱或腐蚀性气体的场所。

四、电梯安全技术相关知识

1. 电梯的特点与危险性

电梯是指动力驱动，利用沿刚性导轨运行的轿厢或者沿固定线路运行的梯级（踏步），进行升降或者平行运送人、货物的机电设备，主要包括载人（货）电梯、自动扶梯和自动人行道等。

电梯是一个多层及高层建筑的上下垂直运输设备，需要频繁地上下启动停止，人经常处于加速度及颠簸状态。因此，采用垂直输送方式的电梯主要危险是设备失控，一是可导致人从高处坠落或者人和货物随轿厢从高处坠落；二是在人员出入轿厢的瞬间，轿厢突然起动，造成人员在轿门与层门之间的门槛处被剪切；三是轿厢冲顶或撞底时，导致位于轿顶或底坑的检修人员被挤压。另外，电梯还会造成触电、机械伤害等事故。自动扶梯和自动人行道设备的主要危险是机械伤害以及失控时致使乘客绊倒（跌倒）。

电梯事故可分为人身伤害事故、设备损坏事故和复合性事故三类。电梯人身伤害事故分为坠落、剪切、挤压、撞击、缠绕和卷入、滑倒、绊倒（跌倒）、触电以及乘客被困在电梯中等事故类型。

2. 电梯安全基本要求

（1）安全管理和资料应满足以下要求：

1）制造、安装、改造、维修、日常保养应由具备资质的单位承担。

2）产品合格证书、自检报告、安装资料等齐全。

3）应注册登记，并按周期进行检验，轿厢内粘贴检验合格证。

（2）限速器、安全钳、缓冲器、限位器、报警装置以及门的联锁装置、安全保护装置应完整，且灵敏可靠。

（3）曳引机应工作正常，油量适当，曳引绳与补偿绳断丝数、腐蚀磨损量、变形量、使用长度和固定状态应符合 GB 7588 的相关规定，制动器应运行可靠。

（4）轿厢结构牢固可靠、运行平稳，轿门关闭时无撞击，轿厢内应设有与外界联系的通信设施和应急照明设施，轿厢门开启灵敏，防夹人的安全装置完好有效，间隙符合要求。

（5）PE 线应连接可靠，线径截面及安装方式应符合相关规定要求。电气部分的绝缘电阻值应符合 GB 7588—2003《电梯制造与安装安全规范》的相关规定。

（6）机房

1）机房内应通风、屏护良好，且清洁、无杂物，并应配置合适的消防设施、固定照明和电源插座。

2）房门应上锁，通向机房、滑轮间和底坑的通道应畅通，且应有永久性照明。

3）控制柜（屏）的前面和需要检查、修理等人员操作的部件前面应留有不小于 0.6 m×0.5 m 的空间；曳引机、限速器等旋转部位应安装防护罩。

4）对额定速度不大于 2.5 m/s 的电梯，机房内钢丝绳与楼板孔洞每边间隙均应为 20～40 mm。对额定速度大于 2.5 m/s 的电梯，运行中的钢丝绳与楼板不应有摩擦的可能。通向井道的孔洞四周应筑有高 50 mm 以上的台阶。

5）机房中每台电梯应单独装设主电源开关，并有易于识别（应与曳引机和控制柜相对应）的标志。该开关位置应能从机房入口处迅速开启或关闭。

（7）升降机出入门及井巷口的防护栏应与动力回路联锁，且完好、可靠。

3. 电梯正常行驶前的准备工作

现代电梯的自动化程度很高，操纵简单，几乎不需要任何特殊技能。但是如果缺乏必要的基本知识，不具备确保电梯正常工作的条件，就会对电梯的安全运行带来隐患。需要注意的是，电梯在取得许可证并安装以后，应严格按照有关标准进行验收，确保电梯的安装质量和安全性能，投入使用以前应申请注册登记，由有关安全部门认可。投入使用时要建立健全必要的管理制度，使用中发现故障要及时报修。

电梯正常行驶前的准备工作主要有：

（1）做好交接班手续，了解上一班运行情况。

（2）开启厅门进入轿厢前，看清轿厢是否确实停在该层站，切忌莽撞。在合上有关开关（如照明、运行电源及风扇等），确定其运行方式以后，做一次简单的试运行，包括检查选层、启动、换速、平层、销号、开关门的速度及安全触板动作是否正常，有无异常声响；各种指示灯、信号灯、上下限位开关的作用，紧急停止按钮等动作是否正常。若发现问题，要及时通知维修人员。

（3）检查并做好轿厢、厅门口的清洁，特别注意地坎槽内有无落入杂物，以免影响门的正常开闭。

（4）在厅门外，不能用手扒启门，厅门、轿厢门未完全关闭时，电梯不能启动。

4. 电梯正常行驶时的注意事项

电梯正常行驶时需要注意以下事项：

（1）禁止电梯超载运行，客用电梯在满载时，要劝阻后进入的乘客暂等下次电梯。

（2）货梯载荷要在轿厢中均布，尽可能地安放在中间，以免轿厢倾斜。

（3）客梯不应做货梯使用，轿厢不允许装运易燃易爆等危险品。对垃圾或建筑材料等，在运送时要包装完整。

（4）轿厢内严禁吸烟。要劝阻乘客不要在轿厢内蹦跳或乱动。

（5）不允许用开启轿厢顶安全窗、轿厢安全门等办法运送长、大物件。

（6）在开关门之际，提醒乘客不要触摸或紧靠轿门，以防夹人夹物。

（7）劝告乘客勿依靠轿门或在轿门与厅门之间停留，以免影响电梯的运送效率。

（8）禁止乘客涂抹或随意扳弄操作盘上的开关和按钮。

（9）严禁在厅门轿门开启的情况下，用检修速度正常行驶。

（10）不允许使用检修开关、急停开关或电源开关做正常运行中的销号。

（11）电梯运行中不得突然换向，必要时先将轿厢就近层停车后换向。电梯运行至端站，应注意换向。

（12）手柄控制电梯不要用厅门轿门作为开停电梯的开关。

（13）手柄控制电梯在发生停电时，应及时将摇把扳至零位。

（14）有司机操作运行电梯必须由专职司机操作。司机暂离轿厢时，应将电梯停至基站，切断操作盘上的电源开关，熄灭照明灯，关好厅门。

（15）严禁在电梯运行时，用厅门钥匙开启厅门。

（16）连续停用七天以上的电梯，再次使用时，须详细检查各部位情况。

5. 电梯的安全使用与管理

电梯作为一种特殊的垂直运输机械，安全技术显得特别重要。由于电梯运行需频繁启动、制动、升降，所以对电梯的各个部件都要求绝对安全可靠。尤其是对电梯重要部位的机械强度和可靠性要求特别高，同时还要采取各种机械、电气设备的安全保护措施，以确保司乘人员和设备的安全。

电梯使用注意事项主要有：

（1）严格遵守额定人员、额定载质量及轿厢内铭牌上所载事项。

（2）保持轿厢内清洁，勿将碎石、垃圾等物踢入地坎沟（槽）内。

（3）不要随便触摸按钮。胡乱操作按钮是引起故障及损坏的主要原因。

（4）装卸货物或推小车上梯，不应碰撞门扇，以免引起门变形，影响正常的开闭。

（5）在轿厢内不要玩闹或跳跃，以免引起安全装置误动作，发生困人事故。

（6）在开门之际，不要触摸门扇，以免夹手。

（7）幼儿乘梯一定要有大人陪同。

（8）万一被困在电梯里，不要强行开门走出。因为电梯随时可能运行，容易发生危险。要使用警铃、对讲机与外面取得联系，听取指导，等候解救。

（9）地震、火灾时勿使用电梯逃生。

（10）对新安装使用的电梯，应对用户详细说明电梯安全事项。

6. 维修人员安全作业要求

维修人员安全作业要求主要有：

（1）要按规定穿着指定的工作服和工作鞋，禁止穿着拖鞋作业。夏天工作时切勿裸身或将衣袖卷起。要按章使用安全帽、安全带。有安全标志和警告时，要严格执行其工作内容。经常清理所在的工作环境。根据电梯的工作性质，维修保养工作应由两人以上组合进行。

（2）工作前，应事先确定工作的进行方法和内容，事先检查清楚各种安全器具和使用工具有无破损，并注意本人的健康状态，如果有病不要勉强工作。

（3）工作中，不可随意离开现场进入其他危险地方。有事离开，应关好厅门或指派他人监视。工作中若涉及他人的安全，需张贴危险指示牌及用绳或栅栏围好，必要时应留人监视。工作中要注意头和脚，以免碰砸受伤，养成正确姿势工作的习惯。使用电器工具要依正规方法，勿从轿厢内接大功率器具电源（如电焊机、电钻等），以免电流过大烧坏随行电缆。操作时注意尽量利用照明，使用工具应放在明显、稳妥的地方，不宜放置于路旁、导轨架或棚架上，更不能放在转动部件上。传递工具或材料时要小心，切勿投掷。两人以上共同工作时，要注意相互联络。若需要动火应事先填写动火申请报告，备妥灭火器；工作完成后，注意将火全部熄灭，不要留下火种，并与负责人联系。工作地方不可吸烟。

（4）工作后，要检查是否有未完成的事项或遗留的工具。事后要清理工作场地，再检查有无留下火种。在划定的吸烟区吸烟，烟头要放入有水的烟灰缸。拆掉各种警告标牌，确认无误后，才能恢复电梯运行，并向部门主管人员汇报工作情况。

（5）应备有各种急救药品。发生意外人身事故或火灾时，立即与当地负责人联系，并采取适当的抢救措施。伤员要尽快接受正式医生的诊断和治疗。

7. 维修与保养的安全操作

维修保养人员在保养电梯设备中，要特别注意以下安全事项。

（1）修理前要事先通知电梯管理人员，并在其工作的电梯和主要入口处挂上安全标记（如“检修停用”“例行保养”等），维修检查中不得运客或载货。

（2）对传动部件进行清扫、抹油或加润滑油时，电梯应停止运行并切断电源开关。在轿厢顶工作时，应使用轿顶检修开关操纵电梯运行。当不需要轿厢运行来进行工作时，要断开相应位置的开关：在机房工作时，应断开总电源开关；在轿厢顶工作时，应断开轿顶检修箱的急停开关或安全钳联动开关；在轿厢内工作时，应断开轿厢操纵盘内的运行电源开关；在井道底坑工作时，应断开底坑检修按钮箱的急停开关或限速器张紧装置的安全开关。

（3）在准备上轿厢顶工作之前，必须先了解清楚轿厢停靠在正确的井道、位置和需要停靠的楼层后，方能用厅门钥匙打开候梯厅厅门。使用厅门钥匙时，要站在厅门左侧（指厅门钥匙孔在右扇门上），站稳后用右手将厅门钥匙插入孔内，向左侧慢慢开启。如果在轿厢内打开轿门及厅门，也要慢慢开启，使乘客不会误会，以为有轿厢抵达而从候梯厅进入轿厢。

（4）在轿厢顶工作要保证足够的照明，检视灯必须设有保护罩，且为 36 V 及以下安全电压。要注意随轿厢运行的传动设备及其位置，如绕速缆轮、平衡对重、选层器钢带、平层感应器、门操纵机构、分隔梁架和凸轮等。若轿厢顶或横梁有油污，一定要擦拭干净，防止滑倒跌入井道。

（5）两人一同工作，应分主持与助手协同进行。轿厢顶有人工作时，若需要有人在轿厢内控制电梯运行（仅当使用检修开关），站在轿厢顶的人在发出指示之前，要站在安全位置上，其身体部位不能超越轿厢边缘，并在轿厢运行之前复述指示。如轿厢内人员发出“上行”指令，要等轿厢顶人员回复“上行”后，方可操作“上行”按钮。两人同在一处工作，需要电梯运行时应遵守此法。

（6）操纵有人在轿厢顶工作的电梯，只能用检修速度运行。维修人员要抓牢构架中最稳固的部位，稳定脚步。在轿厢上行时，要注意不碰顶部结构，特别是某些轿厢顶空间较小的电梯。

（7）检查曳引钢丝绳限速器钢丝绳必须在轿厢停止运行的情况下进行。

（8）在拆修、吊机修理时，要特别注意轿厢外的其他设备的动作情况，如平衡对重使用安全钳动作或木方顶起等。

（9）对梯群控制管理系统的电梯进行保养工作要特别小心。因为总电源或运行开关断开时，转换开关虽已改变，但控制柜内的电脑存储器仍可能有呼梯信号记忆，有的电梯还要执行完最后的微机程序方能转为检修运行状态。

（10）严禁维修人员在井道外探身至轿厢顶，或跨在轿厢、地坎上进行较长时间的检修工作。

（11）全部维修工作完成后，要确保所有警告牌都收回，并锁好电梯操纵控制盘。

（12）进入潮湿的井底工作，要弄清楚不会触电后再下坑底。

8. 电梯维修与保养安全注意事项

电梯维修与保养安全注意事项主要有：

（1）工作区必须保持清洁，不得堆放废物、垃圾和建筑材料，焦油渍布必须存放在指定的容器或垃圾袋内并定期搬走。

（2）不准在工作期间喧闹、打闹，严禁工作前或工作时间饮酒。

（3）棚架木料拆下后必须把钉子拔出，在旧木料堆中发现钉子，必须把它拔出或折弯，防止伤人。

（4）使用溶解剂时要保持空气流通，避免长时间和重复吸入气味造成损害。如在没有足够通风设备的密封地区用溶剂，必须戴防毒面具，并避免皮肤与溶剂重复接触。不要把溶剂与强力氧化剂（如氯和氧）存放或混合在一起。必须确保易燃液体及其蒸气不接触火花及火星，禁止在使用或存放此类物品的地区吸烟，并张贴“禁止吸烟”的警告。易燃和可燃物（溶剂）不得存放于作为出口、楼梯或人们用作安全通道的地方。

（5）不能用明火取暖，并遵守有关防火规定。不要在旧的井道内点燃火柴、蜡烛或用其他明火作为井道的照明，以免引燃墙上和导轨上的棉绒等高度易燃物。

（6）不得在随行电缆和导轨上滑行、摇荡或爬行。上下楼梯时不要把手放在口袋里，当心失足绊倒。携带工具和器材时要加倍小心。

（7）开关和按钮控制装置上要张贴“不准开动”的标志，并用锁锁上。

（8）进行焊接和切割作业时要注意防火。在任何地点使用手提切割和焊接设备，都要办理“动火申请报告”，并得到许可才可以工作。工作前要把工作面清扫干净，木板地面需用水浸湿或用金属板及类似物料覆盖，避免火星落下引起火情。易燃物料必须搬至安全区，如不能搬走，则必须用阻燃物料将其严密覆盖，设置火灾报警器，同时配备灭火器。焊接或切割作业完成后的半小时内，要经常检查现场有无冒烟和阴燃，还要检查相连接房间及上下地板。不要在易燃液体附近进行切割或焊接。工作时，在能触发电弧之前要选择一个安全地点放置带电的焊钳。不要在旧井道切割或焊接，因为那里的导轨和其他设备都有油渍和棉绒（尤其是纱厂的货梯井道，少量火星就能引起火灾）。

9. 电梯修理中的安全注意事项

检修运行时，要先确认内外门均已关好，方可进行运转。楼层厅门若打开，则必须加上围板或其他安全围栏，但其结构必须坚固，并标有“工作中”或“非工作人员不准入内”的标志，而且围板或围栏出入口处需上锁（在民用住宅楼，更应防止小孩失足）。如有需要，可在轿厢内铺上夹板或其他物料，以保护轿厢地面免受损伤。在电梯工作时，切勿随意离开岗位，到邻近地方或其他电梯进行修理，一定要处理好本项工作后方可离去。对拆卸的零件或设备不要乱放，以免影响他人通过。对堆放的物品要铺垫好，以免将油污溅至地毯或地面上。在浇灌巴氏合金时，要戴防护镜和手套。盛载巴氏合金的容器或套管要干燥，因水蒸气会形成压力而使热巴氏合金爆炸。要避免呼吸时吸进烟雾。接触过巴氏合金后，要先洗净手才能进食（或吸烟）。工作完成后，原则上检查工作不可与其他工作同时进行。电梯的安全装置未安妥或未调整妥当，不可进行检查工作。并列两部电梯同时进行检查时，应以同一步骤相互照应地进行，在可能导致他人危险的情况下，一方工作须暂时中止。

10. 电梯的例行保养检查要求

电梯的例行保养检查要求主要有：

（1）每日应做巡视性检查，清洁机房及轿厢卫生，检查司机接班日记，以及时发现和解决问题。

（2）每周应检查主要安全装置、减速箱及各部件的润滑情况，检查各种信号灯、平层状态、乘搭感觉及电梯运行有无异常现象。

（3）每月应对各种安全装置及电气控制系统进行详细检查，更换各种易损部件。

（4）每季度应对重要的机械部件（如曳引机、减速机等）进行较详细的检查和调整，检测控制回路稳压电源，紧固各种螺丝。

（5）每年组织有关人员进行一次全面的技术检验，检查所有机械设备、电气设备、安全设施，修复更换磨损严重的主要零部件，进行静载和超载试验。

（6）根据电梯的性能和使用率，可在3～5年内进行一次全面的大修，清洗并更换元件。如更换磨损的曳引钢丝绳，喷涂油漆及作荷载试验。

（7）电梯长时间停用或遭遇火灾、地震以后，需要进行全面的详细检查，写出检查记录，确认无误后方可投入使用。

（8）定期保养检查，要事先编好检查内容和标准，并在工作中详细记录，工作后认真分析，最后存档。对有问题的事项，要及时提出整改措施。

11．电梯发生紧急故障的处理

电梯发生紧急故障时，带有异常的声响和振动，有时轿厢内一团漆黑，引起乘客恐惧和混乱。这时电梯司机首先要安定乘客的情绪并用电话或其他方式迅速与外部联系并及时采取措施排除故障。

（1）电梯突然失去控制，发生超速，虽断开电源开关，亦无法制止电梯运行时，要靠电梯本身的各种安全装置发生作用使轿厢停止运行。这时电梯司机要保持镇静，稳定乘客情绪，不允许有打开轿厢门，跳出轿厢的任何企图，并告诉乘客，由于电梯曳引特点，轿厢对应的底坑部位装有缓冲器，不会出现机毁人亡事故。应告诉乘客采取自我保护措施：双手扶住轿壁，脚尖踮起，双腿微曲，口微张，以防止冲击伤害。

（2）如果电梯在运行中突然停止，如有电源，电梯司机可利用检修（慢车）开关，同时按应急按钮使电梯慢上或慢下，轿厢就近停靠层站，打开层门和轿门，让乘客离开轿厢，然后点动式地逐层检查每层厅门是否关闭到位，门电联锁是否有效。如无电源、无慢车，而停止位置使轿厢又处在井道内不能打开层门，即使能打开，人跳出去也十分危险时，电梯司机应设法通知检修人员到机房用手动方式使电梯移动，即可把层门或安全门、安全窗打开将乘客撤出。在使用安全门安全窗时，电梯司机必须将电源开关断开。

（3）电梯运行中突然出现剧烈振动和噪声，电梯司机应立即停车，改用慢速将电梯开到附近层站停靠，若慢速运行振动与噪声不止，应将乘客撤出，并通知检修人员进行检查。

（4）在电梯轿厢或机房发生燃烧时，应立即断开所有电源并报告有关部门前来抢救。抢救时应用干粉、二氧化碳或1211等灭火器，切不可用一般酸碱和泡沫灭火器。

（5）如遇井道底坑积水和底坑的电气设备被浸在水中，应将全部电源断开后，方可把水排除，以防发生触电事故。

五、厂内机动车安全技术相关知识

1. 厂内机动车的特点与危险性

场（厂）内机动车辆是指在工地、厂区、矿山等作业区域内行驶，主要用于运输作业、搬运作业以及工程施工作业等的机动车辆。厂内机动车辆兼有运输、搬运及工程施工作业功能，并可配备各种可拆换的工作装置与专用属具，能机动灵活地适应多变的物料搬运作业场合，经济高效地满足各种短距离物料搬运作业的需要。

场（厂）内机动车主要有以下特点：

（1）运输距离短。场（厂）内机动车辆驾驶局限于生产作业区域内，属于短程运输。

（2）操作频率高。由于厂区的路况不同于公路，道路、区域狭小，所以车辆转向、换挡、制动操作相当频繁，单位行驶距离内的操作次数，可能是城乡道路上驾驶车辆的几倍甚至于几十倍。

（3）工作时间长。在某些劳动密集型企业（如木材加工企业），车辆每天的运行时间一般都在 20 小时以上。

（4）道路的因素也决定着行车安全。工厂作业区域的道路一般情况下都具有狭窄、弯道多、人员出现突发性强的特点。这就要求场（厂）内机动车驾驶员要严格遵守并规范驾驶行为。主要路段设立警告标记，限速标记。在车间内划定醒目的运输通道，加强对外来车辆的管理，统一建立外来车辆停放区。

场（厂）内机动车辆的主要危险在于，当其在地面以较高速度行驶或搬运重物时，一旦失控，会对人造成伤害。场（厂）内机动车辆对人的伤害因素主要是车辆伤害和搬运重物引发的伤害。常见伤害事故按车辆事故的事态可分为碰撞、碾轧、刮擦、翻车、坠车、爆炸、失火、出轨和搬运、装卸中的坠落及物体打击等类型；按场（厂）区道路可分为交叉路口、弯道、直行、坡道、铁路平交道口、狭窄路面、仓库、车间等行车事故。

2. 厂内机动车安全基本要求

（1）安全管理和资料应满足以下要求：

1）产品合格证书、自检报告等资料齐全。

2）应注册登记，并按周期进行检验。

3）日常点检、定期自检和日常维护保养等记录齐全。

（2）车身整洁，所有部件及防护装置应齐全、完整。

（3）动力系统应运转平稳，无异常声音；点火、燃料、润滑、冷却系统性能应良好；连接管道应无漏水、漏油。

（4）电气系统应完好；大灯、转向、制动灯应完好并有牢固可靠的保护罩；电器仪表应配置齐全，性能可靠；喇叭应灵敏，音量适中；电气线路连接应无漏电。

（5）传动系统应运转平稳，离合器分离彻底，接合平稳，不打滑、无异响；变速器的自锁、互锁应可靠，且不跳挡、不乱挡。

（6）行驶系统应连接紧固，车架和前后桥不应变形或产生裂纹；轮胎磨损不应超过标准规定的磨损量，且胎面无损伤。

（7）转向机构应轻便灵活可靠，行驶中不应摆振、抖动、阻滞及跑偏等。

（8）制动系统应安全可靠，无跑偏现象，制动距离满足安全行驶的要求；电瓶车的制动联锁装置应齐全、可靠，制动时联锁开关应切断行车电源。

3. 厂内机动车驾驶员驾驶车辆时应遵守的规定

厂内机动车驾驶员驾驶车辆时应遵守下列规定：

（1）驾驶车辆时，必须携带驾驶证和行驶证。

（2）不得驾驶与驾驶证不符的车辆。

（3）驾驶室不得超额坐人。

（4）严禁酒后驾驶车辆；不得在行驶时吸烟、饮食、闲谈或有其他妨碍安全行车的行为。

（5）身体过度疲劳或患病有碍行车安全时，不得驾驶车辆。

（6）试车时，必须挂试车牌照，不得在非试车区域内试车。

4. 厂内机动车驾驶员在日常操作中应做到的基本要求

驾驶员在日常操作中应做到的基本要求总结起来就是“一安、二严、三勤、四慢、五掌握”。

（1）“一安”。指要牢固树立安全第一的思想。

（2）“二严”。指要严格遵守操作规程和交通规则。

（3）“三勤”。指要脑勤、眼勤、手勤。在操作过程中要多思考，知己知彼，严格做到不超速、不违章、不超载，要知车、知人、知路、知气候、知货物。要眼观六路，耳听八方，瞻前顾后，要注意上下、左右、前后的情况。对车辆要勤检查、勤保养、勤维修、勤搞卫生。

（4）“四慢”。指情况不明要慢，视线不良要慢，起步、会车、停车要慢，通过交叉路口、狭路、弯路、人行道、人多繁杂地段要慢。

（5）“五掌握”。指要掌握车辆技术状况、行人动态、行区路面变化、气候影响、装卸情况。

5. 驾驶电瓶车应遵守的安全操作规程

驾驶电瓶车应遵守的安全操作规程主要有：

（1）电瓶车司机经过体检合格后，由正式司机带领辅导实习3～6个月，经过考试合格，并获取安全主管部门颁发的合格证后，即可独立驾驶。非司机和无证者一律不准驾驶。

（2）出车前必须详细检查刹车、方向盘、喇叭、轮胎等部件是否良好。

（3）司机严禁酒后开车，行车时严禁吸烟，思想要集中，不准与他人谈笑打闹。

（4）坐式电瓶车驾驶室内只许坐2人，车厢内只能乘坐随车人员1人，拖挂车上禁止乘人。

（5）电瓶车只准在厂区及规定区域内行驶，凡需驶出规定区域时，必须经公安部门同意。

（6）厂区行驶速度最高不得超过10 km/h。在转弯、狭窄路、交叉口、出入车间的大门、行人拥挤等地方行驶速度最高不超过5 km/h。

（7）装载物件时，宽度方向不得超过车底盘两侧各0.2 m，长度方向不得超过车长0.5 m，高度不得超过离地面2 m。不得超载。

（8）装载的物件必须放置平稳，必要时用绳索捆牢。危险物品要包装严密、牢固，不得与其他物件混装，并且要低速行驶，不准使用拖挂车拉运危险品。

（9）电瓶车严禁进入易燃易爆场所。

（10）行车前应先查看前方及周围有无行人和障碍物，鸣笛后再开车。在转弯时应减速、鸣笛、开方向灯或打手势。

（11）发生事故应立即停车，抢救伤员，保护现场，报告有关主管部门，以便调查处理。

（12）工作完毕，应做好检查、保养工作并将电瓶车驾驶到规定地点，挂上低速挡，拉好刹车，上锁，拔出钥匙。

第六章 火灾预防知识

火灾是指失去控制并对财物和人身造成损害的燃烧现象。近几年，随着经济的迅速发展和科技进步，以及人们物质文化生活水平的逐步提高，生产生活用火、用电、用油、用气量也随之增加，与此同时，由于使用不当或者防范不周，火灾事故也不断发生，呈上升趋势。俗话说：水火无情，一把火可以使人们辛勤劳动创造的财富顷刻之间化为灰烬，一把火可以将活生生的生命吞噬。因此，必须了解有关防火知识，提高消防安全意识，认真对待火灾，严加防范。

第一节 火灾特点、规律与防范要求

加强对火灾事故的预防，是所有生产企业以及相关单位的重要任务。预防火灾，人人有责。不论是企业职工，还是中小学生以及居民，都需要了解有关火灾与消防知识，要熟悉和掌握消防器材的使用，要提高扑灭初起之火的技能；同时，还需要了解火灾疏散和逃生知识，一旦突然遇到火灾的时候，能够积极地应对，能够扑灭初起之火的时候就果断地扑灭，不能够扑灭之时就迅速地逃生，从而避免人员伤亡事故。

一、导致火灾发生的原因

火灾是指在时间和空间上失去控制的燃烧所造成的灾害。在各种灾害中，火灾是最经常、最普遍地威胁公众安全和社会发展的主要灾害之一。导致火灾发生的原因很多，大致可以将火灾原因分为电气火灾、生活用火火灾、违章操作火灾、吸烟火灾、玩火火灾、放火火灾、自燃火灾、雷击火灾、其他火灾等类别。

1. 电气火灾

电气火灾是指违反电气设备安装和使用规定以及因伪劣电气产品引起的火灾。这类火灾发生率较高，约占火灾起数的25%。从20世纪80年代末期起，电气火灾所占的比例升至第一位，火灾损失也占有最大的比率。从发展的角度来看，随着我国电力工业的发展，城乡生产、生活用电量的增加，电气火灾仍将保持相当大的比率。造成电气火灾的主要原因，是在电气设备、设施使用中存在较多问题，如乱拉乱接电线，不按使用要求随意加大负荷，电线绝缘老化，不按时更换电线，长时间超负荷用电导致温度失控等。因此，加强安全用电教育和加强电气安全管理，经常进行电气设备设施的安全检查，对所有企业事业单位都是十分必要的。

2. 生活用火火灾

生活用火火灾是指生活或涉及生活的用火，包括炉灶（炉具）设置、使用不当，余火复燃，明火照明、生火取暖、熏蚊不当，敬神祭祖焚纸烧香等所导致的火灾。这类火灾约占火灾起数的20％。生活用火火灾的特点是点多面广、发生频繁，一旦疏于管理、失去警惕，则易发生火灾。近几年随着居住条件的改善，炊事燃料的变化和用火设备的改进，防火宣传教育的加强和普及，生活用火引起火灾的起数开始呈现明显的下降趋势。

3. 违章操作火灾

违章操作火灾是指在生产、储存、运输等过程中违反安全规定和操作规程造成的火灾，如违章指挥，冒险作业，违章动火，焊接切割中违反操作规程等。这类火灾约占火灾起数的12％。目前在中小企业火灾中，这种原因造成的火灾损失往往最大。出现这种情况的原因，大都是由于企业领导单纯追求经济效益而忽视消防安全，职工思想麻痹，劳动纪律松弛，缺乏安全规程，安全制度执行不严而造成的。此外，新工人多，未经培训上岗，缺乏专业生产技术知识和安全技术知识，发生事故不知如何处理，也是重要的成灾因素。因此中小企业应加强防火防爆安全管理。

4. 吸烟火灾

吸烟火灾是指由于吸烟入睡、醉酒吸烟、随地乱扔烟头、火柴梗以及在有爆炸危险场所违章吸烟等而引起的火灾，这类火灾约占火灾总数的10％。吸烟引起的火灾一直是造成火灾的重要原因，尤其是我国吸烟人数多，由于吸烟引起的火灾一直居高不下。在吸烟人员中，年轻人吸烟时往往不分场合，忽视防火要求，随地扔烟蒂和火柴梗，往往造成火灾。因此加强对吸烟人员的安全教育，是今后消防宣传教育中的一项重要内容。

5. 玩火火灾

玩火火灾是指由于乱放鞭炮、玩火取乐、小孩玩火等原因引起的火灾，这类火灾约占火灾总数的8.75％。近几年，由于社会、学校普遍开展“119”宣传日活动，消防教育进学校以及社会各种媒体的广泛宣传教育，取得一定成效，这类火灾开始呈现下降趋势，说明加强宣传教育对儿童和青少年是有成效的。但是，从统计分析看，玩火成灾的情况仍然占有一定的比例，不能放松警惕，还应继续加强防范。

6. 放火火灾

放火火灾是指刑事放火、报私仇放火、精神病人放火和自焚等。这类火灾的特点是农村多、私营企业多、晚间（20时至次日4时）多。造成这类火灾的主要原因，多是由于经济、民事纠纷引起的。由于放火是一种犯罪行为，对社会秩序影响极坏，社会和单位应从不同角度去加强防范工作，以最大限度减少放火犯罪活动。

7. 自燃火灾

自燃火灾包括易燃易爆危险化学物品自燃，以及煤、稻草麦秸、涂油物、鱼粉等自燃引起的火灾。这类火灾所占的比例约为1.7%。从统计分析看，自燃火灾多集中在第二、第三季度，因此只要有针对性地对存放有自燃物质的单位或部位加强防范，就可减少此类火灾。

二、火灾的一般规律

1. 社会环境因素对火灾的影响

火灾事故的发生，有自然因素，也有社会因素，从许多火灾事故的原因来看，更多的是由于社会因素的原因造成的，如电气火灾、违章操作火灾、吸烟火灾、玩火火灾等。所以说，火灾是一种自然现象，同时也是一种社会现象。人们可以通过对火灾的分析，找出火灾发生发展的规律，从而采取积极对策，有效地预防火灾和战胜火灾。

在不同的社会发展时期，社会环境因素的变化对火灾的影响很大，包括政治、经济、文化、风俗习惯等因素的影响。

（1）随着工业的发展，设备逐渐增多；随着人民生活水平的提高，家用电器随之增多。随着经济的发展，引发火灾的因素增多，从而促使火灾增多。

（2）自动化水平的提高，提高了监控质量；阻燃新材料的使用，使火灾难以发生；新技术的使用，使灭火设备更先进，灭火能力增强，起火成灾率减小。

（3）政局稳定、法制健全、社会安定、消防管理严密有效，火灾则少。反之，社会混乱、管理失控、火灾将增多，损失将增大。

（4）教育的普及，文化素质的提高，人们遵守法律法规的自觉性将提高；防火灭火科技知识的丰富，人们自身抗御火灾的警惕性和技能将提高，起火成灾率将减少。

（5）风俗习惯对火灾形成有很大的影响。传统风俗习惯中，如燃放烟花爆竹，上坟烧纸，供神焚香，酗酒吸烟，乱扔烟头等，将容易引起火灾。

2. 火灾的季节变化规律

我国地域广阔，各地经济发展、风土人情有所差异，但就火灾随季节的变化而言，有着基本相同的规律：冬季（12 月至 2 月）火灾起数最多，春季（3 月至 5 月）次之，秋季（9 月至 11 月）又次之，夏季（6 月至 8 月）火灾起数最少。

冬天气温低，生产、生活取暖用火、用电增多，夜晚照明时间加长，这是火灾多发的原因之一。春节期间正常秩序被打乱，以及燃放烟花爆竹，是火灾多发的原因之二。20 世纪 90 年代，全国春节期间火灾年平均约占冬季总数的 1/4，仅烟花爆竹引起火灾年平均占冬季总数近 15%。

春季风大，加上气温回升快，土壤水分蒸发量大，水气散失极快，形成风干物燥的气候。在这个季节人们还有春游踏青、清明祭扫的习惯，野外火源增多。据统计，春季是森林火灾最多的时期，东北地区四五月间，是森林火灾最频繁季节；在南方，西南和西北的南部地区，二三月份为森林火险最严重季节。

秋季气温、湿度与春季相近，风力比春、冬季小。中秋之后，北方庄稼开始成熟，禾秆渐趋枯萎，收获、打场用火、用电量增加，柴草堆垛林立。特别是进入晚秋，寒潮频袭，气温下降，风力上升，时有火灾发生。

夏季气温高，雨水多，日照时间长，用火量和用火时间减少，物质燃烧难度增加，因此火灾起数夏季最少。然而需要注意的是夏季自燃火灾占全年之首，同时雷电火灾也明显高于其他季节。更为重要的是夏季气温高，闪点低的易燃物品的燃烧及危险物品的爆炸可能性增加，一旦发生火灾，损失往往惨重。

3. 火灾昼夜变化规律

火灾在 24 小时内的发生规律是：10 时至 22 时为起火高峰期；22 时至次日上午 8 时为起火低峰期，其中凌晨 4 时至 8 时起火风险最小；20 时至早晨 6 时火灾成灾率较高，损失较大。而且白天起火风险大，尤以下午为最大；夜间起火风险小，尤以后半夜为最小。成灾率是白天低夜间高。这个规律的形成，与人们的生活和生产经营活动规律密切相关。白天是人们从事生产和经营活动最集中、最频繁的时间，也是用火用电和使用易燃易爆物品最多的时间，如果疏于防范，容易失火。特别是下午，人们的精力、体力处于疲劳、困倦状态，易放松警惕，更容易发生火灾。但由于人们都在岗位上，即使失火也能早发现、快报警，由于扑救及时，故成灾率较低。而夜间，虽然停止或减少了生产经营活动，用火用电量减少，失火机会少，但一旦起火，不易发现，或者发现较晚，由于得不到及时扑救，往往小火酿成大火，故成灾率高、火灾损失大。

4. 强化抗灾因素可使火灾形势达到相对稳定

从近些年来的火灾原因看，由于生产生活用火不慎，违反安全操作规程，电气故障，吸烟、玩火等原因引起的火灾起数，占总数的 80%左右，说明火灾的发生同人们的警惕性、执行法规的程度、消防知识掌握的多少、消防安全管理水平有直接的密切联系。

总体来看，火灾能否发生，发生多少，一方面是客观上存在火灾因素，如生产、生活中使用易燃易爆物品，建筑物不符合生产、储存性质要求，作业中违反安全操作规程，特定时间内的气温、地理、环境的影响等。另一方面又存在抗灾因素，例如建立消防队伍，配置消防器材与消防设施，采取防火、灭火技术措施，制定健全的规章制度以规范人们的行为等。这类因素变化较大，如果随着经济发展、科技进步、管理加强而逐渐增强抗灾因素，就可以有效降低火灾发生率。

第二节　消防安全基本知识

对于企业员工来讲，了解有关消防知识是十分必要的，这不仅能有助于防火，也有助于扑救初期火灾，而且还有助于在火灾中逃生。有这样一个真实事例：1997 年 10 月 25 日晚上某制衣厂发生火灾，一名员工从一本消防杂志上看过火场逃生的知识，知道匍匐前进是脱险的诀窍，因为烟气首先会充满屋子的上部，而贴近地面则可以呼吸底下的空气，所以他顶着浓烟和热浪艰难地爬向厕所，然后把厕所门关紧，用砖头把厕所里的窗玻璃砸碎，然后又脱掉衣服在尿槽里将它浸湿，捂住自己的嘴，结果最后获救。而其他一些员工由于缺乏相应知识，不知道如何自救，结果葬身火海。所以，了解和掌握有关消防知识，对自己和对企业都有好处。

一、消防安全技术知识

1. 燃烧与燃烧的条件

在日常生活、生产中经常见到发热、发光的燃烧现象。实质上，燃烧是可燃物质与氧或氧化剂进行反应，同时发热、发光的现象。

人们在长期的实践中发现，要发生燃烧必须同时具备以下三个基本条件：

（1）要有可燃物质，如木材、纸张、汽油、煤等。这些物质中的碳、氢、硫等元素在高温下能与氧发生化合反应，引起燃烧。可燃物质是进行燃烧的物质基础，移走可燃物质，燃烧就会停止。

（2）要有助燃物，如空气（氧气）、氯气以及氯酸钾、高锰酸钾等。可燃物质完全燃烧，必须要有充足的空气。空气中氧气占 21%（体积百分数），当空气不足时，燃烧会逐渐减弱，甚至熄灭。空气中的含氧量低于 14%（体积百分数）时，可燃物质就不会燃烧。

（3）要有火源，如明火、电火花等。要使可燃物质燃烧，需要足够的温度和热量。各种物质燃烧所需要的温度不同。例如，在室温 20℃下，用火柴去点汽油和煤油时，汽油会立刻燃烧起来，而煤油却不会燃烧。

以上三个条件必须同时具备，并且相互结合、相互作用，燃烧才能发生。缺少其中任何一个条件，就不能发生燃烧。有时在一定范围内，虽然具备了三个条件，但由于它们没有相互结合、相互作用，燃烧也不会发生。

2. 闪点、燃点和自燃

（1）闪点。可燃液体能挥发变成蒸气，进入空气中。温度升高，挥发加快。当挥发的蒸气和空气的混合物与火源接触能够闪出火花时，这种短暂的燃烧过程就叫作闪燃，把发生闪燃的最低温度叫作闪点。从消防角度来说，液体闪点就是可能引起火灾的最低温度。闪点越低，引起火灾的危险性越大。

（2）燃点。不论是固态、液态或气态的可燃物质如与空气共同存在，当达到一定温度时，与火源接触就会燃烧，移去火源后还继续燃烧。这时，可燃物质的最低温度叫做燃点，也叫做着火点。

（3）自燃。在通常条件下，一般可燃物质和空气接触都会发生缓慢的氧化过程，但速度很慢，析出的热量也很少，同时不断向四周环境散热，不能像燃烧那样发出光。如果温度升高或其他条件改变，氧化过程就会加快，析出的热量增多，不能全部散发掉就积累起来，使温度逐步升高。使这种物质受热发生自燃的最低温度就是该物质的自燃点，也叫作自燃温度。

自燃可分两种情况。由于外来热源的作用而发生的自燃叫作受热自燃。某些可燃物质在没有外来热源作用的情况下，由于其本身内部发生的生物、物理或化学过程而产生热，这些热在条件适合时足以使物质自动燃烧起来，这叫作本身自燃。本身自燃和受热自燃的本质是一样的，只是热的来源不同。前者是物质本身的热效应，后者是外部加热的结果。物质自燃是在一定条件下发生的，有的能在常温下发生，有的能在低温下发生。本身自燃的现象说明，这种物质潜伏着的火灾危险性比其他物质要大。在一般情况下，能引起本身自燃的物质常见的有植物类产品、油脂类、煤、硫化铁及其他化学物质。磷、磷化氢是自燃点低的物质。

3. 按燃烧性对危险物品的类别区分

凡有火灾或爆炸危险的物品统称为危险物品。按燃烧性对危险物品的类别区分，可分为以下几类：

（1）爆炸物品。凡是受到高热、摩擦、冲击等外力作用或受其他因素激发，能在很短时间内发生化学反应，放出大量气体和热量，同时伴有巨大声响而爆炸的物品。如雷管、炸药、鞭炮药等。

（2）易燃和可燃液体。这类物质极易挥发和燃烧。如汽油、煤油、溶剂油等。

（3）易燃和助燃气体。这类物质受热、受冲击或遇火花能燃烧或发生爆炸，或有助燃能力，能扩大火灾。如氢、氯、煤气、乙炔等。

（4）自燃物品。不需要火源的作用，由于本身受空气氧化而放出热量，或受外界影响而积热不散，达到自燃点而引起自行燃烧的物质。如黄磷、油布、油纸等。

（5）遇水着火物品。这类物质能与水发生剧烈反应，放出可燃气体和热量，可引起燃烧和爆炸。如钠、氯化钠、碳酸氢钙、镁铝粉等。

（6）易燃固体。这类物质燃点较低，遇明火、受热、撞击或与氧化剂接触能引起急剧燃烧。如红磷、硫黄、闪光粉、生松香等。

二、防火与灭火基本知识

1. 企业防火的基本措施

企业内采取的防火的基本措施，分技术措施和组织管理措施两个方面。

（1）防火的技术措施

1）防止形成燃爆的介质。这可以用通风的办法来降低燃爆物质的浓度，使它不达到爆炸极限，也可以用不燃或难燃物质来代替易燃物质。例如用水质清洗剂来代替汽油清洗零件。这样既可以防止火灾、爆炸，还可以防止汽油中毒。另外，也可采用限制可燃物的使用量和存放量的措施，使其达不到燃烧、爆炸的危险限度。

2）防止产生着火源，使火灾、爆炸不具备发生的条件。这方面应严格控制以下火源，即冲击摩擦、明火、高温表面、自燃发热、绝热压缩、电火花、光热射线等。

3）安装防火防爆安全装置。例如阻火器、防爆片、防爆窗、阻火阀门以及安全阀等，以防止发生火灾和爆炸。

（2）防火的组织管理措施

1）加强对防火防爆工作的领导。各级领导干部，都要重视这项工作。

2）开展经常性防火防爆安全教育和安全大检查，提高人们的警惕性，及时发现和整改不安全的隐患。

3）建立健全防火防爆制度，例如防火制度、防爆制度、防火防爆责任制度等。

4）厂区内、厂房内的一切出口和通往消防设施的通道，不得占用和堵塞。

5）各单位应建立义务消防组织，并配备有针对性和足够数量的消防器材。

6）加强值班，严格进行巡回检查。

（3）企业生产人员应遵守的防火守则

企业内生产人员应遵守以下防火防爆守则：

1）应具有一定的防火防爆知识，并严格贯彻执行防火防爆规章制度。禁止违章作业。

2）应在指定的安全地点吸烟，严禁在工作现场和厂区内吸烟和乱扔烟头。

3）使用、运输、储存易燃易爆气体、液体和粉尘时，一定要严格遵守安全操作规程。

4）在工作现场禁止随便动用明火。如果需要动用明火时，必须按照规定进行申报审批，并做好安全防范工作。

5）对于使用的电气设施，如发现绝缘破损、老化不堪、大量超负荷以及不符合防火防爆要求时，应停止作业，并报告领导予以解决。不得带故障运行，防止发生火灾、爆炸事故。

6）应学会使用一般的灭火工具和器材。对车间内配备的防火防爆工具、器材等，应加以爱护，不得随便挪用。

2. 灭火的基本方法

一切灭火措施都是为了破坏已产生的燃烧条件。根据灭火的原理，灭火的基本方法有四种：

（1）隔离灭火法。即将火源处或其周围的可燃物质隔离或移开，燃烧会因缺少可燃物而停止。如将火源附近的可燃、易燃、易爆和助燃物品搬走；关闭可燃气体、液体管道的阀门，以减少和阻止可燃物质进入燃烧区；设法阻拦流散的液体；拆除与火源毗连的易燃建筑物等。

（2）窒息灭火法。即阻止空气流入燃烧区或用不燃物质冲淡空气，使燃烧物质得不到足够的氧气而熄灭。如用不燃或难燃物捂盖燃烧物；用水蒸气或惰性气体灌注容器设备；封闭起火的建筑、设备的孔洞等。

（3）冷却灭火法。即降低燃烧物的温度，使温度低于燃点，从而使燃烧过程停止。如用水或二氧化碳直接喷射燃烧物；在火源附近未燃物上喷射灭火剂，防止形成新的火点。

（4）抑制灭火法。即使灭火剂参与到燃烧反应过程中去，使燃烧过程中产生的游离基消失，而形成稳定分子或低活性的游离基，使燃烧反应因缺少游离基而停止。

3. 火灾分类与常用灭火器的规格

（1）按照发生火灾的物质不同，火灾大体分为四种类型：

1）A类火灾。即固体可燃材料的火灾，包括木材、布料、纸张、橡胶以及塑料等。

2）B类火灾。即易燃、可燃液体、油脂类火灾。

3）C类火灾。即气体，如煤气、液体石油气等的火灾。

4）D类火灾。即为部分可燃金属，如镁、钠、钾及其合金等的火灾。

（2）目前常用的灭火器有各种规格的泡沫灭火器、各种规格的干粉灭火器、二氧化碳灭火器和卤代烷（1211）灭火器等。

1）泡沫灭火器一般能扑救A、B类火灾，当电器发生火灾，电源被切断后，也可使用泡沫灭火器进行扑救。

2）干粉灭火器和二氧化碳灭火器则用于扑救B、C类火灾。可燃金属火灾则可使用扑救D类的干粉灭火剂进行扑救。

3）卤代烷（1211）灭火器主要用于扑救易燃液体、带电电气设备和精密仪器以及机房的火灾，这种灭火器内装的灭火剂没有腐蚀性，灭火后不留痕迹，效果也较好。

4. 消防器材的管理和保养注意事项

消防器材的管理和保养是很重要的，一般应注意：

（1）各单位的消防器材应有专人负责管理和保养，并动员广大职工，一起做好消防器材的管理和保养工作。

（2）消防器材要专物专用，不能用于与消防无关的方面。

（3）要定期检查保养消防器材。检查存放地点是否适当，机件是否损坏或出现故障，灭火药剂是否过期等。消防器材使用后，要立即保养、补充。对机动消防车要经常发动、定期试车，保持性能良好。

（4）消防器材应设置在明显的地方，必要时设置标志板，便于取用。消防器材的附近不能堆放杂物，保持道路畅通。

5. 发生火灾后如何拨打火警电话

发生火灾不要惊慌失措，要保持镇静，火警电话号码119要记清。

（1）火警电话打通后，应讲清楚着火单位，所在区县、街道、门牌或乡村的详细地址。

（2）要讲清什么东西着火，起火部位，燃烧物质和燃烧情况，火势怎样。

（3）报警人要讲清自己姓名、工作单位和电话号码。

（4）报警后要派专人在街道路口等候消防车到来，指引消防车去火场的道路，以便迅速、准确到达起火地点。

6. 电气设备着火后的灭火方法

电气设备着火后，不能直接用水灭火。因为水中一般含有导电的杂质，喷在带电设备上，再渗入设备上的灰尘杂质，则容易导电。如用水灭火，还会降低电气设备的绝缘性能，引起接地短路，或危及附近救火人员的安全。所以一般都用二氧化碳、四氯化碳、卤代烷、干粉等灭火剂灭火，因为这些灭火剂是不导电的。但如变压器、油断路器等充油设备发生火灾后，则可把水喷成雾状灭火。因水雾面积大，覆盖在火焰上，细小的水珠很易吸热汽化，将火焰温度迅速降低；上升的烟气流又使悬浮的雾状水粒降落缓慢，更有利于吸热汽化；落下的细小水珠浮在油面上，也使油面温度降低，减弱了油的汽化，从而使火焰减弱以至熄灭。

7. 带电灭火应注意的安全问题

为了争取灭火时间，防止火灾扩大，在来不及断电或不能断电时，需要带电灭火。带电灭火应注意以下几点：

(1) 应按灭火剂的种类选择适当的灭火机。二氧化碳、四氯化碳、二氟一氯一溴甲烷(即1211)、二氟二溴甲烷或干粉灭火机的灭火剂都是不导电的，可用于带电灭火。泡沫灭火机的灭火剂（水溶液）有一定的导电性，而且对电气设备的绝缘有影响，不宜用于带电灭火。

(2) 用水枪时宜采用喷雾水枪，这种水枪通过水柱的泄漏电流较小，带电灭火比较安全；用普通直流水枪灭火时，为防止通过水柱的泄漏电流通过人体，可以将水枪喷嘴接地，也可以让灭火人员穿戴绝缘手套和绝缘靴或穿均压服操作。

(3) 人体与带电体之间要保持必要的安全距离。用水灭火时，水枪喷嘴至带电体的距离：电压110 kV及以下者不应小于3 m，220 kV及以上者不应小于5 m。用二氧化碳等不导电的灭火机时，机体、喷嘴至带电体的最小距离：10 kV者不应小于0.4 m，36 kV者不应小于0.6 m。

(4) 对架空线路等空中设备进行灭火时，人体位置与带电体之间的仰角不应超过45°，以防导线断落危及灭火人员的安全。

(5) 如遇带电导线跌落地面，要划出一定的警戒区，防止跨步电压伤人。

三、扑救初期火灾的要求与方法

1. 扑救初期火灾的准备和要求

扑救初期火灾的种种情况表明，平时有准备可以做到有备无患，能充分发挥灭火力量的作用，很快将初起火扑灭。否则，在火灾面前就会混乱惊慌，不知所措。灭火准备工作包括以下内容：

(1) 做好思想准备。思想准备强调的是消防意识，特别是灭火救人和逃生的意识，这是做好其他准备工作的基础。树立消防意识的主导思想是在消防安全工作上要做到自防自救，而不是依靠或依赖他人，其中也包括公安消防部门。因为火灾在初始阶段，火灾空间的烟气和热量还不多，温度上升较慢，火灾面积还很小，这段时间是5～10 min，可见这段时间是组织引导疏散救人、扑灭燃烧的最有利的宝贵时机。如果错过这段时间，即使公安消防队赶到火灾现场，由于火灾已进入发展或猛烈阶段，扑救起来也将困难重重。如火场有被困人员，则救人所要投入的力量要增加几倍。这时，火灾所造成的损失已成定局，投入再大力量，灭火效果也将有限。这就是要立足于自防自救的道理所在。

（2）制定和了解灭火预案。在做好组织准备和配置扑救初期火灾的器材、设施的基础上，要做好灭火预案的制定。对于员工来讲，要了解有关的灭火预案。

1）明确重点部位的概况和发生火灾时的特点，即明确重点部位在本单位内的位置，了解和熟悉其周围环境、交通道路、可用于灭火的水源种类、储量和利用水源的方法以及室内外消火栓的位置；明确重点部位的建筑特点、耐火等级、建筑（占地）面积、层数和高度；预计发生火灾后，火势发展变化的特点、蔓延的方向及可能造成的后果（波及的范围）；了解发生火灾后，有无有害有毒气体产生以及对灭火人员能够构成威胁的其他因素。

2）制定灭火救助力量的部署和扑救措施。根据设想的初起火位置和规模、特点，部署灭火和组织疏散所需的员工人数；确定现场人员的疏散路线和保证人员安全疏散的方式、方法；确定应该使用的灭火器和固定消防设施，确定利用室内消火栓和室外消防水源铺设水带线路的方向及其任务；针对火灾不同阶段上可能出现的各种情况所应采取的措施以及灭火救助中应注意的事项。

3）灭火预案的制定。深入现场，调查研究，按照所熟悉的重点部位情况和假定的火势情况确定灭火进攻方向、力量部署及其具体任务；确定组织安全疏散的路线、力量部署及其具体任务，绘制出灭火预案图。灭火预案制定后，要进行审核，并要组织实际演练，以便及时发现问题，完善预案。这样做有助于增强职工的消防意识，熟悉消防器材和设施的位置以及使用方法。随着本单位内部情况的变化，灭火预案应及时修订。

（3）积极组织消防训练。企业职工应立足于本单位现有的消防器材、工具和设施，通过训练，不断增强消防意识，培养勇敢顽强的战斗作风，熟悉本单位各种消防器材、设施的性能及操作方法，增强应变能力，有效地控制和扑灭初起火灾。

2. 扑救初期火灾的基本原则

初起火灾容易扑救，但必须事先有所准备，扑救及时，方法得当。义务消防队员或其他在场灭火人员扑救火灾时，要遵循发现起火立即报警，先控制、后消灭，救人重于救火，先重点后一般的原则，合理选用灭火剂和灭火方法。

（1）发现起火立即报警。《消防法》明确规定：任何单位和个人发现火灾时，都应当立即报警，并积极组织参与扑救。经验告诉我们，在起火后的十几分钟内，为了不让小火变成大灾，必须抓住这个关键时刻。实际数据表明，我国每年80%的火灾都是在其初起阶段被义务消防队和广大职工群众扑灭的。把握住这个关键时刻主要有两条：一是迅速利用身边的灭火器材进行扑救。二是迅速报火警，以便调来足够的力量，尽快地控制火势和扑灭火灾。

一定要记住，不管火大小，只要发现起火就应报火警，甚至在自以为有足够力量扑灭初起火时，也应当向公安消防队报警。因为火势的发展往往是难以预料的，比如扑救方法不当，对起火物质的情况不了解，灭火器材的效用所限或灭火器材失效、数量不足等原因，均有可能控制不住火势而酿成大火。此刻才想起报警，由于错过了火灾的初起阶段，有时由于火势已发展到猛烈阶段，消防队到场也只能控制火势不使之蔓延扩大，仍会造成一定的损失。报警早，损失小，就是这个道理。

有些火灾案例表明，火灾发生后不能及时报警主要原因有：不会报警；错误地认为消防队灭火要收取费用；存在侥幸心理，以为自己能扑灭；怕发生火灾影响评先进、评奖金，怕消防队来了影响不好，怕消防队批评和追究责任；有的单位甚至错误地规定报火警须经领导批准才行。这些原因往往使火灾得不到及时控制，而使小火酿成大灾，以致造成无可挽回的损失。

（2）救人第一。是指把救人放在重于一切的位置上。当火势或险情威胁到人们的生命安全时，要首先把被火围困的人员抢救出来。救人与灭火及排除险情往往是密切相关的。有时救人行动是直接的，有时则是间接的。灭火与救人可以同时进行，但决不能因为灭火而贻误救人的时机。人未救出之前，灭火是为了打开救人通道或减弱火势对人员的威胁，从而更好地为救人脱险创造有利条件。

（3）先控制，后消灭。“先控制，后消灭”的灭火原则，是相对于不可能立即扑灭的火灾，要首先控制火势的继续蔓延扩大，在具备了扑灭火灾的条件时，展开全面进攻，一举消灭火灾。对于能扑灭的火灾，要抓住战机，迅速消灭。如火势较大，灭火力量相对较弱，或因其他原因不能立即扑灭时，就要用主要力量控制火势发展或防止爆炸、泄漏等危险情况的发生，为防止火势扩大，彻底消灭火灾创造有利条件。

（4）先重点，后一般。先重点，后一般，是就整个火场情况而言的。运用这一原则时，要从火场的全局出发，认真分析火场情况，主要是：

1）人和物相比，救人是重点。

2）贵重物资和一般物资相比，保护和抢救贵重物资是重点。

3）火势蔓延猛烈的方面和其他方面相比，控制火势猛烈蔓延的方面是重点。

4）有爆炸、毒害、倒塌危险的方面和没有这些危险的方面相比，处置这些危险的方面是重点。

5）火场上的下风方向与上风、侧风方向相比，下风方向是重点。

6）易燃、可燃物集中区域和这类物品较少的区域相比，这类物品集中区域是保护重点。

7）要害部位和其他部位相比，要害部位是火场中的重点。

（5）合理选用灭火剂和灭火方法。扑救火灾时，选用灭火剂不当，就灭不了火；使用灭火剂的方法不当，则灭火效果差，甚至会使火势扩大。所以，正确地选用灭水剂和灭火方法，是能否有效扑灭火灾的重要问题。目前使用的灭火剂种类较多，常用的有水、各类泡沫、干粉、卤代烷、二氧化碳、烟道气、沙土等，选用哪种灭火剂要根据所生产、储存、使用物质的性质，本着经济、有效、安全的原则确定。

3. 夜间火灾的扑救方法

（1）夜间火灾的特点。据统计，夜间火灾的起数与成灾率大于白天，这是因为夜间起火以后往往发现晚，报警迟。夜幕降临后，人们室外活动减少，睡觉后发现火警一般较晚。有的单位制度不严，值班人员疏于职守，往往不能及时发现火情，以致小火酿成大灾。

当熟睡的人们被火灾惊醒后，受到烟雾的侵袭及火势的威胁造成恐慌，不知道如何处置。由于能见度低，灭火行动不便。扑救夜间火灾，灭火人员的视觉受到极大的限制。特别是建筑密集，耐火等级低、巷道弯窄的地区更增大了扑救工作的难度，如对火情的了解，水枪进攻阵地的选择和水带的铺设路线，以及破拆、救人等措施的运用等，都会受到不同程度的影响。

（2）扑救措施和方法

1）为要应付夜间扑救火灾的复杂情况，单位特别是消防安全重点单位应组织专职和义务消防队员以及职工群众熟悉本单位的消防特点，进行必要的夜间灭火训练，使他们增强适应夜间扑救火灾的能力。

2）及时调集灭火力量。值班人员发现火情，首先立即向公安消防队报告火警。及时将本单位的专职、义务消防力量调往火场。

3）消防控制室的值班人员应注意报警控制器上的反映，及时启动有关消防设施，如启动消防水泵，放下消防卷帘，关上防火门，转换应急灯的电源，随时监控自动灭火系统的动作等。

4）做好火场通信联络工作。夜间火场由于视线不清，联络不畅，人们行动混乱。为有条不紊地开展扑救工作，可以利用对讲机、手提扩音喇叭和手电筒等进行通信联络。

5）在组织疏散和救人、铺设水带灭火等行动中，灭火人员要谨慎行动，确保人身安全。在建筑设备有倒塌危险的地方，在楼板孔洞、地沟等威胁职工群众安全的地方，应设法搞好照明，或临时设安全岗哨，避免发生意外。

6）公安消防队到场时，单位领导或有关人员应向火场指挥员报告火场的具体情况及被困人员的情况，便于他们进行火情侦察和及时有效地组织救人和扑救。

4. 电气线路和设备初期火灾的处置

电气线路和设备初期火灾常常是引发大火的主要因素，其安全处置方法有：

（1）立即断电

1）一般低压线路和电气设备一旦起火，应立即断电（关闭电源），利用二氧化碳、卤代烷（1211、1301）或干粉灭火器进行灭火。在断电的情况下，也可用水灭线路火。

2）有配电室的单位，如舞台和演播厅、工厂车间的配电室，要通过电业部门和电工切断开关。在电源对地电压在 220 V 以下的场合，操作者可穿绝缘靴，戴绝缘手套，用绝缘断电剪将电线逐根切断。对于架空线，应在来电的方向断电。对于扭在一起的合股线，必须分开剪断。

（2）带电灭火。对小范围的初起电气火灾可用二氧化碳、干粉或卤代烷灭火器扑救。为保证灭火人员的安全，人体与带电体之间应保持安全距离：电压 110 kV 时，最小安全距离为 1 m，电压 330 kV 时，最小安全距离则为 2.4 m。用水扑救带电体火灾，最好用雾状水流，也可用直流水枪打点射灭火。用水枪灭火时，必须配备相应的个人防护用具，如均压服、绝缘手套、绝缘靴等。必须在水枪喷嘴处焊接铜缆线并插入地下，与带电体保持一定的安全距离，并严格执行指挥员的命令，以保证人身安全和有效灭火。

5. 气体火灾的扑救方法

可燃气体火灾有两种类型：一是盛装气体的容器本身裂口、裂缝喷气着火，特点是燃烧速度快、冲力大、火焰高；二是气体输送管道裂缝或阀门、法兰处逸出气体着火。

（1）扑救措施和方法

1）启动固定灭火装置和设备冷却容器灭火；没有固定灭火装置的单位，可用开花水流或强水流冷却罐体，同时用开花水流或二氧化碳、干粉等灭火器扑救。

2）有条件的单位，可采用技术手段将可燃气体导入其他容器，以减弱火焰威力。

3）在水流的保护下可采用敲打法密封（铅制容器）、封堵容器的漏孔，也可用高级密封树脂胶封堵裂缝，以制止燃烧。

4）当无条件制止泄漏容器时，可用水流保护邻近受威胁的设备和建筑，直到容器内的气体燃尽为止。

（2）扑救气体火灾时的注意事项

1）气体火焰被扑灭后，一定要消灭周围的明火，防止气体扩散，发生爆炸或燃烧；在一般情况下，气体火源周围明火未熄灭之前，不可急于扑灭火焰，防止二次爆炸；采用密封补漏时，不可先灭火后密封，以防扩散的气体再次着火伤人；要注意驱散低凹处的可燃气体，以免气体遇明火再次着火爆炸；灭火时，扑救人员要占据上风方向灭火。

2）如果是气体管道或阀门、法兰处着火，应迅速关闭容器阀门或气源向的阀门，以断绝气体来源。

6. 歌舞厅、娱乐厅等场所初期火灾的扑救方法

（1）歌舞厅、娱乐厅初期火灾的情况。公共娱乐场所，如歌舞厅、娱乐厅、夜总会、酒吧、游艺室、网吧、KTV包房等场所已遍布大小城镇。这些场所初期起火的特点是，火在某点着起来之后便沿地面的可燃物（座具、家具、地毯、音响设备等）蔓延，或者沿墙面的墙裙、装饰布、木刻壁画、窗帘等可燃物向顶棚蔓延；另一种情形是，顶棚上的吸顶灯、槽灯、嵌入式效果灯以及敷设在顶棚内的电气线路起火，由于起火的开始阶段是隐蔽的，不易发现，一旦发现着火，火势就难以处置了。

（2）娱乐场所的地面起火的扑救方法。若起火点在娱乐场所的地面，火势尚未蔓延到上部空间，在场职工应立即使用现场配置的灭火器灭火。若火势已经扩大蔓延，应迅速利用附近的室内消火栓，拔出两支水枪控制火势，防止向隔壁房间（场所）蔓延。

（3）闷顶起火的扑救方法。若是电气线路或灯具着火，应迅速关闭电源，同时启动自动喷水系统灭火。另外，在该厅（房间）的两侧承重墙处，使用室内消火栓拔出水枪消灭闷顶暴露的火焰。

若依靠职工的自身力量不能控制火势，灭火人员速将起火厅（房间）的门关上，用水枪在门口堵截，防止火势突破房门向邻近其他部位蔓延。这时应将主要力量用于掩护或救助被困人员进行疏散，等待消防队到场扑救。

7. 商场、集贸市场初期火灾的扑救方法

（1）商场、集贸市场火灾的特点。商场、集贸市场火灾，据统计多发生在非营业时间，由于营业厅关闭，无人值守，或者值班和巡查人员疏于职守而不能及时发现起火，一旦发现，火势已扩大。若是多层建筑，在起火层，火会沿着货物柜台、货架向水平方向蔓延，很快形成全面的立体燃烧。起火楼层的火势会沿楼梯口、自动扶梯口、电梯竖井等竖向开口向上蔓延，引燃上层的商品而扩大火场面积；起火层燃烧的碎片会从自动扶梯开口处落入下层引起下层商品、货架燃烧，或火势沿自动扶梯延烧至下层。

（2）商场、集贸市场火灾扑救方法

1）单位职工应尽快启动营业厅自动喷水系统灭火，启动自动扶梯的水幕保护系统，同时要组织力量在起火层的上层和下层的楼口和自动扶梯开口，利用室内消火栓，出水枪保护开口处，防止火势向上层或下层蔓延。

2）若商场是中庭（天井）式的多层建筑，则应在起火层的上、下层靠近中庭侧用水枪保护货柜和货架商品或者向其洒水，以延缓火势的蔓延。在这种着火面积比较大的情况下，

凭单位自己的灭火力量虽无能力彻底扑灭火灾，但在一定程度上却能减缓火势，以利消防队后续的扑救。

3）若是在营业时间内发现起火点，则应趁火势还不大的有利时机，毫不犹豫地使用灭火器或用沙土、覆盖物迅速将其扑灭。或者将起火点周围的柜台、货架搬走，同时用灭火器扑救。如果火灾面积较大时，应组织现场摊主或营业员（最好是义务消防队员）使用附近的消火栓出两支水枪直接灭火或从火点两侧堵截火势，或控制火势防止向四周蔓延，等待消防队前来扑救。

8. 汽车火灾的扑救方法

（1）起火部位。汽车起火的部位主要有发动机的电气系统、供油和化油系统、油箱、货运车的货物等。

（2）扑救措施和方法

1）驾驶员一定要抓住初期火灾易扑灭的有利时机，沉着冷静地用车载干粉或卤代烷灭火器进行扑救。如果是客车火灾，驾驶员应立即停车，关闭发动机，将车门打开让乘客尽快撤出。一旦车门被火封死，则司机应设法击碎窗玻璃，将乘客救出车外。

2）若是发动机的电气系统或燃油系统着火，要先断电熄火，用随车灭火器进行扑救，或用沙土、水扑救。

3）若是油箱着火，有条件时，用水冷却油箱防止爆炸，同时用灭火器或用覆盖法窒息灭火。如果油箱漏油使地面燃烧，可用沙土围堵、覆盖流淌火，扑灭后再灭油箱火。

4）货运汽车上的货物起火，如果所处环境复杂，例如人多，或有物资堆垛等情况，司机应将车开到附近较安全的地点，停车关闭发动机，用车上的灭火器进行扑救，如果火势大应利用就近电话报警，组织群众用水或沙土扑救，或搬走未燃物资。同时注意保护油箱防止受火势威胁发生爆炸。

5）载运压力容器（氧气瓶、乙炔瓶、液化气罐等）的汽车着火，应停车，关闭发动机，用灭火器扑灭火点。必要时，将钢瓶卸掉以防爆炸。但不得高位向下推卸，以防损坏阀门引起泄漏或撞击引起爆炸。同时注意保护油箱。

6）轮胎与地面摩擦力过大，有时引起轮胎着火。一旦发现轮胎着火，不要继续行驶，应立即停车用水灭火或用车载灭火器扑灭。

9. 家庭初期火灾的扑救方法

（1）燃气灶具起火的扑救方法。燃气灶具火灾有两种情况：

1）从灶具或管道、设备泄漏出大量可燃气体（液化石油气或煤气）遇某种火源引起爆燃，整个厨房瞬间升温以致很多可燃物着起火来。在这种场合工作的炊事人员要注意防止烧伤，即当发现有漏气现象时，炊事人员应立即关闭气源（关闭角阀或开关）、熄灭所有火源，同时打开门窗通风，散掉可燃气体，人撤离厨房。一切措施都是为了防止爆燃。一旦发生爆燃，在场人员应立即撤出厨房，如被烧伤应立即送医院救治。爆燃之后，如在泄漏处形成稳定燃烧，或厨房内形成多点火源，灭火人员应利用干粉或二氧化碳灭火器灭火，火灭后应立即关闭气源。在管道、设备损坏不能制止漏气的情况下，应立即通知供气部门前来处置。在供气部门人员来到现场之前，应将厨房周围划为警戒区，同时消除一切可能出现的火源，制止其他人员进入危险区。

2）灶具有轻微的漏气着火时，炊事人员不要惊慌，可以抓一把干粉洒向着火点，或者使用湿抹布捂住着火点，就可将着火点熄灭，而后应立即切断气源。如果不能关闭气源，则要请供气部门有关人员到现场检查维修。

（2）油锅起火的扑救方法。当油锅温度高发生自燃而起火时，不要端锅，操作人应迅速关闭气源熄灭灶火，用锅盖将锅盖上即可灭火。如果是炒菜过程中着火，可将切好的菜倒入锅内即可灭火。千万不要用水流或用灭火器冲击灭火，也不能将锅内着火的油倒入其他器皿中或倒在地上，否则不但灭不了火，反而会扩大燃烧面积造成火灾。

（3）各种电器火灾的扑救方法。公共场所、办公楼和家庭使用的电器很多，如客房的灯具和开关控制柜，生活用的电熨斗、电热器、空调设备、电视机，办公用的计算机、打印机、复印机、电传机、碎纸机，舞厅、娱乐厅等娱乐场所的碘钨灯、旋转灯、吸顶灯和白炽灯等用电设备，这些电器一旦起火，在场人员首先应关闭电源，以消除因短路、过负荷或接触电阻过大造成的危害。然后用二氧化碳、1211 灭火器直接灭火。如附近没有这种灭火器，也可用水扑灭，防止火点扩大造成更大损失。

若因电器起火引燃周围可燃物（装饰物、装修物、桌椅、沙发、床铺等），并且火势较大，在场人员可分工合作：有的可以扯掉窗帘等装饰物防止火窜上顶棚；有的可将起火点周围的可燃物品搬移开，防止扩大燃烧面积。

第三节　安全疏散与逃生知识

火灾事故发生后，许多人往往由于缺乏相应的逃生知识，造成不应有的伤亡，所以应该了解和掌握火灾时的安全疏散和逃生知识，提高自救能力。有些情况是需要特别注意的，例如发生火灾后，最可怕的并不是火而是烟，只要吸入一口，人就有可能丧失行动能力，无法动弹，困在烟雾中，几分钟内就会丧生。因此，当发生火灾后，要在最短时间内逃离火场，在逃离时要尽可能用湿毛巾捂住口鼻，防止烟雾的伤害。

一、安全疏散注意事项

发生火灾后，不要过于慌乱，在安全疏散时要注意以下事项：

1. 保持安全疏散秩序

在疏散过程中，始终应把疏散秩序和安全作为重点，尤其要防止发生拥挤、践踏、摔伤等事故。遇到只顾自己逃生，不顾别人死活的不道德行为和相互践踏、前拥后挤的现象，要想方设法坚决制止。如看见前面的人倒下去，应立即扶起；发现拥挤应给予疏导或选择其他的辅助疏散方法给予分流，减轻单一疏散通道的压力。实在无法分流时，应采取强硬手段坚决制止。同时要告诫和阻止逆向人流的出现，保持疏散通道畅通。制止逃生中乱跑乱窜、大喊大叫的行为。因为这种行为不但会消耗大量体力，吸入更多的烟气，还会妨碍别人的正常疏散和诱导混乱。尤其是前呼后拥的混乱状态出现时，决不能贸然加入，这是逃生过程中的大忌，也是扩大伤亡的缘由。

1994 年 11 月 27 日阜新市艺苑歌舞厅的火灾，刚刚发生时，老板的女儿喊叫“起火啦”，老板及其女儿从后门逃走。然而正跳得起劲的舞客们充耳不闻。舞厅有近 300 人，当他们真的感觉是火灾后，立即拥向小门逃生。一人跌倒还未爬起，后面接踵而至的人便被绊倒，逃生者就人叠人地堵住了小门。混乱而无序的疏散完全葬送了逃生的机会，最后只有 30 人逃出，233 人死亡，20 人受伤。灾后发现，死者呈扇形拥在门口处，尸体叠了 9 层，约 1.5 m 高，景象惨不忍睹。

2. 应遵循的疏散顺序

就多层场所而言，疏散应以先着火层，后以上各层、再下层的顺序进行，以安全疏散到地面为主要目标。优先安排受火势威胁最严重及最危险区域内的人员疏散。此时若贻误时机，则极易产生惨重的伤亡后果。建筑物火灾中，一般是着火楼层内的人员遭受烟火危害的程度最重，要忍受高温和浓烟的伤害。如疏散不及时，极易发生跳楼、中毒、昏迷、窒息等现象和症状。因此当疏散通道狭窄或单一时，应首先救助和疏散着火层的人员。着火层以上各层是烟火蔓延将很快波及的区域，也应作为疏散重点尽快疏散。相对来说，下面各层较为安全，不仅疏散路径短，火势殃及的速度也慢，能够容许留有一段安全疏散时间。分轻重缓急按楼层疏散，可大大减轻安全疏散通道压力，避免人流密度过大、路线交叉等原因所致的堵塞、践踏等恶果，保持通道畅通。

疏散中先老、弱、病、残、孕，先旅客、顾客、观众，后员工，最后为救助人员疏散的顺序，这是单位负责人和消防队领导必须遵循的疏散原则。对于行动有困难的特殊人员，还应指派专人或青壮年人员协助撤离。负责疏导安全撤离的员工和消防队员，决不可只顾自己逃生而抛下旅客、顾客、观众不管，这是渎职行为。

3. 发扬团结友爱舍己救人的精神

火灾中善于保护自己顺利逃生是重要的，同时也要发扬团结友爱、舍己救人的精神，尽力救助更多的人撤离火灾危险境地。火灾疏散统计资料表明，孩子、老人、病人、残疾人和孕妇，在火灾伤亡者中占有相当大的比例，这主要是由于他们的体质和智能不足，思维出现差错和行动迟缓而造成的。如能及时给予协助，就能使他们得以逃生。

4. 火灾疏散逃生时要注意的问题

（1）疏散、控制火势和火场排烟，原则上应同时进行。组织力量利用楼内消火栓、防火门、防火卷帘等设施控制火势，启用通风和排烟系统降低烟雾浓度，阻止烟火侵入疏散通道，及时关闭各种防火分隔设施等措施，都可为安全疏散创造有利条件，使疏散行动进行得更为顺利、安全。

（2）疏散中原则上禁止使用普通电梯。普通电梯由于缝隙多，极易受到烟火的侵袭，而且电梯竖井又是烟火蔓延的主要通道，所以采用普通电梯作为疏散工具是极不安全的。曾有中途停电、窜入烟火和成为火势蔓延通道的多起悲剧案例。因而发生火灾时，原则上应首先关闭普通电梯。

（3）不要滞留在没有消防设施的场所。逃生困难时，可将防烟楼梯间、前室、阳台等作为临时避难场所。千万不可滞留于走廊、普通楼梯间等烟火极易波及又没有消防设施的部位。

（4）逃生中注意自我保护。学会逃生中的自我保护的基本方法，是保证自我逃生安全的重要组成部分。如在逃生中因中毒、撞伤等原因对身体造成伤害，不但贻误逃生行动，还会遗留后患甚至危及生命。火场上烟气具有较高的温度，但安全通道的上方烟气浓度大于下部，贴近地面处浓度最低。所以疏散时穿过烟气弥漫区域时要以低姿行进为好，例如弯腰行走、蹲姿行走、爬姿等。但当你采用上述这些姿势逃离时动作速度不宜过猛过快，否则会增大烟气的吸入量，因视线不清发生碰壁、跌倒等事故。

（5）注意观察安全疏散标志。在烟气弥漫能见度极差的环境中逃生疏散时，应低姿细心搜寻安全疏散指示标志和安全门的闪光标志，按其指引的方向稳妥进行，切忌只顾低头乱跑或盲目随从别人。

（6）脱下着火衣服。如果身上衣服着火，应迅速将衣服脱下，或就地翻滚，将火压灭。如附近有浅水池、池塘等，可迅速跳入水中。如果身体已被烧伤，应注意不要跳入污水中，以防感染。

二、火场逃生自救方法

1. 火场逃生要记住的知识

（1）逃生牢记3个三。火灾一旦发生，“三要”“三救”“三不”原则一定要牢记。

“三要”。一要熟悉自己住所的环境；二要遇事保持沉着冷静；三要警惕烟毒的侵害。

“三救”。一选择逃生通道“自救”；二结绳下滑“自救”；三向外界“求救”。

“三不”。一不乘坐普通电梯；二不要轻易跳楼；三不要贪恋财物。

（2）快速准确拨打119电话。发生火灾时，立即拨打“119”电话报警，手机或座机拨打都不用加拨区号，投币、磁卡等公用电话均可直接拨打，在手机欠费的情况下也可拨打。电话接通后，必须准确报出失火方位，尽量使用普通话。若不知失火地点名称，也应尽可能说清楚周围明显的标志，如建筑物等。尽量讲清楚起火部位、着火物资、火势大小、是否有人被困等情况。

应在消防车到达现场前设法扑灭初起火灾，以免火势扩大蔓延。扑救时需注意自身安全。同时要留下有效联系电话，最好能够派人到路口接应消防队员，指引通往火场的道路。

2. 要强制自己保持头脑冷静

当火灾突然降临，一定要强制自己保持头脑冷静，根据周围环境和各种自然条件，选择恰当自救方式。自救方式是否恰当，直接关系到生命安全。有这样两个事例：

2004年6月9日下午，北京京民大厦游泳馆在修建过程中发生火灾，共造成11人死亡、48人受伤。其中在大厦四层的职工宿舍里发现了几名死者，他们由于惊慌和自救意识差，连屋门都没有关，毒烟飘进房内导致人员死亡。与之相反，四层北侧的一间办公室中有4名女孩，她们知道屋门是防火门，将房门关严，耐心等待救援，结果没有受到任何损伤。

2010年11月5日9时左右，吉林某商业大厦发生火灾，造成19人死亡，27人受伤。在这起突发事故中，也出现临危不乱、互助逃生的事例。其中一位叫张丽英的老人，看到有浓烟滚上来后，立刻组织大家逃生。她们推开教室门时，发现楼梯内已漆黑一片。于是她带领大家从另一个小门走到第2教室，发现第2教室有一扇窗户打开了，趴着窗户看到有一处缓台，由于所有教室的80多人此时已经都挤在这个窗户跟前，但窗户狭小，人家又都十分慌张，由于都是老年人，个个腿脚发软，哭喊一片。她立刻大喊：“大家不要慌张，我们排好队，这样都能逃出去了。”于是，按照年龄排队，年纪大的人，站在前面，60岁以下的老年人排在后面，这样大家找到主心骨，马上排了长队，她组织大家，从窗户跳到1 m多高的缓台。她是最后一个跳过去的，并拨打119报警。

3. 火场逃生自救知识与方法

火场逃生自救相关知识与方法主要有：

（1）熟悉所处环境。对于经常工作或居住的建筑物，可以事先制定较为详细的逃生计划，并进行必要的逃生训练和演练。必要时可把确定的逃生出口（如门窗、阳台、室外楼梯、安全出口、楼梯间等）和路线绘制在图上，并贴在明显的位置上，以便于平时熟悉和在发生火灾时按图上的逃生方法、路线和出口顺利逃出危险地区。人们当走进商场或到影剧院、歌舞厅、娱乐厅等不熟悉的环境时，应留心看一看太平门、楼梯、安全出口的位置，以及灭火器、消火栓、报警器的位置，以便发生火灾时能及时逃出险区或将初期火灾及时扑灭，并在被围困的情况下及时报警求救。

（2）选择逃生方法。在火场上发现或意识到自己可能被烟火围困，生命受到威胁时，要立即采取相应的逃生措施和方法，切不可延误逃生良机。应根据火势情况，优先选择最简便、最安全的通道和疏散设施。如楼房着火时，首先选择安全疏散楼梯、室外疏散楼梯、普通楼梯间等。尤其是防烟楼梯间、室外疏散楼梯更安全可靠，在火灾逃生时，应充分利用。但火场上不得乘坐普通电梯。当您身处房间，要打开门、窗时，必须先摸摸门、窗是否发热。如果发热，就不能打开，应选择其他出口；如果不热，也只能小心慢慢打开，并迅速撤出，然后将门立即关好。

当经常使用的通道被烟火封锁后，应该先向远离烟火的方向疏散，然后再向靠近出口和地面的方向疏散。向远离烟火的方向疏散时，应以水平疏散为主，尽量避免向楼上疏散。同时，一旦到达一个较为安全的地方，决不要停留在原地，应迅速采取措施，利用一切逃生手段，向靠近地面的方向逃生。

当一时想不出更好的疏散路线时，而他人的疏散路线又比较安全可靠，则可模仿他人的行为进行疏散。但千万不要盲目、消极地效仿他人的行为。如果盲目地跟着别人跑，盲目地跟着别人跳楼，这样做会导致更加惨痛的悲剧。例如，宣城明珠大酒店 2001 年 5 月 17 日晚发生火灾，起火时酒店 4 楼歌舞厅有 34 人，慌乱之中，有 16 人跳楼，3 人摔死，13 人严重摔伤。但有两人用窗帘结成绳索，从 3 楼客房窗户滑下，安全逃生。

如果门窗、通道、楼梯等已被烟火封锁但未倒塌，还有可能冲得出去时，则可向头部、身上浇些冷水或用湿毛巾等将头部包好，用湿棉被、毯子将身体裹好冲出危险区。

当各通道全部被烟火封死时，应保持镇静，寻找可利用的逃生器材和办法进行自救。

如果被烟火困在 2 层楼内，在没有逃生器材或得不到救助的不得已的情况下，也可采取跳楼逃生办法。但跳楼之前，应先向地面扔一些棉被、床垫等柔软物件，然后用手扒住窗台或阳台，身体下垂，自然落下，同时注意屈膝双脚着地，这样可缩短距离，保护身体免得受伤。

如果被困在3楼以上的楼层内，千万不要急于往下跳，可转移到其他较安全的地点，耐心等待救援。

(3) 利用避难层逃生。在高层建筑和大型建筑物内，在经常使用的电梯、楼梯、公共厕所附近，以及袋形走廊末端都设有避难层和避难间。火灾时，可将短时间内无法疏散到地面的人员、行动不便的人员，以及在灭火期间不能中断工作的人员，如医护人员和广播、通讯工作人员等，暂时疏散到避难间。其他被困人员在短时间内无法疏散到地面时，也可先疏散到避难层逃生。

(4) 充分利用各种逃生器材和设施。

1) 利用缓降器逃生。缓降器由挂钩（或吊环）、吊带、绳索及速度控制器组成，是一种靠人的自身重量缓慢沉降的安全救生装置，可以用安装器具固定在建筑物的窗口、阳台，屋顶外沿等处。

2) 利用救生袋逃生。救生袋是两端开口，供逃生者从高处进入其内部缓慢滑降的长条袋状物。被困人员入袋内，可依靠自重和不同姿势来控制降落速度，缓慢降落至地面脱险。

3) 利用自救绳逃生。在紧急情况下，可利用粗绳索，或利用床单、窗帘、衣服等系在一起作为自救绳，将绳的一端固定好，另一端投到室外，而后沿自救绳滑到安全地带或地面。

4) 利用自然条件逃生。被困人员在疏散时，在疏散设施无法使用，又无其他应急材料可作救生器材的情况下，则可充分利用建筑物本身及附近的自然条件，进行自救。如阳台、窗台、屋顶、落水管、避雷线，以及靠近建筑物的低层建筑屋顶或其他构筑物等。但要注意查看落水管、避雷线是否牢固，否则不能利用。

(5) 暂时避难方法。在各种通道被切断、火势较大、一时又无人救援的情况下，如在没有避难间的建筑里，被困人员应开辟临时避难场所。当被困在房间里时，应关紧迎火的门窗，打开背火的门窗，但不能打碎玻璃，如果窗外有烟进来时，还要关上窗子。如门窗缝隙或其他孔洞有烟进来时，应该用湿毛巾、湿床单等物品堵住或挂上湿棉被等物品，并不断向物品上和门窗上洒水，最后向地面洒水，并淋湿房间的一切可燃物，以延缓火势向室内蔓延，运用一切手段和措施与火搏斗，直到消防队到来，救助脱险。

开辟避难间时，要选择在有水源和能同外界联系的房间，目的是有水源可以降温、灭火、消烟，以利避难人员生存，同时又能与外面联系以获得救助。有电话要及时报警，无电话，可向窗外伸出彩色鲜艳的衣物或抛出小物件发出求救信号，或用其他明显标志向外报警，夜间可开灯或用手电筒向外报警。

(6) 互救和救助

1) 自发性互救。自发性互救是指在火灾现场单独的个人或几个人，在无组织的情况下，采用特殊手段帮助他人的疏散行为。如告知起火，首先发现起火的受灾者，在报警同时高喊“着火了”或敲门向左邻右舍报警；指示安全疏散走道和安全出口等。

2）帮助疏散。在火情紧急时，年轻力壮的受灾者帮助年老体弱者首先逃离火灾现场。其具体方法是：对于神志清醒者，可指定通路，让他们自行疏散；对于在烟雾中迷失方向者、年老体弱者，应该引导他们疏散；对病人、不能行走的儿童以及失去知觉的人，可运用背、抱、抬、扛等救人方法，把他们疏送到安全地点。

（7）采取防烟措施

1）利用防毒面具防烟、防毒。大型豪华的宾馆饭店有的备有过滤式防毒面具，它能过滤烟雾中的烟粒子和CO等毒气。若确认已发生火灾，应迅速戴上防毒面具。其方法是将面罩下方先套住下颚，然后将头带拉紧，使面罩紧贴面部以防漏气。

2）利用毛巾、衣服、软席垫布等织物叠成多层捂住口鼻，以防烟、防毒。将毛巾等织物润湿，则除烟效果更好。实践证明将干毛巾叠成16层，就能使透过毛巾的烟雾浓度减少到10%以下，即烟雾的消除率达90%以上。但考虑实用，一条毛巾以叠成8层为宜，其烟雾消除率可达60%。若利用其他织物，应视其薄厚、疏密来确定折叠的层数，一般层数越多，除烟效果越好。

使用毛巾和其他织物捂住口鼻时，一定要使滤烟的面积尽量增大，确实将口鼻捂严。在穿过烟雾区时，即使感到呼吸阻力大（呼吸困难），也绝不能把毛巾从口鼻上移开。因为一旦移开，毒气达到一定的浓度，吸上几口就会立即中毒。

3）在火灾的初期阶段，靠近地面的烟气和毒气比较稀薄，能见度相对比较高。受灾者在逃生时，应采取低姿行走、探步前进的方法，若烟雾太浓，判断准确方向后，应沿地面爬行，逃离现场。

三、人员烧伤的急救知识

1. 人身上着火时的紧急处置

（1）当身上套着几件衣服时，火一下是烧不到皮肤的。应将着火的外衣迅速脱下来。有纽扣的衣服可用双手抓住左右衣襟猛力撕扯将衣服脱下，不能像平时那样一个一个地解纽扣，因为时间来不及。如果穿的是拉链衫，则要迅速拉开拉链将衣服脱下。

（2）身上如果穿的是单衣，应迅速趴在地上；背后衣服着火时，应躺在地上；衣服前后都着火时，则应在地上来回滚动，利用身体隔绝空气，覆盖火焰，窒息灭火。但在地上滚动的速度不能太快，否则火不容易压灭。

（3）在家里，使用被褥、毯子或麻袋等物灭火，效果既好又及时，只要打开后遮盖在身上，然后迅速趴在地上，火焰便会立刻熄灭；如果旁边正好有水，也可用水浇。

（4）在野外，如果附近有河流、池塘，可迅速跳入浅水中；但若人体已被烧伤，而且创面皮肤已烧破时，则不宜跳入水中，更不能用灭火器直接往人体上喷射，因为这样做很容易使烧伤的创面感染细菌。

2. 火灾现场的急救知识

火灾是日常生活中最常见的一种灾害，常由高温、沸水、烟雾、电流等造成烧伤。更严重的是使人的皮肤、躯体、内脏等造成复合伤，甚至可致残或死亡。

（1）烧伤深度的区分。烧伤深度我国多采用三度四分法。

Ⅰ度，称红斑烧伤。只伤表皮，表现为轻度浮肿，热痛，感染过敏，表皮干燥，无水疱，需 3～7 天痊愈，不留瘢痕。

浅Ⅱ度，称水泡性烧伤。可达真皮，表现为剧痛，感觉过敏，有水疱，创面发红，潮湿、水肿，需 8～14 天痊愈，有色素沉着。

深Ⅱ度，真皮深层受损。表现为痛觉迟钝，可有水疱，创面苍白潮湿，有红色斑点，需 20～30 天或更长时间才能治愈。

Ⅲ度，烧伤可深达骨。表现为痛觉消失，皮肤失去弹性，干燥，无水疱，似皮革，创面焦黄或炭化。

烧伤面积越大，深度越深，危害性越大。头、面部烧伤易出现失明，水肿严重；颈部烧伤严重者易压迫气道，出现呼吸困难，窒息；手及关节烧伤易出现畸形，影响工作、生活；会阴烧伤易出现大小便困难，引起感染；老、幼、弱者治疗困难，愈合慢。

（2）火灾烧伤的急救原则。火灾烧伤的急救原则是一脱、二观、三防、四转。

一脱。急救头等重要的问题是使伤员脱离火场，灭火应分秒必争。

二观。观察伤员呼吸、脉搏、意识如何，目的是分出轻重缓急进行急救。

三防。防止创面再受污染，包括清除眼、口、鼻的异物。

四转。把重伤者迅速安全地送往医院。

（3）火灾烧伤的现场急救方法。火灾烧伤的现场急救方法主要有：

1）清理创面。先口服镇痛药杜冷丁 50～100 mg/次，最好用生理盐水稀释 1 倍从静脉缓慢推入。立即止痛后，用微温清水或肥皂水清除泥土、毛发等污物，再用蘸 75%酒精（或白酒）的棉球轻轻清洗创面，不要把水泡挤破。然后用无菌纱布或毛巾、被单敷盖，再用绷带或布带轻轻包扎。也可采用暴露法，但要用无菌或干净的大块纱布、被罩盖上，保护创面，防止感染。

2）轻度烧伤者可饮 1 000 mL 水，水中加 3 g 盐、50 g 白糖，有条件再加入碳酸氢钠 1.5 g。严重者按体重进行静脉输液。

3）要清除呼吸道污物，呼吸困难要进行人工呼吸，心跳失常者进行胸外按压，同时拨打“120”请急救中心来急救。

（4）注意事项：

1）在使用交通工具运送火灾伤员时，应密切注意伤员伤情，要进行途中医疗监测和不间断地治疗。注意伤员的脉搏、呼吸和血压的变化，对重伤员需要补液治疗，路途较长时需要留置导尿管。

2）冷却受伤部位，用冷自来水冲洗伤肢，冷却伤处。

3）不要刺破水疱，伤处不要涂药膏，不要粘贴受伤皮肤。

4）头面部烧伤时，应首先注意眼睛，尤其是角膜有无损伤，并优先予以冲洗。

第七章 职业病防治知识

我国劳动者人数众多，职业病危害也十分严重，职业病发病率呈现逐年上升的趋势，对劳动者的健康构成威胁。需要注意的是，许多小企业缺乏职业卫生保障，特别容易导致职业病的发生，而这些小企业却是大批农村劳动力的主要就业单位。此外，企业职工的流动性和不稳定性，带来的各种职业病危害明显增加，对劳动人群健康所造成的损害日趋严重。因此必须加强管理，加强法制建设，预防和控制职业病的危害。

第一节 职业病基本知识

目前我国职业病危害人群覆盖面广，接触职业危害的人数多，职业病患者累计病例居高不下，中小企业职业病危害严重，职业病防治工作形势不容乐观。据有关卫生专家预测，如不采取有效防治措施，今后几十年将有大批职业病病人出现，因职业病危害导致劳动者死亡、致残、部分丧失劳动能力的人数将不断增加。对企业职工来讲，了解有关职业病知识，做到有病治病、无病防病，预防职业病对自己的伤害，是十分有效的积极措施。

一、职业病界定及职业病目录

1. 职业病的界定

根据《职业病防治法》第二条的规定，职业病是指企业、事业单位和个体经济组织等用人单位的劳动者在职业活动中，因接触粉尘、放射性物质和其他有毒、有害因素而引起的疾病。

构成《职业病防治法》所称的职业病，必须具备四个要件：

（1）患病主体必须是企业、事业单位或者个体经济组织的劳动者。

（2）必须是在从事职业活动的过程中产生的。

（3）必须是因接触粉尘、放射性物质和其他有毒、有害物质等职业病危害因素而引起的，其中放射性物质是指放射性同位素或射线装置发出的 α 射线、β 射线、γ 射线、X 射线、中子射线等电离辐射。

（4）必须是国家公布的职业病分类和目录所列的职业病。

在上述四个要件中，缺少任何一个要件，都不属于《职业病防治法》所称的职业病。

2. 职业病的特点

当职业病危害因素作用于人体的强度与时间超过一定的限度时，人体不能代偿其所造成的功能性或器质性病理的改变，从而出现相应的临床症状，影响劳动能力，这类疾病在医学上通称为职业病，即泛指职业危害因素所引起的特定疾病（与国家法定职业病有所区别）。

职业病的发生，一般与这样三个因素有关：该疾病应与工作场所的职业病危害因素密切相关；所接触的危害因素的剂量（浓度或强度）无论过去或现在，都足够可以导致疾病的发生；必须区别职业性与非职业性病因所起的作用，而前者的可能性必须大于后者。

一些职业病防治医学专家们认为，职业病还具有以下七个特点：

（1）病因明确，病因即职业危害因素，在控制病因或作用条件后，可以消除或减少发病。

（2）所接触的病因大多是可以检测的，而且浓度或强度需要达到一定的程度，才能使劳动者致病，一般接触职业病危害因素的浓度或强度与病因有直接关系。

（3）在接触同样有害因素的人群中，常有一定数量的发病率，很少只出现个别病人。

（4）如能早期诊断，及早、妥善治疗与处理，预后相对较好，康复相对较易。

（5）不少职业病，目前世界上尚无特效治疗，只能对症治疗，所以发现并确诊越晚疗效越差。

（6）职业病是可以预防的。

（7）在同一生产环境从事同一种工作的人中，个体发生职业病的机会和程度也有很大差别，这主要取决于以下因素：遗传因素、年龄和性别的差异、缺乏营养、其他疾病和精神因素、不良生活方式或个人习惯，如长期摄取不合理膳食、吸烟、过量饮酒、缺乏锻炼和精神过度紧张等，都能增加职业性损害程度；而掌握职业病防治科学知识的劳动者，并具有健康的生活方式、良好的生活习惯，就能较为自觉地采取预防危害因素的措施。

3. 职业病的分类和目录

《职业病防治法》将职业病范围限定于对劳动者身体健康危害大的几类职业病，并且授权国务院卫生行政部门会同国务院劳动保障行政部门规定、调整并公布职业病的分类和目录。

2013 年 12 月 23 日，国家卫生计生委、人力资源和社会保障部、安全监管总局、全国总工会联合下发《关于印发〈职业病分类和目录〉的通知》（国卫疾控发〔2013〕48 号）。该文件指出：根据《中华人民共和国职业病防治法》有关规定，国家卫生计生委、安全监管总局、人力资源和社会保障部和全国总工会联合组织对职业病的分类和目录进行了调整，从即日起施行。2002 年 4 月 18 日原卫生部和原劳动保障部联合印发的《职业病目录》同时废止。

职业病分类和目录如下：

（1）职业性尘肺病及其他呼吸系统疾病：

尘肺病：1）矽肺；2）煤工尘肺；3）石墨尘肺；4）碳黑尘肺；5）石棉肺；6）滑石尘肺；7）水泥尘肺；8）云母尘肺；9）陶工尘肺；10）铝尘肺；11）电焊工尘肺；12）铸工尘肺；13）根据《尘肺病诊断标准》和《尘肺病理诊断标准》可以诊断的其他尘肺病。

其他呼吸系统疾病：1）过敏性肺炎；2）棉尘病；3）哮喘；4）金属及其化合物粉尘肺沉着病（锡、铁、锑、钡及其化合物等）；5）刺激性化学物所致慢性阻塞性肺疾病；6）硬金属肺病。

（2）职业性皮肤病：1）接触性皮炎；2）光接触性皮炎；3）电光性皮炎；4）黑变病；5）痤疮；6）溃疡；7）化学性皮肤灼伤；8）白斑；9）根据《职业性皮肤病的诊断总则》可以诊断的其他职业性皮肤病。

（3）职业性眼病：1）化学性眼部灼伤；2）电光性眼炎；3）白内障（含放射性白内障、三硝基甲苯白内障）。

（4）职业性耳鼻喉口腔疾病：1）噪声聋；2）铬鼻病；3）牙酸蚀病；4）爆震聋。

（5）职业性化学中毒：1）铅及其化合物中毒（不包括四乙基铅）；2）汞及其化合物中毒；3）锰及其化合物中毒；4）镉及其化合物中毒；5）铍病；6）铊及其化合物中毒；7）钡及其化合物中毒；8）钒及其化合物中毒；9）磷及其化合物中毒；10）砷及其化合物中毒；11）铀及其化合物中毒；12）砷化氢中毒；13）氯气中毒；14）二氧化硫中毒；15）光气中毒；16）氨中毒；17）偏二甲基肼中毒；18）氮氧化合物中毒；19）一氧化碳中毒；20）二硫化碳中毒；21）硫化氢中毒；22）磷化氢、磷化锌、磷化铝中毒；23）氟及其无机化合物中毒；24）氰及腈类化合物中毒；25）四乙基铅中毒；26）有机锡中毒；27）羰基镍中毒；28）苯中毒；29）甲苯中毒；30）二甲苯中毒；31）正己烷中毒；32）汽油中毒；33）一甲胺中毒；34）有机氟聚合物单体及其热裂解物中毒；35）二氯乙烷中毒；36）四氯化碳中毒；37）氯乙烯中毒；38）三氯乙烯中毒；39）氯丙烯中毒；40）氯丁二烯中毒；41）苯的氨基及硝基化合物（不包括三硝基甲苯）中毒；42）三硝基甲苯中毒；43）甲醇中毒；44）酚中毒；45）五氯酚（钠）中毒；46）甲醛中毒；47）硫酸二甲酯中毒；48）丙烯酰胺中毒；49）二甲基甲酰胺中毒；50）有机磷中毒；51）氨基甲酸酯类中毒；52）杀虫脒中毒；53）溴甲烷中毒；54）拟除虫菊酯类中毒；55）铟及其化合物中毒；56）溴丙烷中毒；57）碘甲烷中毒；58）氯乙酸中毒；59）环氧乙烷中毒；60）上述条目未提及的与职业有害因素接触之间存在直接因果联系的其他化学中毒。

（6）物理因素所致职业病：1）中暑；2）减压病；3）高原病；4）航空病；5）手臂振

动病；6）激光所致眼（角膜、晶状体、视网膜）损伤；7）冻伤。

（7）职业性放射性疾病：1）外照射急性放射病；2）外照射亚急性放射病；3）外照射慢性放射病；4）内照射放射病；5）放射性皮肤疾病；6）放射性肿瘤（含矿工高氡暴露所致肺癌）；7）放射性骨损伤；8）放射性甲状腺疾病；9）放射性性腺疾病；10）放射复合伤；11）根据《职业性放射性疾病诊断标准（总则）》可以诊断的其他放射性损伤。

（8）职业性传染病：1）炭疽；2）森林脑炎；3）布鲁氏菌病；4）艾滋病（限于医疗卫生人员及人民警察）；5）莱姆病。

（9）职业性肿瘤：1）石棉所致肺癌、间皮瘤；2）联苯胺所致膀胱癌；3）苯所致白血病；4）氯甲醚、双氯甲醚所致肺癌；5）砷及其化合物所致肺癌、皮肤癌；6）氯乙烯所致肝血管肉瘤；7）焦炉逸散物所致肺癌；8）六价铬化合物所致肺癌；9）毛沸石所致肺癌、胸膜间皮瘤；10）煤焦油、煤焦油沥青、石油沥青所致皮肤癌；11）β-萘胺所致膀胱癌。

（10）其他职业病：1）金属烟热；2）滑囊炎（限于井下工人）；3）股静脉血栓综合征、股动脉闭塞症或淋巴管闭塞症（限于刮研作业人员）。

二、职业病的诊断与鉴定相关事项

1. 有关职业病诊断机构的规定

据统计，全国目前共有各级各类职业病诊断机构及诊断组织 708 个，其中省级诊断机构和组织 86 个，设区的市级 620 个和 2 个县级尘肺诊断组。这其中还有经国家认定具有诊断权的产业系统诊断组织有 97 个。

随着改革开放和市场经济的发展，一些地方的职业病诊断工作由于掌握标准不统一，把关不严也出现了不少新问题。一是一些不具有法人资格的诊断组织从事职业病诊断工作，在出现诊断争议或法律纠纷时，推卸责任，劳动者的权益难以保障；二是误诊、漏诊、错诊情况时有发生。

为了确保诊断质量，维护劳动者的合法权益，在职业病诊断方面，新修订的《职业病防治法》规定如下：

第四十四条规定：医疗卫生机构承担职业病诊断，应当经省、自治区、直辖市人民政府卫生行政部门批准。省、自治区、直辖市人民政府卫生行政部门应当向社会公布本行政区域内承担职业病诊断的医疗卫生机构的名单。

承担职业病诊断的医疗卫生机构应当具备下列条件：

（1）持有《医疗机构执业许可证》。

（2）具有与开展职业病诊断相适应的医疗卫生技术人员。

（3）具有与开展职业病诊断相适应的仪器、设备。

（4）具有健全的职业病诊断质量管理制度。

承担职业病诊断的医疗卫生机构不得拒绝劳动者进行职业病诊断的要求。

为了便于劳动者进行职业病的诊断，《职业病防治法》还规定：劳动者可以在用人单位所在地、本人户籍所在地或者经常居住地依法承担职业病诊断的医疗卫生机构进行职业病诊断。这条规定有以下三个方面的含义：一是劳动者可以在用人单位所在地进行职业病诊断；二是劳动者可以在本人户籍所在地进行职业病诊断；三是劳动者可以在本人经常居住地进行职业病诊断。

2. 职业病诊断原则

职业病诊断与一般疾病的诊断有很大的区别，是一项技术性、政策性很强的工作，进行诊断时，劳动者本人或用人单位必须提供详细的职业接触史和现场劳动卫生学资料。

《职业病防治法》第四十七条规定：职业病诊断，应当综合分析下列因素：

（1）病人的职业史。

（2）职业病危害接触史和工作场所职业病危害因素情况。

（3）临床表现以及辅助检查结果等。

没有证据否定职业病危害因素与病人临床表现之间的必然联系的，应当诊断为职业病。

具体来讲，职业病诊断应当综合分析下列因素：一是病人的职业史。二是职业病危害接触史、工作场所职业病危害因素情况、现场调查与危害评价。职业病危害接触史应包括接触毒物的种类、浓度以及接触毒物时间。现场调查与危害评价包括职业病防护设施运转状态及个人防护用品佩戴情况；同一作业场所其他作业工人是否受到伤害或有类似的表现；工作场所毒物检测与分析。三是临床表现以及辅助检查结果等。临床表现包括患者的症状与体征，根据其临床表现和患者的职业接触史及现场调查情况，有针对性地进行辅助检查并作出相应的分析，如职业病危害因素的危害作用与病人的临床表现是否相符；接触危害因素的浓度（强度）与疾病严重程度是否一致；接触危害因素的时间、方式与职业病发病规律是否相符；病人发病过程和（或）病情进展或出现的临床表现，与拟诊的职业病规律是否相符。这些因素是职业病诊断的基本要素，任何职业病诊断都不得排除上述因素。

3. 有关职业病诊断程序的要求

职业病诊断一般要经历四个阶段：

（1）劳动者或用人单位（简称“当事人”）提出诊断申请。申请时，当事人应当提供以下资料：①职业史、既往史书面材料；②职业健康监护档案复印件；③职业健康检查结果；④作业场所历年职业卫生监测资料；⑤接尘者应提交最近一次 X 线胸片和报告单；

⑥诊断机构要求提供的其他有关材料。

(2) 受理。对当事人所提供资料审核符合要求的，予以受理；不符合要求的应当通知当事人予以补充。

(3) 现场调查取证。在职业病诊断过程中，除当事人提供的资料外，必要时，诊断机构要深入现场，针对诊断中的疑点进行取证。用人单位应当按照诊断机构的要求为申请职业病诊断的劳动者提供有关资料。

(4) 诊断。参加诊断的职业卫生医师应当根据临床检查结果，对照受理或现场取证的所有资料，进行综合分析，按照职业病诊断标准，提出诊断意见。

为了保证职业病诊断机构做出的诊断科学、客观、公正，并便于明确诊断责任，《职业病防治法》对职业病诊断程序提出二项特别要求：一是关于集体诊断。实行集体诊断是职业病诊断的原则之一。根据规定，承担职业病诊断的医疗卫生机构在进行职业病诊断时要有三名或三名以上取得职业病诊断资格的执业医师共同诊断。二是集体签章。职业病诊断机构对劳动者做出职业病诊断，必须出具职业病诊断证明书。职业病诊断证明书是具有法律效力的文书。劳动者依据其诊断证明可依法享受职业病待遇。同时，职业病诊断证明书必须由参与职业病诊断的医师共同署名，必须经承担职业病诊断的医疗卫生机构审核并加盖诊断机构公章，这一方面是确保诊断证明书的法律效力，另一方面是明确做出诊断的医疗卫生机构及诊断医师应承担的法律责任，这对于保证诊断质量，防止权力滥用是必要的。

4. 申请职业病诊断需要准备的材料

职工申请职业病诊断应提交申请书、本人健康损害证明、用人单位提供的职业史证明等。职业史证明的内容应从开始接触有害物质作业的时间算起，尽可能包括工种、工龄、接触生产性有害物质的种类、操作方式或操作特点、每日或每月的接触时间、是否连续接触有害物质、作业场所的环境条件、设备设施及其效果、历年作业场所有害物质浓度检测数据等。

职业病诊断、鉴定需要用人单位提供有关职业卫生和健康监护等资料时，用人单位应当及时、如实提供，职工和有关机构也应当提供与职业病诊断、鉴定有关的资料。职工不能提供职业史证明的，可提交劳动关系证明材料作为佐证。劳动关系证明应当以劳动合同、劳动关系仲裁或法院判决书以及用人单位自认的材料为依据。

对于用人单位未与职工签订劳动合同或劳动合同期满，已经与用人单位解除劳动合同的，职工申请职业病诊断时如果用人单位否认与职工的劳动关系，职工提供以下任何一种凭证并经过劳动部门认定，职业病诊断机构都可以作为职业病诊断的依据：

(1) 能够证明劳动用工关系的资料，如工资支付凭证或记录（工资支付花名册）、交纳的各项社会保险费记录等。

（2）能够表明职工身份的资料，如用人单位向职工发放的“工作证”“身份证”等证件。

（3）能够证明用工招用关系的资料，如职工填写的用人单位招聘“登记表”“报名表”等招用记录。

（4）考勤记录以及3人以上其他职工的证言等。

5. 职业病诊断争议当事方及其权利

《职业病防治法》第五十三条规定：当事人对职业病诊断有异议的，可以向做出诊断的医疗卫生机构所在地地方人民政府卫生行政部门申请鉴定。职业病诊断争议由设区的市级以上地方人民政府卫生行政部门根据当事人的申请，组织职业病诊断鉴定委员会进行鉴定。当事人对设区的市级职业病诊断鉴定委员会的鉴定结论不服的，可以向省、自治区、直辖市人民政府卫生行政部门申请再鉴定。

按照《职业病防治法》的这一规定，当事人对职业病诊断有异议的，可以向做出职业病诊断的医疗卫生机构所在地地方人民政府卫生行政部门申请鉴定。这里的当事人是指劳动者及其有关用人单位。接受当事人申请的部门是做出诊断的医疗卫生机构所在地地方人民政府卫生行政部门，包括县卫生局。这样规定，既给予当事人获得救治的机会，也便于当事人就近主张权利。卫生行政部门在收到当事人的申请报告后，应当依法及时组织鉴定。申请人应提供下列资料：

（1）鉴定申请书，包括对职业病诊断争议的书面陈述、申辩。

（2）职业病诊断病历记录，诊断证明书。

（3）鉴定委员会要求提供的其他材料。卫生行政部门应责成做出职业病诊断的医疗卫生机构按照鉴定委员会的要求，移交鉴定诊断所需的全部资料。

6. 发生职业病诊断争议后职工的维权途径

根据《劳动法》和《企业劳动争议处理条例》的规定，职工与用人单位因职业卫生和劳动保护发生争议后，可以与本单位行政进行协商，也可以向本单位劳动争议调解委员会申请调解。调解不成的，可以向劳动仲裁委员会申请仲裁。职工也可以在劳动争议发生后直接向劳动争议仲裁委员会申请仲裁。劳动争议仲裁委员会不予受理或者当事人对仲裁裁决不服的，还可以向人民法院提起诉讼。

职工的职业健康合法权益受到侵害时，还可以拨打“职工维权热线”——“12351”，向各级工会组织反映。职工维权热线已经在全国总工会和省（自治区、直辖市）总工会、地（市）总工会开通运行。职工向当地工会反映情况，可直接拨打本地区职工维权热线电话“12351”；拨打本地区以外的职工维权热线电话在“12351”号码前加拨所要地区的长途区号。

第二节　粉尘类职业危害与防治知识

粉尘类职业危害主要是导致尘肺病的发生。尘肺病又称为肺尘病或黑肺症（俗称矽肺病），又称尘肺、砂肺，是一种肺部纤维化疾病。患者通常长期处于充满尘埃的场所，因吸入大量灰尘，导致末梢支气管下的肺泡积存灰尘，一段时间后肺内发生变化，形成纤维化灶。近几年，国家相关管理部门通过采取专项整治等一系列措施，使得大中型企业作业条件有了较大改善，尘肺病高发势头得到一定遏制。但是，在一些中小企业，由于管理人员法律意识淡薄，不依法落实职业病防治主体责任，不履行应尽义务，加之一些职工缺少有关尘肺病防治知识，缺乏自我保护意识和能力，致使尘肺病依然有所发生。因此，职工了解有关粉尘类职业危害知识和防治知识，积极做好自身防护，这对于防治尘肺病是十分必要的。

一、生产性粉尘与尘肺病知识

1. 生产性粉尘的来源与分类

在一些工矿企业，如煤矿、非煤矿山等企业，在进行煤矿或矿石的开采过程中，或者是对原料进行破碎、过筛、搅拌装置的过程中，常常会散发出大量微小颗粒，在空气中浮悬很久而不落下来，被作业人员吸入肺中。这就是生产性粉尘。生产性粉尘是指在生产过程中形成并能够长时间飘浮于空气中的大量微小颗粒。

生产性粉尘来源十分广泛，如固体物质的机械加工、粉碎；金属的研磨、切削；矿石的粉碎、筛分、配料或岩石的钻孔、爆破和破碎等；耐火材料、玻璃、水泥和陶瓷等工业中原料加工；皮毛、纺织物等原料处理；化学工业中固体原料加工处理，物质加热时产生的蒸汽、有机物质燃烧不完全所产生的烟等。此外，粉末状物质在混合、过筛、包装和搬运等操作时产生的粉尘，以及沉积的粉尘二次扬尘等。

生产性粉尘是污染环境、损害劳动者健康的重要职业性有害因素，可引起包括尘肺病在内的多种职业性肺部疾病。

根据生产性粉尘的性质可分为三类。

（1）无机性粉尘。包括矿物性粉尘，如石英、石棉、煤等；金属性粉尘，如铁、锡、铝等及其化合物；人工无机粉尘，如水泥、金刚砂等。

（2）有机性粉尘。包括植物性粉尘，如棉、麻、面粉、木材；动物性粉尘，如皮毛、丝尘；人工合成的有机染料、农药、合成树脂、炸药和人造纤维等。

（3）混合性粉尘。指上述各种粉尘的混合存在形式，一般是两种以上粉尘的混合。生产环境中最常见的就是混合性粉尘。

2. 生产性粉尘对人体的危害

粉尘主要通过呼吸道进入人体，并可以沉积在呼吸道。粉尘颗粒越小、飘浮在空气中的时间越长，越容易进入呼吸道深部。颗粒较小的粉尘易沉积在肺泡组织，最具致病性。颗粒较大的粉尘，通常阻留在上呼吸道，易随痰咳出。

粉尘对人体健康的影响包括以下几个方面：

（1）破坏人体正常的防御功能。长期大量吸入生产性粉尘，可使呼吸道黏膜、气管、支气管的纤毛上皮细胞受到损伤，破坏了呼吸道的防御功能，肺内尘源积累会随之增加，因此，接尘工人脱离粉尘作业后还可能会患尘肺病，而且会随着时间的推移病程加深。

（2）可引起肺部疾病。长期大量吸入粉尘，使肺组织发生弥漫性、进行性纤维组织增生，引起尘肺病，导致呼吸功能严重受损而使劳动能力下降或丧失。矽肺是纤维化病变最严重、进展最快、危害最大的尘肺。

（3）致癌。有些粉尘具有致癌性，如石棉是世界公认的人类致癌物质，石棉尘可引起间皮细胞瘤，可使肺癌的发病率明显增高。

（4）毒性作用。铅、砷、锰等有毒粉尘，能在支气管和肺泡壁上被溶解吸收，引起铅、砷、锰等中毒。

（5）局部作用。粉尘堵塞皮脂腺使皮肤干燥，可引起痤疮、毛囊炎、脓皮病等；粉尘对角膜的刺激及损伤可导致角膜的感觉丧失，角膜浑浊等改变；粉尘刺激呼吸道黏膜，可引起鼻炎、咽炎、喉炎。

3. 尘肺病的特点

尘肺病是由于在生产活动中长期吸入生产性粉尘引起的以肺组织弥漫性纤维化为主的全身性疾病。肺纤维化就是肺间质的纤维组织过度增长，进而破坏正常肺组织，使肺的弹性降低，影响肺的正常呼吸功能。

引起尘肺病的生产性粉尘主要有两类，一类是无机矿物性粉尘，包括石英粉尘、煤尘、石棉、水泥、电焊烟尘、滑石、云母、铸造粉尘等，另一类是有机粉尘。

尘肺病具有以下特点：

（1）病因明确。作业环境中存在较高浓度的生产性粉尘，是引起尘肺病的主要原因。控制生产性粉尘浓度或采取有效的个人呼吸防护措施可避免或减少尘肺病的发生。

（2）发病缓慢。职工在生产环境中长期吸入超过国家规定标准浓度的粉尘，经过数月、数年或更长时间发生尘肺病。

（3）脱离粉尘作业仍有可能患尘肺病或病情进展。

（4）通常在相同作业场所从事作业的职工中具有一定的发病率，很少只出现个别病例。

（5）可防不可治。远离尘肺病的关键在于预防，一旦患上尘肺病很难根治，而且发现越晚，疗效越差。

4. 容易患尘肺病的行业、工种与场所

目前粉尘是我国主要的职业病危害因素，因此尘肺病也是我国最主要的职业病。可以说工业生产过程中粉尘是随时随处都存在的，主要的行业及工种是：

（1）矿山开采业。各种金属矿山及非金属矿山的开采是产生粉尘最多的行业，故也是尘肺病危害最严重的行业。在金属或非金属矿山接触粉尘最多的工种是凿岩工、放炮工、支柱工、运输工等，在煤矿主要是掘进工、采煤工、搬运工等。矿山开采业使用风动工具凿眼、爆破，特别是干式作业（干打眼）可产生大量的粉尘。

（2）机械制造业。机械制造业首先是制造金属铸件，即铸造业，铸造模具所使用的原料主要是天然砂，其次是黏土。由于对铸件的要求不同，铸造模具所用的原料的成分也不同，有些二氧化硅可达70%～90%；黏土主要是高岭土和膨润土，为硅酸盐。铸造业曾经是发生矽肺的主要行业之一。机械制造业主要接触粉尘的工作包括配砂、混砂、成型以及铸件的打箱、清砂等。

（3）金属冶炼业。金属冶炼中矿石的粉碎、烧结、选矿等，可产生大量的粉尘，冶炼工人广泛分布在钢铁冶炼和其他金属冶炼业中。

（4）建筑材料业。耐火材料、玻璃、水泥制造业，石料的开采、加工、粉碎、过筛以及陶瓷中原料的混配、成型、烧炉、出炉和搪瓷工业。主要接触二氧化硅粉尘和硅酸盐粉尘。

（5）筑路业。包括铁道、公路修建中的隧道开凿及铺路。

（6）水电业。水利电力行业中的隧道开凿，地下电站建设。

（7）其他，如石碑、石磨加工、制作等。

一般来讲，接触粉尘作业场所更容易引起尘肺病，这些场所包括：作业场所产尘量大，粉尘浓度高于国家标准；生产性粉尘的石英纯度高；生产过程采取干式作业，而且没有通风除尘设施；作业时间长，劳动强度大；没有配备个人呼吸防护用品等。

5. 影响尘肺发病的因素

尘肺病人从接尘到发病一般有 10 年左右的时间，时间长的 15～20 年才发病，短的 1～2 年，甚至半年就能发病。尘肺的发病时间（发病工龄）主要取决于粉尘中游离二氧化硅（或硅酸盐）的含量、粉尘的粒径大小和吸入量。劳动强度大小、个人身体状况和个人防护好坏对尘肺的发病也有不同程度的影响。

（1）游离二氧化硅含量。大量的实验研究和卫生调查都表明，粉尘中游离二氧化硅含量越高，发病的时间越短，病变发展速度越快，危害性越大。如吸入含游离二氧化硅 70%以上的粉尘时，往往形成以结节为主的弥漫性纤维化，而且发展较快，又易于融合。当粉尘中游离二氧化硅含量低于 10%时，则肺内病变以间质性为主，发展较慢且不易融合。

（2）粉尘的粒径。人体的呼吸器官对粉尘的进入有防御能力，随吸气进入呼吸道的粉尘并不全部吸入肺泡（肺泡的直径只有几微米至十几微米），大部分被阻留在鼻腔中或黏附在各级支气管的黏膜上，随着呼气和痰液排出体外，仅有很少一部分粒径较小的尘粒有可能进入肺泡而沉积在肺部。粒径越小，在空气中停留的时间越长，通过上呼吸道而被吸入肺部的机会越多。此外粒径越小，粉尘的比面积越大，在人体内的化学性质越活泼，导致肺组织纤维化的作用也越明显。所以粉尘粒径越小，对人体的危害性越大。从死于矽肺的人的肺组织中发现的尘粒，95%～99%的粒径都小于 5 μm。所以，现在一般认为 5 μm 以下的呼吸性粉尘对人体的危害性最大。

（3）粉尘的吸入量。粉尘的吸入量与工人作业点空气中的粉尘浓度和接触粉尘的时间成正比。粉尘浓度越高，从事粉尘作业的时间越长，则吸入量越多，就越容易患尘肺。对从事粉尘作业的工人来说，控制住作业点的粉尘浓度，就可以控制粉尘的吸入量，也就在一定程度上控制了尘肺的发生。

（4）劳动强度。人的呼吸量是随着劳动强度的增加而增加的。这是因为劳动过程中人体内新陈代谢需要氧气，劳动强度越大，所需的氧气就越多。据推算，在含尘浓度相同的作业环境中，从事中度和重度劳动强度的工人吸入的粉尘量相应增加 1.5～3 倍。由此可见，劳动强度的大小是影响尘肺发病的重要因素之一。

（5）个人身体状况。因为粉尘是通过对人体起作用而引起尘肺的，所以人体本身的一些因素也影响着尘肺的发生和发展。一般来说，体质差、患有各种慢性病（如支气管炎、肺部疾病、心脏病等）的工人比较容易发病。此外，不注意个人防护（如不戴防尘口罩等）的工人也容易发病。

应该特别指出的是，虽然每个人的体质不同，抵抗力不同，但如果吸入肺部的粉尘量过多，体质差异也就不明显了。因此，在影响尘肺发病的各种因素中，起决定作用的还是粉尘的性质和吸入量。

二、尘肺病的症状

1. 尘肺病患者的主要的症状

我国目前的尘肺病诊断标准，将尘肺分为一期尘肺（Ⅰ）、二期尘肺（Ⅱ）、三期尘肺（Ⅲ）。分期的主要依据是病人X射线胸片中肺内小阴影密集度及其分布范围和大阴影的有无。需要注意的是，尘肺病患者早期通常没有特异的临床症状，出现临床症状多与并发症有关。

尘肺病的主要症状有：

（1）气短。这是最早出现的症状。起初病人只在重体力劳动或爬坡时感到气短，以后在一般劳动或走上坡路、上楼梯等时候出现气短，病情较重或有并发症时，即使不活动也会感到气短，甚至不能平卧。

（2）胸闷、胸痛。该症状出现也比较早。有的患者开始可能感到胸部发闷，呼吸不畅或有压迫感，有的则出现间断性胸部隐痛或针刺样疼痛，并且在气候变化或阴雨天加重。晚期病人表现为胸部紧迫感或沉重感。

（3）咳嗽、咳痰。早期患者一般仅有干咳，合并肺部感染或较晚期病人咳嗽加重，并有咳痰，少数病人痰中带血。

从事粉尘作业的职工出现以上症状要特别警惕，要尽快到专业机构进行职业健康体检。

2. 尘肺病常见的并发症

尘肺病患者比较常见的并发症有肺结核、支气管炎、肺炎、肺气肿、肺源性心脏病、自发性气胸等。比较少见的有支气管扩张、肺脓肿等。并发症是加快尘肺病加重的主要原因，且常常也是引起尘肺病死亡的主要原因。因此，防止尘肺病人的并发症有很重要的意义。

（1）肺结核。肺结核可以使尘肺病的症状加重。除气急、胸痛外，可能有全身无力、疲劳、盗汗、潮热及咳痰、咯血等。血沉可以加快。痰化验可能找到结核杆菌。肺部可以听到局限性的湿性啰音等。胸部X射线片上除看到尘肺病变外，还可看到结核病变。

（2）支气管炎与肺炎。支气管炎与肺炎这两种病也是尘肺病人比较常有的并发症，其中以支气管炎更常见。当尘肺病人并发支气管炎时，其表现有咳痰、发热等症状。如并发支气管肺炎时，则咳嗽更加厉害，发热、气急较明显。当并发了大叶性肺炎时，则发病比较突然，高热、吐铁锈色痰、胸痛与气急更显著，还可能有口唇及口角发生疱疹等。

化验检查时，可发现白细胞增高，特别是大叶性肺炎，增加比较显著。X射线检查时，这三种病各有不同的疾病特点。

（3）肺气肿。肺气肿是较常见的并发症。往往随着病情的发展，肺气肿也越严重。肺气肿的主要表现是慢性进行性的呼吸困难和缺氧。检查时，典型肺气肿病人可以看到有呼吸短促、两肩高耸，颈部因而变得较短，胸部外形像桶状等。肺功能检查可有不同程度的损害。X线照片和透视检查都可以看出肺气肿的变化特点。

（4）肺源性心脏病。肺源性心脏病就是由于肺部疾病的原因而引起的心脏病。尘肺病人发生肺源性心脏病的主要表现有：除尘肺的症状外，还可能有气急加重，以至感到呼吸很困难，口唇及指甲发绀也比较明显。当发生心力衰竭时，可能出现昏迷或者昏睡。

（5）自发性气胸。尘肺并发气胸是急症，诊断不及时或误诊，可造成严重后果。尘肺病人发生自发性气胸时有什么表现呢？当发生局限性气胸时，可以没有什么症状或仅感到胸部发闷发紧。当发生比较广泛的气胸时，可能突然感到胸痛和呼吸困难，胸痛可放射至发生气胸的这一侧的肩部、手臂和腹部；同时还可能有脸色苍白、发绀、出汗等。当检查病人时，可发现脉搏比较细微，血压下降，肋间隙增宽，心脏及气管移向，叩诊时，声音比平时响亮，呈鼓音，呼吸音减弱或者消失等；X线检查时，可以很清楚地看到自发性气胸的情形。

3. 尘肺病没有传染性

尘肺病不会传染给他人。有些人可能认为身边有几个劳动者都得了尘肺病，因此怀疑尘肺病能相互传染。这其实是由于大家的工作环境相同，工作场所中有害物质的浓度、性质等都近似，并不是由于疾病的传染。但由于尘肺病人容易发生某些具有传染性的并发症，如活动性肺结核，这就有可能将肺结核传染给他人。

三、不同类型尘肺病的症状

1. 矽肺病的主要症状

矽肺是尘肺病的一种，是由于在生产活动中长期吸入含有游离二氧化硅的生产性粉尘而引发的以肺组织弥漫性纤维化为主的全身性疾病。矽肺病是我国目前患病人数最多、危害性最大的一种职业病，也是世界上最古老，最广泛发生的职业病。

矽肺病的发生，主要与接触矽尘的作业有关。硅在自然界分布很广泛，在地壳的矿石中，约95%含有数量不等、形态不同的纯石英或二氧化硅，因此凡能接触含有二氧化硅的一切粉尘的作业都有可能引起矽肺。主要行业有：

（1）采矿业。如金属矿石开采，云母、氟石、硅质煤等开采。

（2）开山筑路。如隧道和涵洞钻孔、爆破等。

（3）建筑材料业。如花岗岩、砂岩、板岩浮石开采、轧石以及石料加工。

（4）钢铁冶金业的矿石原料加工准备，炼钢炉修砌。

（5）机械制造业。铸造工艺中的型砂准备、浇铸、开箱、污砂整理、喷砂等。

（6）耐火材料业中的原料准备成型、焙烧等。

（7）陶瓷工业中的原料准备、碾碎加工、磨细等。

（8）玻璃制造业中的原料准备。

（9）石粉行业。如石英加工、碾压、生磨、筛粉、装袋、运输等。

（10）造船业的喷砂除锈。

（11）搪瓷业原料准备和喷花、施釉等。

2. 煤工尘肺主要症状

在煤矿开采过程中，由于工种不同，作业工人可分别接触煤尘、煤和岩石混合型粉尘或矽尘，从而引起肺部弥漫性纤维化和结节性改变，统称煤工尘肺。煤尘肺早期无症状，病程进展缓慢。肺气肿形成同时伴有阻塞性细支气管炎者，可出现活动后气急、咳嗽、咳痰。伴有支气管扩张时可有大量浓痰咳出。晚期病人呼吸道易感染。易继发肺源性心脏病、心力衰竭，出现缺氧和二氧化碳潴留症状。

3. 石墨尘肺的主要症状

石墨尘肺是由于长期吸入高浓度石墨粉尘所引起的尘肺。石墨尘肺患者肺脏的改变酷似煤工尘肺，肺内出现大小不等的黑斑点。患有石墨尘肺的病人多有不明显的症状，如出现轻度鼻咽部发干、咳嗽、咳黑色黏痰，劳动后由胸闷、气短现象。由于石墨尘肺容易并发病毒、细菌感染，包括结核感染，所以患者可出现反复发作的呼吸系统炎症，加重肺功能损害。

4. 电焊工尘肺的主要症状

电焊工尘肺是长期大量吸入电焊烟尘所致的一种尘肺。电焊烟尘的化学组成以氧化铁为主，此外还有二氧化锰、非结晶型二氧化硅、氟化硅、氟化钠。因此，电焊工尘肺是一种混合型尘肺。电焊作业分布范围很广，主要以船舶、车辆、机械、锅炉制造、化工设备安装等部门电焊工人数量最多，当在船体、锅炉或油罐等通风不良或密闭容器内焊接时，接触电焊粉尘浓度较高，易发生尘肺。发病工龄一般在 10 年以上。

电焊工尘肺早期症状、体征不明显，可有胸部不适、胸闷、气急、咳嗽、咳痰、胸部隐痛等。并发呼吸系统传染时，上述症状加重，双肺可闻及干、湿啰音等。合并锰中毒、氟中毒和金属烟雾热时，可出现相应的症状和体征。X 射线表现以不规则小阴影为主，在两肺中下野为多，间有类圆形小阴影，直径多在 1.5 mm 以下。部分病例以类圆形小阴影

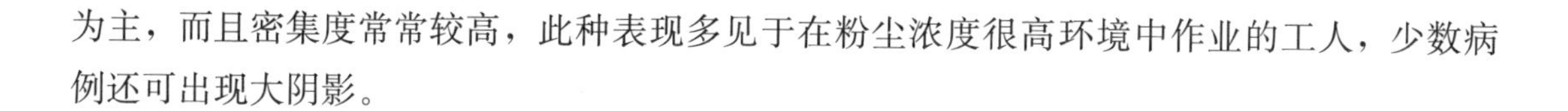

为主，而且密集度常常较高，此种表现多见于在粉尘浓度很高环境中作业的工人，少数病例还可出现大阴影。

5. 石棉肺的主要症状

石棉肺也是尘肺病的一种，其主要病理改变是肺间质纤维化和胸膜纤维化。石棉所致肺间质纤维化开始多在肺下部，随病情进展逐渐向全肺扩散，严重时正常肺组织的细支气管、肺泡等完全被纤维化代替，并和扩张的细支气管混合在一起形成蜂窝状改变，从而影响正常的呼吸功能。胸膜纤维化主要表现为胸膜增厚、粘连，由于纤维化组织的收缩及胸膜纤维化，可使肺脏体积明显缩小。在一般职业接触情况下，石棉肺发生可能需要较长的时间，一般经 10～20 年，在停止接触石棉粉尘后，肺纤维化仍可继续进展，病情不断加重。值得注意的是，长期接触石棉粉尘的工人，离岗时虽然没有发现石棉肺，但离岗后仍有部分工人可能发生石棉肺。

接触石棉尘的作业包括：石棉的加工与处理如开包工、梳棉工、织布工、造船厂的修造工、运输工、建材工、石器材和电气绝缘制造工、耐火材料制造、石棉制品检修、刹车片制造、旧建筑的拆除与维修及废石棉再生工等，老式氯碱生产工艺中的电解槽修槽工(电解槽中垫有石棉)、石棉水泥瓦生产工等。上述工种在石棉的粉碎、切割、磨光等作业中，均可产生大量的石棉粉尘。石棉矿的采矿工、选煤工、运输工、装卸工等均接触石棉粉尘。

四、粉尘危害治理与尘肺病预防

1. 我国防尘降尘的“八字方针”

目前，尘肺病尚无有效的根治方法，但完全可以预防。预防尘肺病的关键，在于最大限度地防止有害粉尘的吸入，只要措施得当，尘肺病是完全可以预防的。

我国针对防尘降尘制定了“革、湿、密、风、护、管、教、查”八字方针，大致内容可分为两个方面：

（1）技术措施方面。主要是采用工程技术措施消除或降低粉尘危害，这是预防尘肺病最根本的措施：①革，即革新生产工艺技术，这是消除尘肺的根本措施，包括改干式作业为湿式作业，尽量使用不含游离二氧化硅或游离二氧化硅含量较低的生产原料。②湿，即湿式作业。如湿式碾磨石英和耐火材料，矿山湿式凿岩、井下运输喷雾洒水等。③密，即通过生产过程机械化、密闭化、自动化，将粉尘发生源密闭起来。④风，即通风除尘。加强工作场所通风或在粉尘发生源局部采取强力抽风措施排出粉尘。

（2）卫生保健措施方面。主要是加强作业人员的宣传教育、检查监护和个人防护。①护，即加强个人防护和个人卫生。佩戴防尘护具，如防尘安全帽、防尘口罩、送风头盔、送风口罩等，讲究个人卫生，勤换工作服，勤洗澡。②管，即建立并严格执行防尘工作管理制度。③教，做好宣传教育，使防尘工作成为职工的自觉行动。④查，依法对工作场所的粉尘浓度定期进行检测，对接尘职工进行定期职业健康检查，包括上岗前体检、岗中的定期健康检查和离岗时体检，对于接尘工龄较长的工人还要按规定做离岗后的随访检查。

2. 从事粉尘作业职工应遵循的基本卫生防护要求

从事粉尘作业职工应遵循的基本卫生防护要求是：

(1) 从事粉尘作业职工应学习、掌握和遵守岗位操作规程，了解作业场所存在的粉尘危害因素和可能造成的健康损害。

(2) 定期对通风除尘设备、设施进行检查，保证其处于良好状态，如果设备、设施发生异常，要及时报告，进行维护。

(3) 按要求佩戴个人防护用品。

(4) 参加用人单位安排的职业健康检查。

3. 粉尘作业的个人卫生保健措施

粉尘作业的个人卫生保健措施主要有：

(1) 加强个人卫生。一是要注意个人防护用品使用中的卫生，如使用防尘口罩，在使用前应了解其性能、用法和如何判断失效等知识，经常更换滤料，以免误用或使用无效口罩。保持清洁卫生，做到专人专用、防止交叉感染。二是要注意个人卫生，不要在车间抽烟、进食和饮水及存放食品、水杯，更不能在生产炉热饭、烤食品，以免毒物污染食品进入消化道。要勤洗手，凡是脱离操作后，做其他事前要洗手，如抽烟、吃饭、喝水、去卫生间等。尘毒作业工人下班后要洗澡，换干净衣服回家，工作服勤换洗，不要穿工作服回家等。

(2) 科学加强营养。应在保证平衡膳食的基础上，根据接触毒物的性质和作用特点，适当选择某些特殊需要的营养成分加以补充，以增强全身抵抗力，并发挥某些成分的解毒作用，例如高蛋白、高维生素的食品。此外，需要补充适当量的糖，糖可提供葡萄糖醛酸可与毒物结合，排出体外，如苯。夏季的高温作业工人，补充含盐清凉饮料，可促进毒物的排泄，而且提倡喝茶水，茶含有鞣酸，能促进唾液分泌，有解渴作用，又含咖啡因，兴奋中枢神经，解除疲劳。

(3) 加强锻炼、促进代谢。同时禁烟、酒，白酒（乙醇）可使储存在骨骼内的铅进入血液中，产生铅中毒症状。

4. 正确选择防尘口罩

防尘口罩是一种通过净化过滤阻止粉尘吸入人体的呼吸防护器。需要注意的是，防尘口罩是利用防尘技术设备将粉尘浓度降到可容许浓度以下之后的辅助个人防护用具，不能把单纯使用防尘口罩作为预防尘肺病的主要措施。

防尘口罩被国家列为特种劳动防护用品，实行工业产品生产许可证制度和安全标志认证制度。企业提供的防尘口罩必须是符合标准的国家认可产品，要能有效地阻止粉尘，尤其是 5 μm 以下的粉尘进入呼吸道。防尘口罩要符合重量轻，佩戴舒适、卫生，保养方便，既能有效阻止粉尘，又能保证工作时呼吸顺畅的要求。纱布口罩不能阻挡对人体危害最大的细微粉尘，国家明文规定纱布口罩不能作为防尘口罩使用。

职工在接尘作业中必须坚持佩戴防尘口罩，注意选取与脸型相适应的型号，最大限度防止空气从缝隙不经过滤进入呼吸道。要按照使用说明正确佩戴防尘口罩，否则起不到防尘作用。要经常对防尘口罩进行检查，发现失效及时更换。更换防尘口罩的时间，则取决于接尘环境的粉尘浓度、每个人的使用时间、各种防尘口罩的容尘量以及使用不同的维护方法等。目前还没有办法统一规定具体的更换时间，当防尘口罩的任何部件出现破损、断裂和丢失（如鼻夹、鼻夹垫）以及明显感觉呼吸阻力增加时，应及时更换。

5. 不适合从事粉尘作业的人员

具有下列情况者不能从事粉尘作业：

（1）不满 18 周岁。

（2）患活动性肺结核。

（3）患严重的慢性呼吸道疾病，如萎缩性鼻炎、鼻腔肿瘤、支气管哮喘、支气管扩张、慢性支气管炎等。

（4）严重影响肺功能的胸部疾病，如弥漫性肺纤维化、肺气肿、严重胸膜肥厚与粘连、胸廓畸形等。

（5）严重的心血管系统疾病。

五、尘肺病的检查与诊断

1. 粉尘作业职工职业健康体检的必要性

粉尘作业职工职业健康体检，是指对从事接触粉尘危害作业职工进行的特定身体检查，包括上岗前、在岗期间、离岗时检查以及离岗后的医学随访。其目的是早期发现和治疗尘肺病或由生产性粉尘引起的健康损害，保护职工的身体健康。从事粉尘作业职工的职业健康检查项目应包括拍摄符合质量要求的 X 射线胸片；接触棉、麻等有机粉尘者还应进行肺功能测定等。

粉尘作业职工职业健康体检与一般性的身体检查是有区别的。一般性身体检查是用人单位对非接触职业病危害作业的职工进行的身体检查，属常规体检，以查五官科、心、肝、肾、肺、泌尿科、妇科等为主，以发现常见病，早期治疗，其目的是保护职工的健康。

职业健康检查与一般检查不同之处在于：

（1）职业健康检查具有针对性。如就业前的职业健康检查是针对即将从事有害作业工种的职业禁忌进行的。

（2）职业健康检查具有特异性。不同的职业病危害因素造成的健康损害不同。如粉尘作业，主要是引起呼吸系统损伤，因此，要拍X射线胸片、肺功能检查等。

（3）职业健康检查具有强制性。为保护职工的职业健康，用人单位对从事粉尘作业职工进行上岗前、在岗期间和离岗时的职业健康检查是强制性的，对此国家法律有明确规定。

（4）职业健康检查不是所有医院都能进行。应由取得省级以上人民政府卫生行政部门批准的医疗卫生机构进行，否则检查结果无效。

2. 粉尘作业职工上岗前的职业健康体检

粉尘作业职工上岗前的职业健康体检，是指用人单位对即将从事粉尘作业的职工在上岗之前对职工身体进行的特定检查。上岗前职业健康体检是强制性的，应在职工从事接触粉尘作业前完成。对于即将从事粉尘作业的新录用人员，包括转岗到接触粉尘作业岗位的人员均应进行上岗前的职业健康体检。

上岗前职业健康体检主要目的是掌握职工是否有职业禁忌证，是否适合从事粉尘作业，以便建立从事粉尘作业职工的基础健康档案。上岗前为职工进行的职业健康体检不是剥夺有职业禁忌证职工的劳动权力，而是保护其身体健康。

从事粉尘作业职工的上岗前职业健康体检项目主要包括了解其职业史、既往病史、结核病接触史等，拍摄X射线胸片、肺功能以及必要的其他实验室检查。

3. 粉尘作业职工在岗期间的定期职业健康体检

在岗期间的职业健康体检，是指用人单位依照国家规定对长期从事粉尘作业的职工健康状况定期进行的检查。在岗期间的职业健康体检周期根据生产性粉尘的性质、工作场所的粉尘浓度、防护措施等因素决定。2014年国家颁布的《职业健康监护技术规范》（GBZ 188—2014），对接触各类生产性粉尘作业职工的体检周期都做了详细规定。

在岗期间职业健康体检的目的主要是早期发现尘肺病患者，及时发现有职业禁忌证的职工和对“观察对象”进行动态观察，以便将发现的有职业禁忌证或有早期职业健康损害者及时调离，安排适当工作。此外，通过在岗期间的职业健康体检，还可以动态观察职工群体的健康变化，并对作业场所粉尘危害的控制效果进行评价。

定期职业健康体检应包括：了解职业史和自觉症状、拍摄X射线胸片等。

4. 粉尘作业职工离岗时的职业健康体检

离岗时的职业健康体检，是指职工在准备调离或脱离所从事的粉尘作业前所进行的全面健康检查。

离岗时职业健康体检主要目的，是确定职工在停止接触生产性粉尘时的健康状况。对于从事粉尘作业的职工来说，离岗时的体检结果非常重要，这是职工一旦患尘肺病应该从哪里获取职业病待遇的依据。

离岗职业健康体检，应尽量安排在解除或终止劳动合同前一个月内为宜，如最后一次在岗期间的健康体检是在离岗前 90 日内，可视为离岗时体检。用人单位如不安排离岗职业健康体检，职工可向当地卫生监督机构或劳动保障部门投诉，也可依法申请劳动仲裁。

离岗职业健康体检应包括：了解职业史和自觉症状、拍摄 X 线胸片等。

5. 粉尘作业职工离岗后的医学随访

已经脱离粉尘作业的职工即使调离原单位，也应根据接触粉尘作业情况继续进行医学随访观察。这是由于原来进入肺部的生产性粉尘（尤其是矽尘）对肺组织具有持续性的致纤维化作用，脱离粉尘作业后职工仍可发生尘肺病，或使原有尘肺病加重，因此对于从事过粉尘作业的职工，离岗后还必须进行定期医学随访，以便早期发现尘肺病，或及时掌握原有尘肺病的病情进展情况。

6. 已确诊的尘肺病患者的定期健康体检

已确诊的尘肺病患者仍需要进行定期健康检查，是由于尘肺病即使在脱离粉尘作业后病情仍有可能进展的特点所决定的。比如，职工离岗体检时诊断为一期尘肺病，虽然该职工以后不再从事粉尘作业，但由于原来进入肺组织的粉尘仍然具有持续性的致纤维化作用，使原有尘肺病病情加重。为了及时了解病情进展情况，已确诊的尘肺病患者还必须进行定期健康体检。

7. 尘肺病患者的诊断与治疗

从事粉尘作业的职工，如果在工作一段时间后，怀疑自己得了尘肺病，应该到在省级以上人民政府卫生行政部门批准的医疗卫生机构进行诊断。职工可以在用人单位所在地，或者本人居住地依法承担职业病诊断的医疗卫生机构，进行尘肺病诊断。

诊断尘肺病的必备要素包括：职工接触粉尘作业史，现场粉尘危害调查与评价资料，临床表现以及辅助检查结果等。没有证据否定尘肺病危害因素与病人临床表现之间的必然联系的，在排除其他致病因素后，应当诊断为尘肺病。

职工在申请职业病诊断时，应提交申请书、本人健康损害证明、用人单位提供的职业史证明等。职业史证明的内容应从开始接触粉尘作业的时间算起，尽可能包括工种、工龄、接触生产性粉尘的种类、操作方式或操作特点、每日或每月的接触时间、是否连续接触粉尘、作业场所的环境条件、防尘设施及其效果、历年作业场所粉尘浓度检测数据等。

尘肺病诊断、鉴定需要用人单位提供有关职业卫生和健康监护等资料时，用人单位应当及时、如实提供，职工和有关机构也应当提供与职业病诊断、鉴定有关的资料。职工不能提供职业史证明的，可提交劳动关系证明材料作为佐证。劳动关系证明应当以劳动合同、劳动关系仲裁或法院判决书以及用人单位自认的材料为依据。

8. 注意利用职业健康监护档案

职业健康监护档案是职工健康监护全过程的客观记录资料，是系统地观察职工健康状况的变化、评价个体和群体健康损害的依据。职业健康监护档案由用人单位建立和保存。

职业健康监护档案内容包括：职工的职业史、既往史、职业病危害接触史；作业场所的粉尘种类、浓度等监测结果；职业健康检查结果及处理情况；职业病诊断等资料。

职工有权查阅、复印本人的职业健康监护档案。用人单位应当如实、无偿提供档案的复印件并在所提供的复印件上签章。职工离开原单位时，应当索要个人的健康监护档案复印件（原件用人单位长期保存），并妥善保管好健康监护档案的所有资料，以备发生纠纷后留作证据，维护自身的合法权益。

9. 确诊为尘肺病后的注意事项

尘肺病的纤维化是不可逆的病变，目前还没有一种根治的办法。因此，已经诊断为尘肺病者，应脱离接触粉尘，要尽力维护患者的身体健康状态。

（1）一般来说，症状不多也没有并发症的尘肺病人不需要住院，自己注意养成健康的生活习惯，并进行合理适度的保健锻炼，就可以正常地生活。首先病人不能吸烟，吸烟可加重病情；要预防感冒，注意气候变化及时调整穿衣及户外活动；要适度的锻炼，如打太极拳、深呼吸等，做一点力所能及的体力活动，可增加免疫力。

（2）预防并发症。矽肺的常见和主要的并发症是肺部感染、结核、气胸、肺心病。预防感冒，特别是冬季不要感冒，在感冒流行期不要到人员过于集中的地方，可有效地预防和减少肺部感染的机会；不要密切接触结核病人；保持大便通畅，不要突然过分用力；咳嗽时要及时治疗，避免用力咳嗽，可预防和减少气胸的发生。

（3）及时治疗并发症。有肺部感染、肺心病心功能不全、合并结核病时，必须及时到医院治疗；突然发生气胸，必须立即到医院治疗。

这里特别需要注意的是，如果确诊为尘肺病，患者以前如果吸烟的话，应该戒烟。因

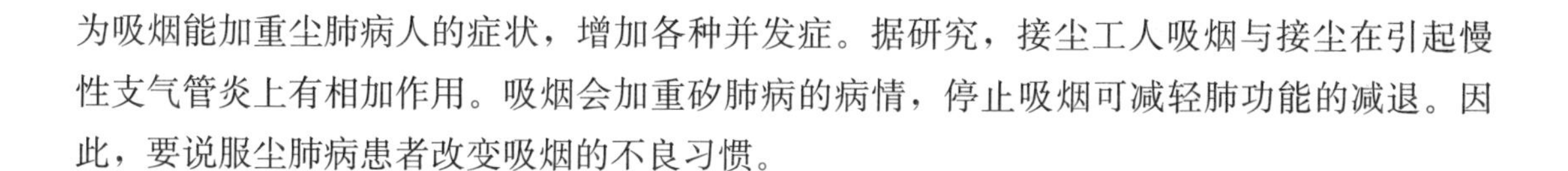

为吸烟能加重尘肺病人的症状，增加各种并发症。据研究，接尘工人吸烟与接尘在引起慢性支气管炎上有相加作用。吸烟会加重矽肺病的病情，停止吸烟可减轻肺功能的减退。因此，要说服尘肺病患者改变吸烟的不良习惯。

10. 尘肺病患者的肺灌洗治疗

肺灌洗是针对尘肺病人一直存在的粉尘性和巨噬细胞性肺泡炎而采取的治疗措施。研究表明，尘肺病一旦形成后，肺内残留粉尘继续与肺泡巨噬细胞作用，这是尘肺病虽然脱离粉尘作业环境，但病变仍然继续发展升级的主要原因。如能早期进行肺灌洗，排出病人肺泡内沉积的煤尘和大量的能分泌致纤维化介质的尘细胞，不仅可以明显改善症状，而且有利于遏制病变进展，延缓病期升级。对X射线胸片尚未出现病变的接尘工人及可疑尘肺工人进行肺灌洗，可防止其发病或推迟其发病时间。

通过肺灌洗清除肺内残留的部分粉尘和尘细胞，可遏制和延缓病变升级，但不能解决肺间质中的粉尘和已经纤维化的病变，肺灌洗不能使尘肺病变逆转，所以诊断和待遇都不变。

第三节　工业毒物职业危害与防治知识

在现代工业生产以及农业生产过程中，不可避免地接触到各种化学物质，如果处置不当或者保护不当，就有可能因为过量吸收生产性毒物而引起中毒，这被称为职业中毒。生产性毒物在生产中应用广泛，品种繁多，我国新的《职业病目录》中公布了60种职业中毒，涉及的毒物如铅、汞、氯气、硫化氢、苯、甲苯、汽油、有机磷农药以及放射性物质铀等。在生产过程中，开采、提炼、使用、储存、运输等环节都可能接触到毒物，如果防护措施不当，毒物就有可能通过呼吸道、皮肤进入人体引起中毒。

一、生产性毒物与职业中毒知识

1. 生产性毒物的分类

生产过程中形成或应用的各种对人体有害的化学物，称为生产性毒物。生产性毒物的分类方法很多，按其生物作用可分为神经毒、血液毒、窒息性毒及刺激性毒等；按其化学性质可分为金属毒、有机毒、无机毒等；按其用途可分为农药、食品添加剂、有机溶剂、战争毒剂等。

生产性毒物的分类很多，按其化学成分可分为金属、类金属、非金属、高分子化合物毒物等；按物理状态可分为固态、液态、气态毒物；按毒理作用可分为刺激性、腐蚀性、窒息性、神经性、溶血性和致畸、致癌、致突变性毒物等。

一般将生产性毒物按其综合性分为以下几类：

（1）金属及类金属毒物。如铅、汞、锰、镉、铬、砷、磷等。

（2）刺激性和窒息性毒物。如氯、氨、氮氧化物、一氧化碳、氰化氢、硫化氢等。

（3）有机溶剂。如苯、甲苯、汽油、四氯化碳等。

（4）苯的氨基化合物和硝基化合物。如苯胺、三硝基甲苯等。

（5）高分子化合物。如塑料、合成橡胶、合成纤维、胶黏剂、离子交换树脂等；农药，如杀虫剂、除草剂、植物生长调节剂等。

2. 生产性毒物的来源和存在状态

在生产过程中的以下环节容易出现毒物：

（1）原料。如制造氯乙烯所用的乙烯和氯。

（2）中间体或半成品。如制造苯胺的中间体、硝基苯。

（3）辅助材料。如橡胶行业作为溶剂的苯和汽油。

（4）成品。如农药对硫磷、乐果等。

（5）副产品或废弃物。如炼焦时产生的煤焦油、沥青。

（6）夹杂物。如某些金属、酸中夹杂的砷。

（7）其他。以分解产物或反应物形式出现的物质，如聚氯乙烯塑料制品加热至160～170℃时分解产生氯化氢，磷化铝遇湿自然分解产生磷化氢。

3. 毒物在生产环境中的形态

毒物在生产环境中有以下几种形态：

（1）固体。如氰化钠、对硝基氯苯。

（2）液体。如苯、汽油等有机溶剂。

（3）气体。即常温、常压下呈气态的物质，如二氧化硫、氯气等。

（4）蒸气。固体升华、液体蒸发或挥发时形成的，如喷漆作业中的苯、汽油、醋酸酯类等的蒸气。

（5）粉尘。能较长时间悬浮在空气中的固体微粒，其粒子大小多在0.1～10 μm。机械粉碎、碾磨固体物质，粉状原料、半成品或成品的混合、筛分、运送、包装过程等，都能产生大量粉尘，如炸药厂的三硝基甲苯粉尘。

（6）烟（尘）。微悬浮在空气中直径小于0.1 μm的固体微粒。某些金属熔融时产生的蒸气在空气中迅速冷凝或氧化而形成烟，如熔炼铅所产生的铅烟，熔钢铸铜时产生的氧化锌烟。

（7）雾。为悬浮于空气中的液体微滴，多由于蒸气冷凝或液体喷洒形成，如喷洒农药时的药雾，喷漆时的漆雾。

（8）气溶胶。悬浮在空气中的粉尘、烟及雾，统称为气溶胶。

4. 人员作业中与生产性毒物的接触机会

人员在作业过程中，主要有以下一些生产操作能接触到毒物：

（1）原料的开采和提炼。在开采过程中可形成粉尘或逸散出蒸气，如锰矿中的锰粉，汞矿中的汞蒸气；冶炼过程中产生大量的蒸气和烟，如炼铅。

（2）材料的搬运和储藏。固态材料产生的粉尘，如有机磷农药；液态有毒物质包装泄漏，如苯的氨基、硝基化合物；储存气态毒物的钢瓶泄漏，如氯气等。

（3）材料加工。原材料的粉碎、筛选、配料，手工加料时导致的粉尘飞扬及蒸气的逸出，不仅污染操作者的身体和地面，还能成为二次毒源。

（4）化学反应。某些化学反应如果控制不当，可发生意外事故，如放热产气反应过快，可发生满锅，使物料喷出反应釜，易燃、易爆物质反应控制不当可发生爆炸，反应过程中释放出有毒气体等。

（5）操作。成品、中间体或残余物料出料时，物料输送管道或出料口发生堵塞，工人进行处理时，成品的烘干、包装以及检修设备时，都可能有粉尘和有毒蒸气逸散。

（6）生产中应用。在农业生产中喷洒杀虫剂，喷漆中使用苯作稀释剂，矿山掘进作业使用炸药等，如果用法不当就会造成污染。

（7）其他。有些作业虽未使用有毒物质，但在特定情况下亦可接触到毒物以至发生中毒，如进入地窖、废弃巷道或地下污水井时发生硫化氢、一氧化碳中毒等。

二、生产性毒物对人体的危害

生产性毒物对人体的危害是造成职业中毒，常见的职业中毒分为急性中毒、慢性中毒和亚急性中毒。急性中毒是由于生产过程中有毒物质短时间内或一次大量进入人体而引起的中毒，大多数是由于生产事故造成的。慢性中毒是由于在生产过程中长期过量接触有毒物质引起的中毒，这是生产中最常见的职业中毒，主要由于相应的防护措施缺乏或不当造成。亚急性中毒是介于急性和慢性之间的中毒，往往接触毒物数周或数月可突然发病。

1. 生产性毒物进入人体的途径

生产性毒物进入人体的途径主要有以下三条：

（1）呼吸道。这是最常见和主要的途径。凡是呈气体、蒸气、粉尘、烟、雾形态存在的生产性毒物，在防护不当的情况下，均可经呼吸道侵入人体，整个呼吸道都能吸收毒物。

（2）皮肤。皮肤是某些毒物吸收进入人体的途径之一。毒物可通过无损伤皮肤的毛孔、皮脂腺、汗腺被吸收进入血液循环。

（3）消化道。在生产环境中，单纯从消化道吸收而引起中毒的机会比较少见。往往是由于手被毒物污染后，直接用污染的手拿食物吃，而造成毒物随食物进入消化道。如手工包装敌百虫等农药时，也可能引起毒物经消化道或皮肤吸收。

2. 毒物对人体的不良影响

（1）局部刺激和腐蚀作用。强酸（硫酸、硝酸）、强碱（氢氧化钠、氢氧化钾）可直接腐蚀皮肤和黏膜。

（2）阻止氧的吸收、运输和利用。一氧化碳吸入后很快与血红蛋白结合，而影响血红蛋白运送氧气；刺激性气体和氯气吸入可形成肺水肿，妨碍肺泡的气体交换，使其不能吸收氧气；惰性气体或毒性较小的气体如氮气、甲烷、二氧化碳，可由于在空气中降低氧分压而造成窒息。

（3）改变机体的免疫功能。毒物干扰机体免疫功能，致使机体免疫功能低下，易患相关疾病。

（4）集体酶系统的活性受到抑制。

（5）“三致”。即致癌、致畸、致突变作用。

3. 生产性毒物对机体毒作用的影响因素

毒物在排除的过程中，可对某些器官或组织造成损害，如经肾脏排泄的某些金属毒物（镉、汞等），可引起近曲小管损害；随唾液排泄的汞可引起口腔炎；砷经肠道排出可引起结肠炎，经汗腺排出则可引起皮炎。

生产性毒物对人体的毒作用主要受以下因素的影响：

（1）毒物的化学结构。

（2）毒物的理化特性。

（3）毒物的剂量、浓度和作用时间。

（4）毒物的联合作用。

（5）个体状态。

（6）其他环境因素和劳动强度等。

4. 进入人体的毒物的排出途径

生产性毒物侵入人体后，在体内可经过代谢转化或直接排出体外，排出毒物的途径有：

（1）呼吸道。经呼吸道进入人体的毒物，直接由呼吸道排出一部分，如一氧化碳、苯、汽油蒸气等。

（2）消化道。有些金属毒物，如铅、锰经胆汁由肠道随粪便排出一部分，粪便排出金属毒物也包括由消化道侵入而未被吸收的部分。

（3）肾脏。肾脏是毒物从体内排出的主要器官，如铅、汞、苯的代谢产物，大多数皆随尿液排出。

（4）其他。汗腺、乳腺、唾液腺均可排出一定量的毒物，如铅、汞、砷。另外指甲、头发虽不是排泄器官，但有些毒物如砷、铅、锰、汞等，也可聚集于此而后排出体外。

三、生产性毒物的防护、急救与治疗

1. 接触生产性毒物作业人员的个人防护

个体防护在防毒综合措施中起辅助作用，但在特殊场合下却具有重要作用，例如进入高浓度毒物污染的密闭容器操作时，佩戴正压式空气呼吸器就能保护操作人员的安全健康，避免发生急性中毒。应根据工作场所存在毒物的种类、浓度（剂量）情况选择适合的呼吸防护器材。每个接触毒物的作业人员都应学会使用，掌握注意事项。常用的有隔离式防毒面具、过滤式防毒面具、防毒口罩和正压式空气呼吸器等。为防止毒物沾染皮肤，接触酸碱等腐蚀性液体及易经皮肤吸收的毒物时，应穿耐腐蚀的工作服、戴橡胶手套、工作帽、穿胶鞋。为了防止眼损伤，可戴防护眼镜。

2. 职业中毒的急救和治疗原则

职业中毒的治疗可分为病因治疗、对症治疗和支持治疗三类。病因治疗的目的是尽可能消除或减少致病的物质基础，并针对毒物致病的发病机理进行处理。对症处理是缓解毒物引起的主要症状，促使人体功能恢复。支持疗法可改善患者的全身状况，使患者早日恢复健康。

（1）急性职业中毒

1）现场急救。立即将患者搬离中毒环境，尽快将其移至上风向或空气新鲜的场所，保持呼吸道通畅。若患者衣服、皮肤已被毒物污染，为防止毒物经皮肤吸收，需脱去污染的衣物，用清水彻底冲洗受污染的皮肤（冬天宜用温水）。如污染物为遇水能发生化学反应的物质，应先用干布抹去污染物后，再用水冲洗。在救治中，对中毒者应做好保护心、肺、脑、眼等的现场救治。对重症患者，应严密观察其意识状态、瞳孔、呼吸、脉搏、血压。若发现呼吸、循环有障碍时，应及时进行复苏急救，具体措施与内科急救原则相同。对严重中毒需转送医院者，应根据症状采取相应的转院前救治措施。

2）阻止毒物继续吸收。患者到达医院后，如发现现场紧急清洗不够彻底，则应进一步清洗。对吸入气体或蒸气的中毒者，可给予吸氧。对经口中毒者，应立即采用引吐、洗胃、导泄等措施。

3）解毒和排毒。对中毒患者应尽早使用有关的解毒、排毒药物，若毒物已造成组织严重的器质性损害时，其疗效有时会明显降低。必要时，可用透析疗法和换血疗法清除体内的毒物。

4）对症治疗。由于针对病因的特效解毒剂的种类有限，因而对症疗法在职业中毒的治疗中极为重要，主要目的在于保护体内重要器官的功能，解除病痛，促使患者早日康复，有时是为了挽救患者的生命，其治疗原则与内科处理类同。

（2）慢性职业中毒。早期常为轻度可逆性功能性病变，而继续接触则可演变成严重的器质性病变，应及早诊断和处理。中毒患者应脱离毒物接触，使用有关的特效解毒剂，如常用的金属络合剂。应针对慢性中毒的常见症状，如类神经症、精神症状、周围神经病变、白细胞降低、接触性皮炎以及慢性肝、肾病变等，进行相应的对症治疗。此外，适当的营养和休息也有助于患者的康复。

慢性中毒经治疗后，对患者应进行劳动能力鉴定，并作合理的工作安排。

3. 急性中毒的现场处理措施

急性中毒病情发展很快，现场处理是对急性中毒者的第一步处理。

（1）切断毒源，包括关闭阀门，加隔板、停车、停止送气、堵塞漏气设备，使毒物不再继续侵入人体和扩散、逸散的毒气应尽快采取抽毒或排毒，引风吹散或中和等办法处理。如氯泄漏可用废氨水喷雾中和，使之生成氯化钠。

（2）搞清毒物种类、性质，采取相应保护措施。既要抢救别人，又要保护自己，莽撞闯入中毒现场只能造成更大损伤。

（3）尽快使患者脱离中毒现场后，松开领扣、腰带，让其呼吸新鲜空气。迅速脱掉被污染的衣物，清水冲洗皮肤 15 min 以上，或用温水、肥皂水清洗、注意保暖。有条件的厂矿卫生所，应立即针对毒物性质给予解毒和驱毒剂，使进入体内的毒物尽快排出。

（4）发现病人呼吸困难或停止时，进行人工呼吸（氰化物类剧毒中毒时，禁止采用口对口人工呼吸法）。有条件的立即吸氧或加压给氧，针刺人中、百会、十宣等穴位，注射呼吸兴奋剂。

（5）心脏骤停者，立即进行胸外心脏按压，心脏注射“三联针”。

（6）发生 3 人以上多人中毒事故，要注意分类，先重者后轻者，注意现场的抢救指挥，防止乱作一团。对危重者尽快地转送医疗单位急救，在转运途中注意观察呼吸、心跳、脉搏等变化，并重点而全面地向医生介绍中毒现场的情况，以利于准确无误地制定急救方案。

在急救过程中，对急性中毒者应密切观察病情，有效地对症治疗，力争最佳的治疗效果，防止产生各种后遗症。